"十三五"国家重点出版物出版规划项目

新能源机车技术与应用

陈维荣　李　奇　戴朝华　著

西南交通大学出版社
·成　都·

图书在版编目（CIP）数据

新能源机车技术与应用 / 陈维荣等著. —成都：西南交通大学出版社，2020.12

"十三五"国家重点出版物出版规划项目

ISBN 978-7-5643-7927-8

Ⅰ. ①新… Ⅱ. ①陈… Ⅲ. ①新能源 – 机车 – 研究 Ⅳ. ①U267.9

中国版本图书馆 CIP 数据核字（2020）第 267464 号

"十三五"国家重点出版物出版规划项目

Xinnengyuan Jiche Jishu yu Yingyong

新能源机车技术与应用

陈维荣　李　奇　戴朝华 / 著

出 版 人 / 王建琼
责任编辑 / 何明飞
封面设计 / 曹天擎

西南交通大学出版社出版发行

（四川省成都市金牛区二环路北一段 111 号西南交通大学创新大厦 21 楼　610031）

发行部电话：028-87600564　028-87600533

网址：http://www.xnjdcbs.com

印刷：四川玖艺呈现印刷有限公司

成品尺寸　185 mm×240 mm

印张　19　　字数　273 千

版次　2020 年 12 月第 1 版　　印次　2020 年 12 月第 1 次

书号　ISBN 978-7-5643-7927-8

定价　180.00 元

图书如有印装质量问题　本社负责退换

版权所有　盗版必究　举报电话：028-87600562

序 言
FOREWORD

随着城市化进程的不断加快，城市人口持续增加，交通拥堵已成为各大、中城市所面临的巨大问题。为了缓解交通拥堵以及由此引起的环境污染等问题，发展轨道交通已经成为未来城市发展的重要趋势。轨道交通行业的快速发展为我国城市建设和经济发展提供了重要支撑，在国家经济建设中具有举足轻重的地位。轨道交通的高能耗引发的能源与经济问题逐渐受到重视，学界正积极探索如何实现轨道交通领域的绿色节能和可持续发展新途径。

近年来，世界范围内的能源短缺和环境污染问题日益严重，对经济的可持续发展带来严重的影响。加大研发和利用清洁、可再生能源已成为世界能源发展的必然趋势。面对环境保护、能源安全等问题的挑战，合理利用新能源技术，研发绿色、清洁、环保的新一代轨道交通工具，已经成为我国交通产业节能减排的重要发展方向。

陈维荣教授所带领的研究团队，长期从事轨道交通新能源技术与应用的研究与教学工作。该研究团队在燃料电池、储能以及太阳能轨道机车的优化控制、能量管理等方面做了大量的基础研究工作，取得了一系列创新性成果。特别是研究团队在我国率先开展了大功率燃料电池在轨道交通中的应用，开创了氢能轨道交通研究方向，并于2013年成功研制出我国首辆燃料电池调车机车，2016年成功研制出世界首列燃料电池/超级电容混合动力有轨电车，促进了我国新能源轨道交通技术的发展。

  本书是陈维荣教授及其团队多年研究成果以及本领域的相关技术进展的总结与归纳，阐述了燃料电池、太阳能、储能在轨道交通中应用的关键技术与应用现状，具有重要的学术与应用价值，也对从事新能源轨道交通技术领域的科研人员和工程技术人员具有重要的参考价值。

钱清泉

2020 年 10 月

前 言
PREFACE

在全球能源危机和气候变暖的背景下，可再生能源的开发、多元化与高效的能源利用已经成为人类可持续发展的必然选择。太阳能、风能、氢能、生物质能、地热能、潮汐能、核能等新能源发电技术已经在发电、建筑、交通等各个领域得到广泛的应用。

轨道交通行业的快速发展为中国城市建设和经济发展提供了重要支撑，在国家经济建设中具有举足轻重的地位。由于轨道交通的里程长、运量大，其能源消耗不容忽视，已经成为交通运输行业耗能大户。为促进我国轨道交通的可持续发展，发展环保、高效的新能源轨道交通具有显著的社会效益和巨大的潜在经济效益。

新能源机车是一种以新能源作为动力源的新型供电制式轨道机车，是轨道交通节能减排的重要途径之一。目前，新能源机车已朝着研发多样化、产品集中化和大规模运营化迈进，形成以燃料电池电动机车和储能式电动机车为主，其他多种新能源机车为辅，且城市轨道交通应用与工程作业机车应用同步发展的创新局面。相对传统的电力机车和内燃机车而言，以燃料电池、储能式、混合动力和太阳能电动机车为代表的新能源机车具有低/无排放、节能清洁和低噪声等优点，可广泛应用于站场调车、工程作业车和城市有轨电车等领域。

本书重点介绍了作者所在的科研团队长期从事新能源机车研究所取得的研究成果和本领域的一些技术进展总结，以及中国首辆燃料电池电动机车和世界首列燃料电池/超级电容混合动力有轨电车的工程应用经验。全书围绕燃料电池、锂电池、超级电容及太阳能电池的基本原理与核心技术，以及新能源在机车车辆应用的关键技术展开，共分为 7 章：第 1 章详细介绍了新能源机车的主要类型、发展现状与发展趋势；第 2、3 章分别讨论燃料电池、动力蓄电池与超级电容的基本原理、核心技术以及典型应用；第 4、5、6 章分别介绍燃料电池电动机车、储能式电动机车以及燃料电池混合动力机车的系统结构、控制与管理技术以及典型应用；第 7 章介绍了轨道交通车载太阳能发电技术及其初步应用。

  本书第 1 章由陈维荣撰写，第 2、4 章由李奇、韩莹、张雪霞撰写，第 3 章由张雪霞和郭爱撰写，第 5、6、7 章由戴朝华、韩莹、陈维荣撰写，全书由陈维荣统稿。在本书的写作工程中，得到了中车唐山机车车辆有限公司孙帮成、李明以及中车四方机车车辆股份有限公司李艳昆的大力支持，研究生彭飞、卜庆元、王天宏、孟翔、张国瑞、燕雨、尹良震、邱宜彬、蒲雨辰等也为本书的完成做出了贡献。在此，向他们的辛勤劳动表示衷心的感谢。同时，还要特别感谢钱清泉院士对本书相关研究工作的指导和支持。

  本书的研究工作得到了国家自然科学基金（52077180，51977181，52007157）、四川省科技计划项目（19YYJC0698）、教育部霍英东教育基金会高等院校青年教师基金（171104）的资助，在此致谢。

  由于作者水平有限，书中可能存在疏漏和不妥之处，敬请读者批评指正。

作　者
2020 年 11 月于成都

目 录
CONTENTS

第1章 绪　论 ··· 001
　1.1　新能源机车的研究意义 ································· 001
　1.2　新能源机车的分类与优势 ······························ 012
　1.3　新能源机车的发展现状 ································· 019
　1.4　新能源机车的发展趋势 ································· 030

第2章 燃料电池技术 ······································· 033
　2.1　燃料电池技术概述 ·· 033
　2.2　燃料电池工作原理 ·· 037
　2.3　燃料电池系统机理模型 ································· 040
　2.4　控制系统 ·· 055
　2.5　工程应用 ·· 074

第3章 动力蓄电池与超级电容技术 ················ 079
　3.1　动力蓄电池 ··· 079
　3.2　超级电容 ·· 090
　3.3　动力蓄电池管理技术 ····································· 097
　3.4　混合动力系统结构及管理策略 ······················· 110
　3.5　工程应用 ·· 129

第4章 燃料电池电动机车 ······························· 134
　4.1　燃料电池机车概述 ·· 134
　4.2　整车动力系统 ··· 135
　4.3　控制系统 ·· 145
　4.4　车载储氢系统及其安全性 ······························ 151

第 5 章 储能式电力机车 ··········· 156

- 5.1 储能式有轨电车概述 ··········· 156
- 5.2 储能式有轨电车动力系统拓扑结构 ········ 158
- 5.3 车地一体化动力系统容量配置模型 ········ 159
- 5.4 车地一体化动力系统容量配置方案 ········ 173
- 5.5 工程应用 ··········· 184

第 6 章 燃料电池混合动力机车 ········ 189

- 6.1 燃料电池混合动力机车概述 ········ 189
- 6.2 燃料电池混合动力系统拓扑 ········ 189
- 6.3 机车用燃料电池混合动力系统 ········ 194
- 6.4 混合动力能量管理策略 ········ 197
- 6.5 有轨电车运行控制 ········ 213
- 6.6 混合动力系统整车试验 ········ 217
- 6.7 混合动力机车应用前景 ········ 222

第 7 章 太阳能技术在轨道交通中的应用 ······ 224

- 7.1 太阳能技术在轨道交通中的应用概述 ······ 224
- 7.2 光伏组件及单体输出特性 ········ 230
- 7.3 车载光伏发电系统接入方案 ········ 238
- 7.4 车载光伏发电系统样车 ········ 244
- 7.5 车载光伏发电系统全局最大功率追踪策略 · 254
- 7.6 车载光伏发电系统能量管理策略 ······ 274

参考文献 ··········· 279

第 1 章

绪　论

1.1　新能源机车的研究意义

1.1.1　能源与环境

工业革命以来的技术进步发掘了人类利用能源的巨大潜能，源源不断的能源投入奠定了工业化进程的基础，经济对能源的依赖程度不断提高，以煤炭、石油和天然气为代表的常规化石能源被大量消耗，能源危机日趋严重[1,2]。据估计，化石能源将在 21 世纪上半叶迅速地接近枯竭[1]，同时，化石能源的消耗所带来的空气污染、全球气温升高等生态环境问题也日益突出。20 世纪初期英国伦敦"雾都"的形成，我国当前有时出现的雾霾天气以及全球的温室效应，高碳化石能源的大规模利用皆是其主要原因[1,6,7]。因此，积极开发新能源和可再生能源，减少常规高碳化石能源消耗，减少温室气体排放，已成为许多国家在能源领域的国家战略。

改革开放后，中国经济高速增长，国内生产总值（GDP）从 1978 年到 2019 年的年均增速达 9.66%，但这一过程伴随着巨量能源消耗和高昂环境成本的问题[2-4]。图 1.1 所示为 2019 年世界主要国家的基础能源消耗量和 CO_2 排放量。从图中可知，与世界其他国家相比，我国无论能源消耗量还是 CO_2 排放量都处于世界最高。并且，中国目前处于快速工业化和城市化进程阶段，而且该进程还将持续一段时期，未来我国能源消耗和废物排放仍可能持续增长，由此也会带来能源短缺和生态环境问题[2]。

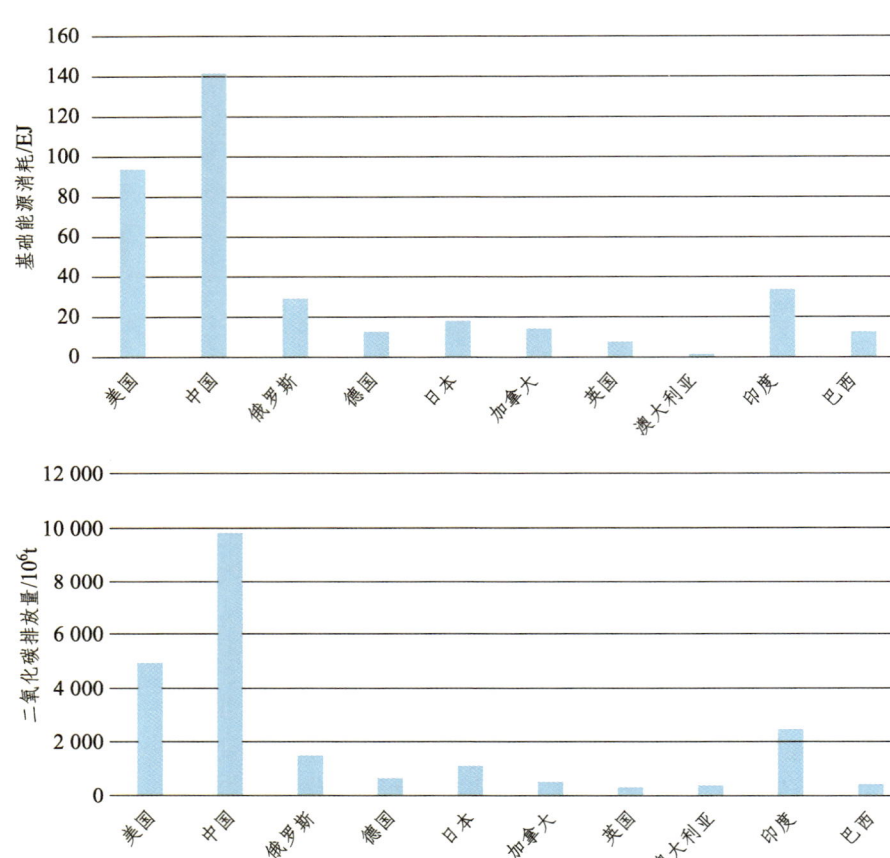

图 1.1　2019 年世界主要国家能源消耗、CO_2 排放量（据 BP 世界能源统计）

2020 年 9 月 22 日，我国在第七十五届联合国大会上明确提出，中国将提高国家自主贡献力度，采取更加有力的政策和措施，二氧化碳排放力争于 2030 年前达到峰值，努力争取 2060 年前实现碳中和。这是中国首次提出碳中和目标，也是中国在《巴黎协定》之后为世界气候变化做出的一次明确部署。从碳排放情况看，这意味着中国的净碳排放需要从 100 多亿吨降至零吨，这是一项巨大的挑战。实际上，中国早已认识到采用新能源、减少碳排放的重要性并从政策上进行部署，如国家"十二五"相关规划中，新能源有关的产业都被列为重点发展和战略性新兴产业而加以扶持，进行规模化发展。可再生能源发展"十三五"规划中明确指出："'十三五'时期要不断完善可再生能源扶持政策，创新可再生能源发展方式和优化发展布局，加快促进可再生能源技术进步和成本降低，进一步扩大可再生能源应用规模"。此外，国家对于环境问题的重视程度逐渐提升，在党的十八大确立的"五位一体"总体布局中再次提升了生态文明的战略地位，要把生态文明建设融入经济建设、政治建设、文化建设、社会建设各方面和全过程。因此，立足于中国国情，为实现可持续发展，在绿色发展理念的指导下，积极开发利用新能源，优化能源消费结构，是目前可以同时解决能源与环境问题的唯一途径。

1.1.2 轨道交通与经济社会

随着城市化进程的不断加快，城市人口持续增加，交通问题已成为各大、中城市面临的问题。为了缓解交通拥堵以及由此引起的环境污染等问题，应选择优先发展公共交通[6-8]。随着城市交通需求的不断增长，应大力发展与城市基础建设、土地利用状况以及资源和环境承受能力相匹配的交通运输方式。轨道交通具有运量大、准点率高和节能环保的特点，已经成为未来城市公共交通系统的发展趋势。

城市交通可以分为城市对外交通和城市内部交通。城市对外交通是指一个城市与其他城市和地区之间的交通，城市内部交通则是指城市范围内各种人和物的流动[7]。因此，轨道交通也包括城市对外交通和对内交通。对外交通常称为铁路交通，包括干线铁路、城际铁路、市域铁路和市郊铁路；对内交通则称为城市轨道交通。二者相辅相成，互为补充，共同促进城市经济的快速发展。

铁路主要承担城市间的货物和客流运输，具有安全、经济、运量大、高效、节能、省地等优势，是国民经济发展的大动脉。截止到 2019 年年底，我国铁路运营里程已达 13.9 万千米，输送旅客 36.6 亿人次，输送货物 43.9 亿吨。铁路运输系统的不断发展和提高，已成为改善民生和推动经济发展的重要力量。

城市轨道交通属于城市公共交通,是对公交系统的有效补充。我国从 20 世纪 80 年代开始陆续对城市轨道交通建设做出相关规划,目前我国运营的城市轨道交通线路已经发展成为以地铁、轻轨为主,多种制式协调发展的格局。截止到 2019 年年底,中国内地 40 座城市已经建成 208 条城市轨道交通运营线路,总里程 6 736.2 km,地铁占比为 77.07%,轻轨占比为 3.08%,现代有轨电车、磁悬浮和市域快轨占比分别为 6.03%、0.86%和 10.63%。

轨道交通行业的快速发展为中国城市建设和经济发展提供了重要支撑,在国家经济建设中具有举足轻重的地位。然而,轨道交通的建设和运营维护成本很高。同时,虽然城市轨道交通人均能耗仅仅相当于公交车的 1/2,但是由于运量大,其总能耗也非常大,已成为交通运输行业耗能大户。2018 年,第三届中国城市轨道交通节能技术高峰论坛指出,未来我国地铁的年耗电量将达到 400 亿千瓦时,约占全国总电耗的 5‰。其中,2019 年广州市地铁全年运营总能耗就达到了 17.24 亿千瓦时。轨道交通的高能耗引发的能源与经济问题不容小觑,因此学界正积极探索如何实现轨道交通领域的绿色节能。

我国已在国家层面制定了战略规划,把在轨道交通行业推广应用新能源和可再生能源作为行业节能减排的长远性目标,以加快轨道交通行业的低碳化,构建更加绿色、环保、可持续发展的轨道交通系统。

1.1.3 新能源技术

世界的现代化进程,得益于化石能源的广泛应用,然而全球经济的迅速发展对能源的需求不断上升,加速了世界能源短缺进程,加重了全球空气污染程度,对全球经济的可持续发展造成了严重威胁,而克服能源危机的有效出路则是大力发展新能源。

新能源一般是指在新技术基础上加以开发利用的可再生能源,是相对传统能源来说的其他能源,包括太阳能、风能、生物质能、地热能、潮汐能、氢能、核能等,目前主要以太阳能和风能为主。新能源具有安全、绿色、清洁、可再生等特点,符合低碳经济的概念和环境保护要求,目前已经在发电、汽车、建筑等各个领域得到广泛的应用。

  图 1.2 所示为 2010—2019 年全球光伏发电、风力发电装机容量。从图中可以看出,全球新能源,在近 10 年内,装机容量呈较大幅度增长。图 1.3 为 2011—2019 年我国清洁能源发电装机容量及发电量。从图中可知,我国清洁能源的装机容量快速增加,能源重心正在向清洁能源倾斜。9 年时间,我国清洁能源的发电机容量及发电量增长近 2 倍,光伏和风能的装机容量目前已居世界第一,已经成为世界清洁能源大国[9]。

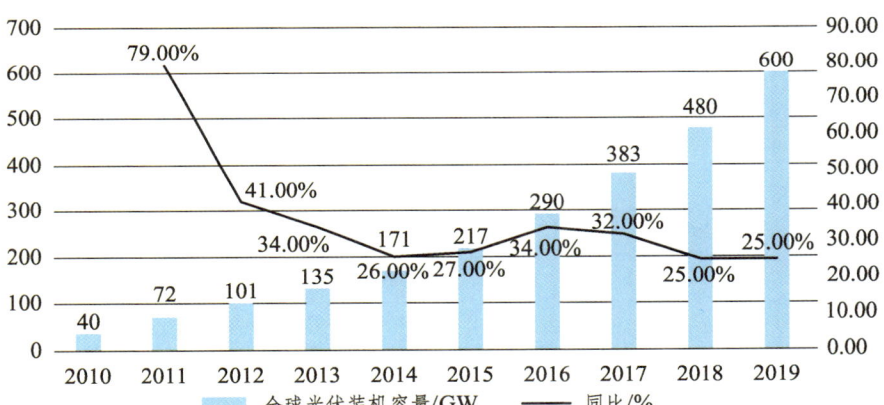

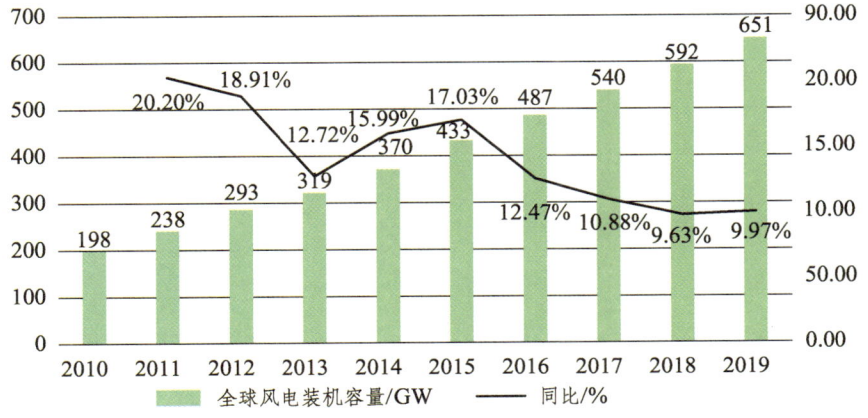

图 1.2 2010—2019 年全球光伏、风电装机容量

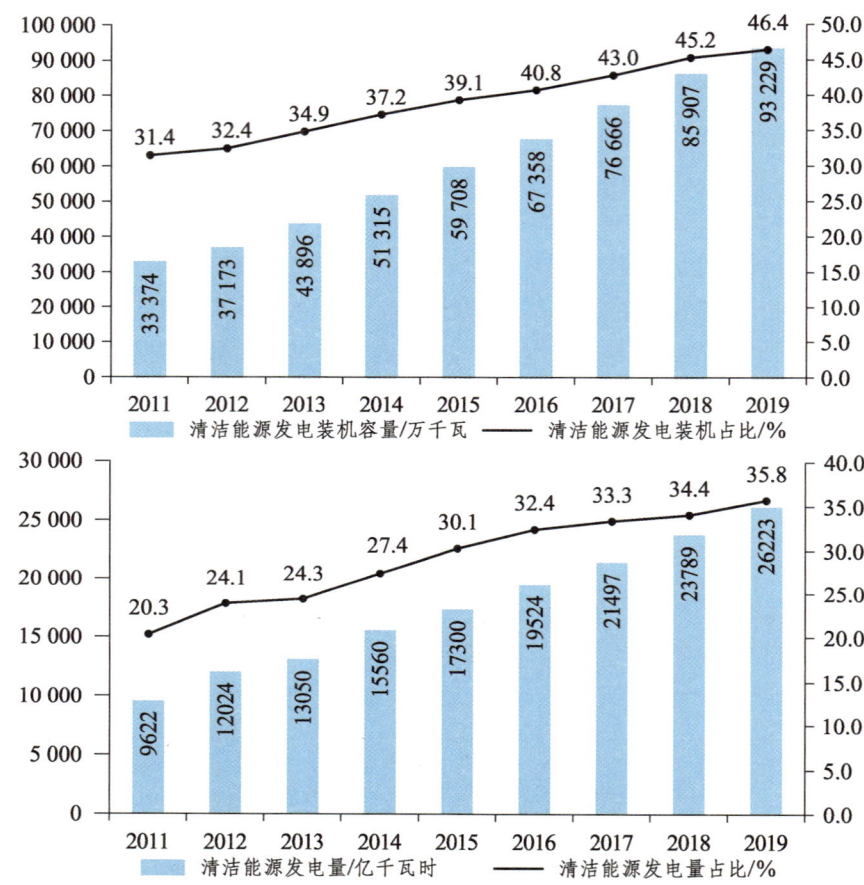

图 1.3 2011—2019 中国清洁能源装机容量与发电量

太阳能具有经济、长久、普遍、洁净安全且蕴量丰富等特点,在社会生活中已具有多种不同的利用形式,如太阳能照明、太阳能取暖、太阳能空气集热器以及太阳能光伏发电等[10,11]。其中,太阳能光伏发电技术近 20 年来受到世界各国的密切关注。光伏发电是将太阳能转化为电能的技术,发电系统主要由光伏电池板、控制器和逆变器三大部分构成。光伏电池板将接收到的太阳能经过高频直流变换后变成高压直流电,然后经过逆变器逆变后变成可以直接利用或是向电网输出与电网电压同幅的正弦交流电流。与常规的发电技术相比,太阳能光伏发电几乎不受地域条件的限制，具有安全可靠、无噪声、无污染、维护简单、使用寿命长等优点，既可以一家一户分散供电，又可以大规模集中供电或并网运行，有望成为未来能源的主力军之一。中国太阳能资源极其丰富，主要集中在青藏高原、甘肃北部、宁夏北部和新疆南部等地，特别是西藏地区，太能辐射总量最高值达到 9 210 MJ/(m² · a)，仅次于撒哈拉大沙漠，居世界第二。目前，我国已经建成多个典型光伏发电应用项目，如深圳园博园光伏发电系统、西藏羊八井并网光伏发电站、内蒙古伊泰集团太阳能聚光光伏电站等。此外，光伏发电系统还可以与生物质能发电系统或风力发电系统等组合进行发电。

目前，风能的主要利用方式是风力发电，在新能源的开发和利用过程中占据了重要地位。据估计，全球的风能总量有 2.7 万亿千瓦，其中可利用的约为 200 亿千瓦，因此风力发电是各个国家都大力发展的一种新能源，已经有超过 100 个国家开始用风力发电，世界风能累计装机速度增长超过 20%[12,13]。在许多国家，风能已经成为重要的电力供应[14]，如西班牙预计在 2020 年风力发电量占到电力供应的 15% 以上，丹麦风能发电量超过了电力供应的 20%，葡萄牙、德国等国家的风力发电量所占份额也较高。我国地域辽阔，地形复杂多样，又紧邻太平洋，具有极其丰富的风力资源，据估计可开发利用的风能储量约达到 10 亿千瓦，因此大力发展风力发电对我国调整能源结构、实现节能减排具有重大的意义。"十三五"规划期间，我国的风电装机容量迅速增长，目前装机容量世界第一。

水能的利用目前主要采取水力发电。开发水能对于江河的综合治理和综合利用具有重要作用，能够促进国民经济的发展。除了具有清洁环保、可再生的优点外，水力发电能够在几分钟内迅速启动投入运行，在几秒钟内完成增减负荷的任务，适应电力负荷变化的需要[15]。在电力系统承担调峰、调频、负荷备用和事故备用等任务，有助于提高系统的可靠性和经济性。

生物质能指太阳能以化学形式贮存在生物质中的能量，直接或间接来源于绿色植物的光合作用，是煤炭、石油和天然气之后世界能源消费总量第 4 位的能源,在人类的能源利用史上已经有几千年的历史。但是随着技术的进步和环境及社会发展的需求,现代生物质的利用不仅仅是简单燃烧,而是基于现代技术的高效利用[16,17]。生物质能转化方法主要包括燃烧、热化学法、生物化学法和物理化学法等,可转化为二次能源,即热量或电力、固体燃料(木炭或成型燃料)、液体燃料(生物柴油、生物原油、甲醇、乙醇和植物油等)和气体燃料(氢气、生物质燃气和沼气等)[18]。

在所有的新能源中,氢能被认为是人类社会的终极能源[19,20]。这是因为氢能具有如下特点:

(1)氢的资源丰富。在地球上的氢主要以化合物(如水)的形式存在,地球表面的 70%以上被水覆盖,水就是地球上无处不在的氢矿。

(2)氢具有可再生性。氢和氧经化学反应产生电能或热能,并生成水,而水又可电解再转化为氢和氧,如此循环。

(3)氢气具有可储存性。氢可以像天然气一样很容易地被大规模储存。这是氢能和电能、热能最大的不同,在电力过剩的地方和时段,可以用氢的形式将电能或热能经转化后储存起来。

(4)氢能是最环保的能源之一。利用低温燃料电池,通过电化学反应将氢转化为电能和水,过程中不排放 CO_x 和 NO_x,没有任何污染;使用氢燃料内燃机也是减少污染的有效方法之一。

氢能由于具有以上特点,可以同时满足资源、环境和可持续发展的要求,是其他能源所不能比拟的,所以备受重视,它已经成为许多国家的研发重点和热点。美国、加拿大、日本以及欧盟的许多国家,早已开展了关于氢能利用的研究,发展氢能已成为国家能源战略。美国从 2002 年开始了加氢站的投运,美国能源部累计投入 9 亿美元用于氢能和燃料电池发展计划。日本一直以来以构建氢能社会为发展目标,其加氢站密度世界第一,制定和出台了一系列的国家政策及规划,明确了氢能产业发展路线图,投入巨额财政资金用于氢能研发,并通过立法的方式来体现对新能源产业的重视。在我国,截止到 2019 年,已有 20 余省市出台氢能产业发展规划,其中广东、上海、江苏、山东等地处于领先地位。

同时，我国多家大型企业参与了氢能产业建设与投资，包括国家能源集团、国家电投集团、中石油、中石化、中广核集团等。

氢能的开发利用技术主要从 3 个方面开展：氢的规模制备[21]、氢的储运[22]及相关燃料电池的研究[23]。氢的规模制备是氢能应用的基础，氢的规模储运是氢能应用的关键，而燃料电池则是氢能利用最好的方式。可以说，燃料电池技术的最新发展及其诱人的前景，让全世界都看到了氢作为新能源大规模应用的可行性和发展前景。

燃料电池的应用领域非常广泛，它具有常规蓄电池(如锂离子电池)的积木特性，即可由多套燃料电池系统按串联、并联的组合方式向外供电。因此，燃料电池既适合用于固定式发电，也可用作各种形式的分散电源、可移动电源和动力电源（如汽车、机车、船舶等）[24,25]。其中，质子交换膜燃料电池（PEMFC）具有发电时不产生污染、工作温度低、启动快、功率密度高等优点，在移动电源、备用电源、交通动力和分布式发电中都具有很好的应用前景，已成为燃料电池中最具发展潜力的类型[26,27]。近年来，实用型 PEMFC 的研究成功把燃料电池又一次推到了应用开发的顶峰，燃料电池的应用已经进入了工业化规模应用的阶段。除了北美、欧洲、东亚的工业国外，许多发展中国家也在加紧燃料电池的开发利用。我国燃料电池技术虽然发展较晚，但国家从"十五"规划到"十三五"规划，从国家"863"计划、国家"973"计划到国家科技支撑计划、国家重点研发计划等重大/重点项目，均对燃料电池技术给予了大力支持。我国燃料电池技术发展较快，取得了许多重大进展，并在逐步缩小与国外先进水平的差距，部分领域已经开始处于领先地位。

我国大力发展以氢能为代表的新能源，可显著降低对环境的污染，有利于保护生态环境，促进"资源节约型和环境友好型"社会建设，促使我国形成清洁可持续的能源结构，降低我国能源的对外依存度，巩固能源安全基础，促进产业结构优化升级与国民经济和社会的可继续发展。

1.1.4　新能源轨道交通

对于轨道交通，铁路牵引能耗占据全部用能的 50%以上，因此实现牵引用能的低碳化和无碳化是铁路节能减排的关键步骤。目前，铁路牵引用能的方式主要包括柴油和电力两种。在电气化率比较低的国家，燃油在牵引能耗中所占比例高于电力，如目前英国铁路的电气化机车不到 50%，即有约一半多的铁路仍在采用内燃机车，美国也是如此。即使在电气化率比较高的国家，铁路的各种工程作业车、检修车、施工车、调车机车以及一些用于某些特殊用途的机车，仍采用内燃机牵引，导致燃油占到总能耗的一半左右。在我国，电气化铁路发展迅速，截止到 2019 年底，中国铁路的电气化率已经超过 70%。即使如此，依然还有大量内燃机车在使用。图 1.4 所示为我国 2014—2019 年全国铁路的电气化里程。

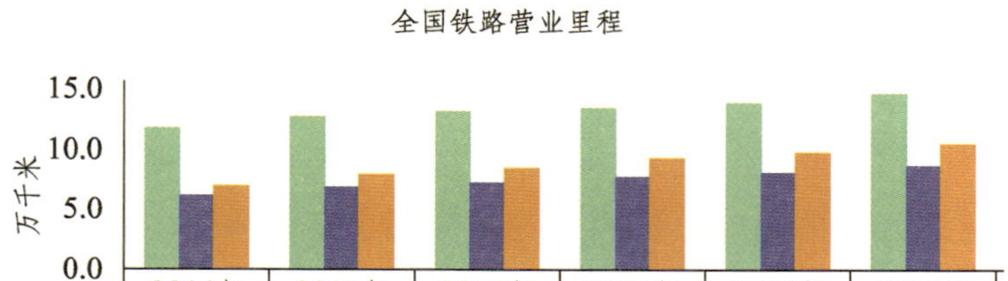

全国铁路营业里程

	2014年	2015年	2016年	2017年	2018年	2019年
营业里程/万千米	11.2	12.1	12.4	12.7	13.1	13.9
复线里程/万千米	5.7	6.4	6.8	7.2	7.6	8.3
电气化里程/万千米	6.5	7.4	8.0	8.7	9.2	10.0

图 1.4　中国 2014—2019 年全国铁路电气化里程

内燃牵引机车会对空气造成严重污染，特别是在一些相对封闭的区间，如在隧道内作业的工程作业车，内燃牵引将造成空气严重污染，工作环境非常恶劣，直接影响工人身体健康。因此利用新能源代替燃油，是铁路实现清洁化、低碳化或无碳化的重要途径之一。美国、加拿大已经试验了机车使用生物柴油混合燃料的技术，俄罗斯也已经成功研发出全世界第一台完全使用液化天然气的内燃机车[28]。燃料电池技术则是内燃牵引的另一种更有效的替代方式。国际上一些先进的铁路厂商和研究机构，如加拿大庞巴迪公司、日本铁道综合技术研究所，都对燃料电池在铁路车辆上应用的可行性进行了大量研究。日本铁道综合技术研究所携手东日本铁路公司，成功研制出世界首台混合型燃料电池机车。该机车采用氢燃料电池取代内燃动力，当机车加速时，由燃料电池和蓄电池供电；当机车制动时，则向蓄电池重新充电[29]。

电力机车使用电能作为牵引动力，不直接排放污染物，相对于内燃机车而言，其使用过程清洁、环保、高效，是目前干线铁路，尤其是高速铁路、重载货运铁路的必然首选。但是电力作为二次能源，我国目前60%以上的电力来自燃煤的火电，从全产业链看来，仍然会产生一定的碳排放。因此，为适应低碳化甚至无碳化的要求，基于新能源的电力牵引将是未来的发展方向之一。德国作为世界上新能源产业最为发达的国家之一，据 Fraunhofer ISE 研究所的统计数据，2020 年上半年德国 55.8%的发电量来自可再生能源，其中主要以光伏、风能和生物质能发电为主。德国铁路股份公司称，自 2018 年起，德国所有电动长途客运列车均使用了绿色电力；2019 年，60.1%的铁路牵引电力由可再生能源提供。预计到 2038 年，新能源将取代德国所有的煤炭发电厂。铁路牵引用电环节逐步由煤电向新能源发电转换以实现牵引用电的低碳化，但关键的第一步无疑是提高电气化率，这样才能为新能源和可再生能源的综合利用提供技术条件[29]。截止到 2019 年，我国铁路的电气化里程已达 10 万千米，电气化率达 71.9%，处于世界领先地位，已超过国家铁路"十三五"发展规划的预期目标。

城市轨道交通系统为采用轨道结构进行承重和导向的车辆运输系统，包括地铁系统、轻轨系统、单轨系统、有轨电车、磁浮系统、自动导向轨道系统、市域快速轨道系统等。城市轨道交通系统具有运量大、速度快、安全、准点等优点，是城市公共交通的骨干，也是缓解城市交通拥堵和空气污染的有效解决方案。但是城市轨道交通也是一个能耗大户，例如，据统计，北京的城市轨道交通目前已成为北京市第一大单一用电大户。根据对城市轨道交通用电负荷的统计分析，其能耗主要用于以下方面：牵引供电、通风空调、电扶梯、照明、给排水、弱电系统等[8]，如图 1.5 所示。从图中可知，牵引供电能耗最大，将近 50%，因此，减少城市轨道交通能耗的关键途径就是降低列车牵引能耗。

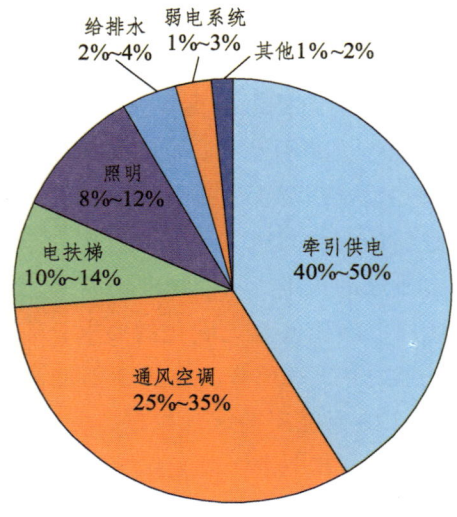

图 1.5 城市轨道交通用电负荷统计分布

城市轨道交通系统具有多种形式，但牵引方式目前基本全部为电力牵引。以有轨电车为例，一般需要设置地面牵引系统，如架空接触网或第三轨供电系统。传统接触网供电需要占用大量的地面空间，存在导线裸露发生危险以及影响城市景观等问题。第三轨供电的有轨电车需要在车辆上安装集电器或集电靴，通过摩擦接触的方式进行受流，存在机械磨损的问题。因此，这两种供电方式已不适应现代城市发展的需求，城市轨道交通牵引供电方式逐步向无接触网、储能式方向发展。同时，为了建设更为清洁环保的轨道系统，减少煤电的使用，国内外开始对城市轨道交通新型供电制式进行探索和研究，研发采用新能源的动力机车。

1.2 新能源机车的分类与优势

1.2.1 新能源机车的分类

目前，可持续发展的经济增长模式受到国际社会的普遍推崇，而一个国家经济社会的进步与发展离不开轨道交通的强力支撑。为寻找一种可以替代内燃机车，并作为电力机车的有效补充，一种新型的轨道交通车辆——新能源机车应运而生。新能源机车是指采用车载新能源发电系统（如氢能发电、光伏发电），或采用车载储能系统（如锂电池、超级电容等）作为主牵引动力的轨道交通电动机车。通常，根据新能源机车所采用的燃料及驱动方式的不同，可将新能源机车分为燃料电池电动机车、燃料电池混合动力机车、储能式电动机车、油-电混合动力机车及双燃料机车等。

1. 燃料电池电动机车

燃料电池电动机车，是指使用氢燃料电池作为动力源的轨道交通车辆形式。目前的新能源机车主要包括新能源客运机车（如氢能现代有轨电车、氢能旅游观光轨道车、电-电双动力动车组等）、新能源工程作业车（如氢能铁路站场调车机车、氢能铁路检修车、氢能大型铁路养路机械等）、新能源货运机车等。车辆的主要结构分为机械和电气两大部分，机械部分主要由车体、牵引装置、转向架和制动系统组成，电气系统由燃料电池、牵引逆变器、牵引电机、机车控制系统和辅助系统等组成[30]。

机车所使用的燃料电池一般为大功率氢燃料电池，常用的是质子交换膜燃料电池（PEMFC）。机车工作过程中，将储氢罐（燃料舱）中的氢气与空气中的氧气进行充分的电化学反应以产生电能，该过程的产物仅为水，除此之外并无其他温室气体产生[38]。因此，氢能源也被认为是21世纪最具发展潜力的清洁能源，也是人类战略能源的发展方向。

相比于内燃机车，燃料电池电动机车具有明显的优点，如零污染排放、能量转换效率高、运行低噪声和燃料来源多样化等。燃料电池所进行的能量转换过程不仅可以做到零污染排放，而且没有活塞或涡轮等机械部件及中间环节，不经历热机过程，不受卡诺循环限制，因此能量转换效率较高，可达60%（内燃机车的效率一般在35%~40%）。同时，燃料电池所使用的储氢罐是外置的，换言之，机车续航里程主要和携带的氢量有关，在机车空间体积、轴重许可的条件下，如尽量增加车载储氢罐的总量，就可增加机车的续航里程。

2. 燃料电池混合动力机车

燃料电池机车虽具有零污染排放、效率高和续航里程较长的优点，但燃料电池动态响应相对较慢、输出特性较软等特性，极大地限制了机车的动力性能[31]。同时，燃料电池制造和使用成本较高、寿命较短等问题也给燃料电池机车的推广和使用带来了不便，而机车负荷的大范围、快速波动又对燃料电池的使用寿命有较大影响。此外，为节约能源，需要对机车制动能量进行回收，因此，一种以燃料电池为主、储能元件为辅的混合动力机车逐步成为发展趋势。

燃料电池混合动力机车是以燃料电池为主动力源，储能设备为辅助动力源的一种新能源机车类型。燃料电池系统作为常规运行时的主要动力源，为机车的常规运行提供绝大部分所需功率（一般设置为额定平均功率）；辅助动力源为蓄电池或超级电容器，提供机车在起动、加速、爬坡等特殊工况下所需的功率[32]补充，同时也作为再生制动能量的回收元件。根据动力系统所集成的储能设备类别数量，又将燃料电池混合动力机车分为两混型和三混型：两混型包括燃料电池-蓄电池型和燃料电池-超级电容型，三混型为燃料电池-蓄电池-超级电容型[33]。除燃料电池和储能设备外，燃料电池混合动力机车的动力系统还主要包括DC/DC变换器、牵引逆变器、牵引电机和制动电阻等。

相比燃料电池电动机车，混合动力型机车通过合理分配负荷功率，使燃料电池提供运行所需的平均功率，进而使其负载变化较小，输出较为稳定，可有效延长燃料电池的使用寿命，减少运行成本。此外，储能设备不仅提供起动、加速等非稳态下所需的波动功率，还在机车减速制动时回收由电机反转而回馈的制动能量，为储能设备充电，从而有效提高整车能量利用效率。与燃料电池电动机车相比，由于储能设备的增加，燃料电池混合动力机车不仅可有效提高燃料电池的使用寿命，提升混合动力系统的效率，也可使燃料电池的功率等级得以降低，整车制造成本进而得到有效控制，商业化水平也进一步提高。

3. 储能式电动机车

与汽车行业相同的是，新能源机车也同时以燃料电池技术和高密度储能技术双驾马车共同推动自身发展。可以说，储能式电动机车技术是现代电动汽车理念在轨道交通系统中的延伸与发展。

顾名思义，储能式电动机车是指事先将电能储存在机车储能元件（模组）内，并在运行过程中稳定向外输送电能，为机车提供牵引动力的一种新能源机车类型。储能式电动机车的核心技术就是储能技术，一般采用能量密度高、功率密度高且安全稳定的储能元件组成机车储能模组，如超级电容和高密度动力锂电池等。

储能式电动机车一般运用在城市轨道交通上，如超级电容现代有轨电车，其最显著的特点是能快速充电。机车利用车载超级电容提供牵引功率，并且利用停靠站台的时间进行快速充电。机车制动过程产生的能量也可以通过电机回馈至直流母线上，为车载超级电容等储能设备充电[34]，提高了能量利用率及整车运行效率。

4. 油-电混合动力机车

燃料电池机车和储能式电动机车是新能源机车发展的主要方向，目前已取得了骄人的成果，但由于其能量密度、续航里程等还有待进一步提高，还难以在长大铁路干线、高速铁路、重载货运铁路进行工程应用。

与此同时，铁路上还有大量的工程作业车、检修车、调车机车等采用内燃机车。内燃机车通过柴油燃烧来获得能量，因而会对环境造成较大的污染。但内燃机车有全路域通行的能力，适应性强，在某些地区目前还难以替代。因此，一种过渡方案——油-电混合动力机车作为一种有效降低油耗、缓解环境污染的折中方案受到了广泛的认可和重视[35]。

油-电混合动力机车是指采用柴油机（或柴油发电机）和大容量动力蓄电池作为动力来源的新能源机车类型，具有低油耗、能量利用效率高和起动加速能力强的特点。初期的油-电混合动力机车集成了内燃机和电动机两套动力系统为机车提供牵引动力，可根据工况和负载情况，自动选择柴油机组、动力蓄电池组或二者共同驱动;新的油-电混合动力机车,主要采用柴油发电机组和动力蓄电池为动力,传动系统为共用的电传动系统[36,37]。

与同等功率的机车相比,油-电混合动力机车可节油40%~70%,碳氧化物、氮氧化物和颗粒物的排放也可大幅降低,并能适应机车作业的特点及运行环境。

5. 双燃料机车

双燃料机车是对油-电混合动力机车的一种有效补充方式,一般具有两套燃料供给系统,一套供给液化天然气,另一套供给柴油等传统燃料,两套燃料供给系统按预定的配比向燃烧室供给燃料,进而产生能量。

双燃料机车的关键技术有双燃料发动机技术、LNG存储技术、燃气供给技术及安全防护技术等。这类机车具有排放低、成本低和辅助功率低的特点。相比于纯柴油机车,双燃料机车发动机燃油替代率为80%,排放的硫氧化合物降低约70%,二氧化碳降低约20%,氮氧化物降低约30%;汽化器采用发动机冷却水进行热交换,回收利用能量约260 kW;燃料使用费用每年可降低约20%。

除以上介绍的几种新能源机车外,还有一些不同动力组合的新能源机车,如电-电双动力机车(传统的受电弓受流+蓄电池)、电-氢双动力机车(传统的受电弓受流+氢燃料电池)、油-氢双动力机车(柴油内燃机+氢燃料电池)等不同的类型。

1.2.2 新能源机车的优势

相对于传统的电力机车和内燃机车而言,新能源机车具有低/无排放、节能清洁和低噪声等优点,可广泛应用于站场调车、工程作业车和城市有轨电车等。

不同种类的新能源机车有各自的特点和优势。燃料电池电动机车以及燃料电池混合动力机车可随车携带燃料,续航里程较长,运行受气候影响小,能实现无污染排放,可在地下、隧道等环境工作,且整车效率较高,根据"燃料箱至车轮"的动力传递路径计算,其效率可达 35%以上。根据燃料电池的特点,目前的燃料电池机车都将燃料电池和储能系统相结合构成混合动力机车,以改善燃料电池氢气消耗,降低成本,同时提高燃料电池的使用寿命。燃料电池电动机车或燃料电池混合动力机车广泛适用于各种铁路工程作业车、检修车、调车机车等,也适用于市域铁路和城市轨道交通,为日常通勤、近郊或卫星城市出行提供新的轨道交通解决方案。

储能式电动机车安装有动力电池、超级电容等储能装置,可在不架设接触网的条件下由储能设备提供驱动能量,实现机车稳定运行。其车辆研发和制造难度相对较小,技术较为成熟[38],并可方便实现车辆在有电区和无电区上的在线-离线结合运行,避免了全线架设接触网对城市发展、安全和景观的影响[39]。储能式电动机车可供储能模组排列的空间有限,且储能模组成本较高,一般采用减少储能数量、增加充电频率的方案进行设计,因此储能式电动机车更适合应用于城市轨道交通系统,有很好的发展前景。

燃料电池混合动力机车和储能式电动机车均适用于城市轨道交通和市域铁路,二者的车辆、地面配套设施以及运维等成本,是城市轨道交通中选用哪种制式新能源机车的主要因素。以有轨电车为例,机车成本包括制造成本、运营成本和维护维修成本等,并以此得出车辆全寿命周期总成本。按每列有轨电车配置 3 节编组和 2 套动力系统进行制造成本估算,氢气消耗量按 3 000 Nm³/h 和城市轨道交通用电按 0.75 元/(kW·h)进行运营成本估算,有轨电车线路按 20 km、40 列有轨电车编组的运行方式,接触网式机车年维护费用约 5 万元,储能式和燃料电池机车一般 3 年一个小维护周期、6 年一个大维护周期。根据上述费用进行初步估算,得到 3 种典型的城市轨道交通有轨电车成本对比分析[40]见表 1.1。

表 1.1 新能源有轨机车车辆成本对比

机车技术	制造成本 /（万元/列）	运营成本 /（万元/日）	维护成本 /（万元/年）
接触网	1 500	6.13	200
储能	1 800	6.13	2 800
燃料电池	2 000	6.39	3 200

对于工程应用来说，除了车辆成本外，还需要比较线路成本、加氢站成本等。还是以有轨电车为例，表1.2显示了几种不同制式的有轨电车的总体比较。

表 1.2 新能源有轨机车总体对比

指标	接触网	无接触网		
		车载储能 （锂电池）	车载储能 （超级电容）	燃料电池
城市景观效果	差	好	好	好
站间距要求	无	<50 km	<3 km	<100 km
燃料添加时间	0	1~5 h	1~3 min	10~15 min
技术成熟度	成熟	成熟	成熟	成熟
存在问题	1. 对城市景观有影响； 2. 有一定的安全隐患； 3. 需要外部电力系统	1. 需地面电力及接触网充电设备； 2. 电池寿命较短、充电时间较长； 3. 大电流充电对市电冲击大； 4. 车辆造价高； 5. 车身自重大； 6. 锂电池存在一定的安全隐患	1. 续航里程有限； 2. 需地面电力及接触网快充设备； 3. 大电流快充对市电冲击大； 4. 车辆造价高； 5. 车身自重大	1. 车辆造价较高； 2. 车身自重大； 3. 需增设加氢站； 4. 目前氢气成本较高； 5. 标准需要完善
总体成本	较低	较高	较高	较低
运维工作量	较高	较低	较低	较低

油-电混合动力机车相比上述新能源机车，技术最为成熟，一般使用原有机车进行改造设计，工艺简单易操作。一般来说，工程作业机车所处环境偏远，简陋，不利于建设大型加氢或充电站，因此油-电混合型机车比较适合部分工程作业车和站场调车使用。

1.3 新能源机车的发展现状

传统有轨电车最早于 1881 年制造于德国柏林，并随后在各个国家和地区兴起[41]。但传统有轨电车具有明显的缺点，如动力性能较差、速度慢、美观性不强和舒适性不好等。当 20 世纪中期汽车工业兴起后，传统有轨电车的地位逐渐被公共汽车和其他地面交通工具所取代，有轨电车的发展遇到停滞。逐渐地，汽车工业的大发展给环境所带来的污染和城市交通的逐渐拥堵引起了人类的思考。解决环保问题和城市拥堵问题的思路是建设容量更大、更加节能清洁的城市公共交通系统，除地铁、轻轨外，人们开始重新审视有轨电车这一经典的轨道交通方式，并针对其动力性、舒适性进行了全新改造，完成了有轨电车从传统到现代的升级创新[42]。现代有轨电车相比传统有轨车辆，最明显的升级改造在于低地板化，现代有轨电车地板平面距轨道 0.3~0.35 m，而传统有轨车辆地板高度为 0.8~1 m。除此之外，现代有轨电车还具有节能、低噪声和高速等特点。

起初，现代有轨电车与传统有轨电车一致，仍保留了接触网供电的动力方案。但接触网的铺设极大影响了城市的景观和发展，对城市的消防安全也存在较大的隐患。因此，研制新型供电制式的有轨电车逐渐成为轨道交通领域研究的热点[43,44]。许多国家与企业研发出了多种新型供电方案[45]，如法国阿尔斯通公司提出的 APS 第三轨供电制式、意大利安萨尔多集团提出的 Tramwave 第三轨供电系统，目前已相继应用于地铁、现代有轨电车等城市轨道交通；加拿大庞巴迪公司提出的 Primove 电磁感应供电系统、西班牙提出的 CAF 超级电容快速充电方案、德国西门子提出的动力电池-超级电容混合动力系统目前均在推广应用[46]。

近年来，我国中车旗下多家公司已成功引进多项上述技术，并以中车株洲电力机车有限公司（简称中车株机公司）、中车南京浦镇车辆有限公司（简称中车浦镇公司）、中车四方车辆有限公司（简称中车四方公司）和中车唐山机车车辆有限公司（简称中车唐山公司）为代表，成功研制出多款现代新型有轨电车车型，已在国内多地建成运营线路并投入运行。

截止到 2019 年，世界范围内有 58 个国家和地区已开通有轨电车，运行总里程累计已达到 11 179.28 km；国内已相继有 16 个城市开通并运行了有轨电车，线路总里程约 417.414 km。现代有轨电车较适用于中小型城市，也可作为大中城市的公共交通系统的补充。2012—2020 年，我国有轨电车线路投资将近 3 000 亿元，车辆投资将达 600 亿元，新规划的线路总里程约 2 500 km。

1.3.1 燃料电池机车

有关燃料电池电动机车的概念由 Steinberg 和 Scott 等人在 1984 年提出，由此引起了广泛的关注和研究。近年来，国内外对发展燃料电池及其混合动力型电动机车的积极性日益高涨，且取得了一定成果。

2002 年，世界上第一辆燃料电池电动机车由美国车辆工程公司（Vehicle Projects LLC）联合燃料电池动力研究所（Fuel Cell Propulsion Institute）开发，其功率为 17.5 kW，车重 36 t，后用作加拿大一家地下金矿的采矿车。2007 年，美国伯灵顿北方圣菲铁路公司提出大功率燃料电池混合动力机车的研发计划，于 2009 年研发完成，并在洛杉矶进行测试运行。该车的动力系统主要由一套功率为 240 kW 的质子交换膜燃料电池和一组瞬时功率可达 1 MW 的铅酸蓄电池组组成[47]。

在日本，东日本铁路公司自 2002 年起就致力于新能源列车（NE 列车，New Energy）的研发。2006 年，成功研发燃料电池动力的 NE 列车，该列车由柴油机车改造而成，最高速度可达 100 km/h[31]。此外，日本铁道技术研究所 2003 年成功研发一台 30 kW 燃料电池动力客运列车，并于 2010 年进行示范运行，该车辆最高速度约 110 km/h，续航里程约 300 km。

早期国外生产的燃料电池电动机车如图 1.6 所示。

图 1.6　早期国外生产的燃料电池电动机车

欧洲各国在燃料电池电动机车的研究方面起步相对较晚。丹麦于 2007 年开始进行燃料电池机车的研究工作,并于 2010 年研发成功,后在丹麦 VLTJ 铁路进行试运行。该燃料电池机车使用了 105 kW 燃料电池,运行里程 59.5 km,年客运量 24.5 万人次[48]。西班牙窄轨铁路公司研制的燃料电池机车的动力系统包括两台 12 kW 燃料电池系统和一套 95 kW 锂电池组,最高速度 20 km/h,可载客 20～30 人,预计将在西班牙 Asturias

地区运行。2016 年，法国阿尔斯通公司推出一款氢燃料电池机车 Coradia iLint（见图 1.7），并已成功于 2017 年在德国完成测试。Coradia iLint 最高速度可达 140 km/h，载客 300 人，续航约 800 km，该车于 2018 年已在德国开始载客运行。

图 1.7　阿尔斯通生产的氢燃料电池电动机车

除上述国家之外，韩国、印度和加拿大等国也相继制定了燃料电池及混合动力机车的研发计划，相关工作也已经陆续展开。

在国内，西南交通大学于 2008 年率先进行燃料电池电动机车的研究，并于 2013 年成功研制出中国首辆氢燃料电池电动机车"蓝天号"（见图 1.8）。该车采用 150 kW 燃料电池电堆，车载 9 个氢气罐，加满氢可持续运行 24 h。车辆的牵引系统采用永磁同步电机，牵引力最大可达 20 kN，牵引质量约 200 t，最高速度 65 km/h。该车为地铁调车机车，其相关技术可用于铁路工程作业车、铁路检修车和铁路站场调车。

图 1.8　国内首辆氢燃料电池调车机车"蓝天号"

2016 年，西南交通大学基于"蓝天号"，与中车唐山公司共同研发了世界首列燃料电池/超级电容混合动力 100%低地板有轨电车（见图1.9）。该车最高运行速度 70 km/h，可载客约 336 人。车辆的动力系统采用 2 套 150 kW 燃料电池系统和多套超级电容及动力蓄电池模组，储氢系统采用 35 MPa 高压储氢罐，一次快速加氢 15 min，可持续行驶 40 km 以上[49]。

图 1.9　世界首列燃料电池/超级电容混合动力 100%低地板有轨电车

此外，中车青岛四方也于 2016 年成功研发一列氢能源有轨电车（见图 1.10），该车设计速度 36 km/h，整车装备 44.3 t，单次加氢可持续运行 70 km。车辆的动力系统包括 150 kW 燃料电池、20 kW·h 锂离子动力电池和 500 W·h 超级电容模组等[50]。该车于 2019 年 12 月正式商业营运。

图 1.10　世界首条氢能源有轨电车商业运营示范线

1.3.2 储能式电动机车

车载储能技术具有为机车提供牵引功率、回收制动能量和稳定直流电压的功能,并可广泛应用于直流供电系统、交流供电系统和混合动力系统[51,52]。目前可用于车载储能的装置和技术包括飞轮装置[53]、动力蓄电池[54]和超级电容器[55]等。车载储能系统在制动阶段吸收车辆的制动能量,并且在列车牵引时释放出来,因此起到了节能的作用,目前已在世界上得到广泛应用[56]。此外,单独使用储能设备作为车辆动力源的轨道交通车辆近些年来也得到关注,并已成功应用。

德国于 20 世纪 90 年代就在柏林地铁中使用了电池储能系统,并与地铁直流供电网络相连;2006 年,西日本旅客铁道公司在地铁供电站内安装额定容量为 140 kW·h,额定功率为 1 050 kW 的锂电池储能系统,用以回收地铁的制动能量,成功将大容量锂电池储能系统引入地铁系统中[38]。在飞轮储能方面,日本于 1988 年将 2 000 kW 的飞轮储能系统成功应用于轨道交通车辆;英国 UPT 公司生产的 100 kW 飞轮储能装置已成功应用于伦敦、纽约和巴黎的地铁系统。而我国在回收制动能量方面的研究虽起步较晚,但进步很快[57]。

目前,国内外对于超级电容储能系统的研究相对集中和深入,国外主流的轨道交通装备制造商如西门子、庞巴迪和阿尔斯通等,均基于超级电容器设计开发了车载储能系统,并成功应用于轨道交通车辆中。如德国西门子公司 2002 年研制的 SITRAS SES 储能系统已成功应用在西班牙马德里地铁、北京地铁和沈阳浑南新区有轨电车上;加拿大庞巴迪公司开发的车载式 MITRAC Energy Saver Unit 储能系统已装备在 LRV 2003、LRV 2006 及 DMU 型列车上,持续使用可节能 30%以上[38]。在国内,中车株机公司也成功研发出大功率超级电容,并将 7500F 和 9500F 型超级电容成功应用于旗下机车产品。

储能技术的进步和各类储能系统的成功研发,为储能式电动机车的开发奠定了基础。2007 年,日本川崎重工成功开发 SWIMO 样车,该车利用 600 V 馈电线与镍氢电池混合供电,无馈线条件下,机车可在速度

40 km/h 下运行 37.5 km。西门子开发的 Sitras HES 技术采用超级电容和蓄电池混合储能方式，并在葡萄牙 Almada 进行试验。阿尔斯通公司研制出蓄电池储能的 Citadis302 型有轨电车，并于 2007 在法国尼斯投入使用。中车株机公司分别于 2012 年和 2015 年成功研制并推出储能式电力牵引轻轨车辆和超级电容储能式有轨电车（见图 1.11），该型有轨电车利用超级电容模组储存电能，并作为机车牵引动力电源。超级电容在机车制动时回收能量，利用停靠站点进行快速充电，最快仅需 12 s，可供续航约 4 km。目前该新型有轨电车已在中国广州、淮安等地实现载客运行。

图 1.11 中车株机公司生产的超级电容储能式电动机车

目前，对于车载储能技术的研究，重点在于电池组管理、能量密度和功率密度突破性提升和制造方法的研究，涉及控制、新型储能器件及系统的材料选取、制备、系统集成和综合测试技术等[58]；进一步显著降低储能式电动机车的辅助系统能耗及噪声的技术；对储能系统模块化设计、制造工艺、集成以及工程化研究进行深入探讨，并根据研制的储能系统测试数据，基于大数据理论研究车载储能系统的全寿命周期能量管理技术[59,60]。

一般认为，燃料电池及其混合动力型电动机车和储能式电动机车是新能源机车发展的主要方向，也是推动新能源机车事业发展的"两驾马车"，更是新能源机车的最终表现形式。而诸如油-电混合式、双燃料式等新能源机车，是折中考虑了节能减排原则和整车动力性而设计的新型轨道交通车辆。作为有效降低内燃机车油耗的重要方式，二者也在较长一段时间里得到了充分的发展和进步。如中国中车近年来成功制造的 1 000 kW 和 2 500 kW 油-电混合动力机车,是世界上已成功制造的最大功率等级混合动力机车;成功制造的 LNG 双燃料机车,采用柴油-甲烷双燃料驱动[61]（见图 1.12）。此外,德国西门子公司正在研发 Brightline 混合柴油电动列车,预计研制成功后最高速度可达 200 km/h。

图 1.12　国产油-电混合动力机车和双燃料机车

1.3.3　新能源机车示范线

新能源机车示范线是指具有代表性和展示性的,采用新能源客运列车的城市轨道交通线路,包括有轨电车、轻轨以及其他新形式轨道车辆。由于储能式电动机车具有结构简单、技术成熟和成本相对较低的特点,国内目前已建成的新能源机车示范线主要使用了该型车辆,具体包括超级电容储能式、锂电池组储能式和混合储能式。

2014 年 12 月,广州海珠区现代有轨电车线路正式开通运行,线路全长 7.7 km,设有 10 座地上车站和一座车辆基地,控制中心位于车辆基地内部，其运营线路如图 1.13 所示。全线每个车站均设有交流充电系统，且充电时间不超过 30 s[62]。车辆采用的是中车株洲电力机车公司生产的 100%低地板钢轮钢轨现代有轨电车，采用三动一拖四模块编组，车体全长 36.5 m，可载客 368 人，车辆采用了超级电容储能驱动，实现了无接触网运行[63]。有轨电车全线实行封闭式运行，采用与交警联动的智能交通信号，并且有轨电车在交叉路口享有优先路权。目前，广州海珠区现代有轨电车线路的客运强度居全国现代有轨电车的首位。

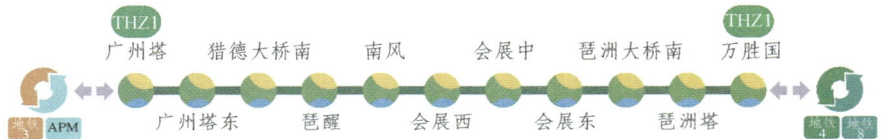

图 1.13　广州海珠区现代有轨电车运营线路

2015 年 12 月，江苏淮安开通现代有轨电车线路，线路全长 20.07 km，共设车站 23 个，车辆基地 1 座。该现代有轨电车线路串联了清江浦区、经济技术开发区、生态新城和淮安区 4 个区域，沿线分布有淮安的商业中心、商务中心等。淮安有轨电车线路采用的也是中车株洲电力机车公司生产的 100%低地板现代有轨电车，由超级电容储能式驱动，4 节编组，最大载客 368 人[64]（见图 1.14），目前，淮安现代有轨电车已成为城市现代交通的主干线、中心城市的靓丽风景线和低碳节能环保的示范线。

图 1.14　江苏淮安有轨电车运营车辆

2016 年,由西南交通大学牵引动力国家重点实验室牵头,联合中国中车、中国中铁等单位协同研制了世界首列新能源空铁,并于四川成都建成试验线(见图 1.15)。试验线总长 1 461 m,由乘客车站、正线轨道箱梁、右线轨道箱梁、弯道段、上下坡段、静调库等组成。空铁车辆由中车浦镇公司生产,全车试验用锂电池包驱动,并悬挂于空中轨道,行驶最高速度约 60 km/h,最大转弯 30°,最大爬坡能力约 60‰。锂电池储能式新能源空铁由于具有绿色环保、占地面积小、成本低、建造周期短等特点,将为城市公共轨道交通和景区交通提供新的制式选择。预计我国及全球首条锂电池储能式空铁线路将在 2021 年初于四川成都正式开通运行[65]。

图 1.15 锂电池储能式新能源空铁

储能式电动机车近年来已在国内建成多条示范线与试验线,为城市的发展增添了新的活力。而燃料电池混合动力机车作为后起之秀,也发展迅速。

2017 年 10 月 26 日，由西南交通大学牵头，联合中国中车唐山公司共同研发的世界首列氢燃料电池/超级电容混合动力 100%低地板有轨电车，在唐山举办的中国工业旅游产业发展联合大会上首次投入唐胥铁路载客运营（见图 1.16），线路全程 13.84 km。这标志着我国在新能源轨道交通领域实现重大突破。

图 1.16　氢能有轨电车全球首次示范运行

2017 年 3 月，广东佛山市与中车青岛四方签订佛山高明区现代有轨电车示范线项目总包合同，标志着我国第一条氢能源现代有轨电车商业示范线正式启动建设。高明区现代有轨电车线路规划全长约 17.4 km，设车站 20 座，将分首期、远期两步建设。首期工程于 2017 年 2 月开工建设，线路全长约 6.5 km，设车站 10 座，加氢站 1 座。该条示范线将采用中车青岛四方研制生产的以氢能源为动力的 100%低地板、铰接式现代有轨电车[66]。每列车定员载客量 285 人，最高运行速度 70 km/h，加氢 3 min 可续航约 100 km[67]。2019 年 12 月，首期工程已正式通车运行，这是世界上首条正式投入商业运行的氢能源有轨电车运营线。佛山高明现代有轨电车示范线的建设，标志着氢能源有轨电车已正式投入商业运用，这对氢能源有轨电车在国内的应用推广具有很强的示范效应。

目前，成都市也正在规划一条氢能源现代有轨电车示范线，预计 2021 年立项建设。

1.4 新能源机车的发展趋势

1.4.1 轨道交通行业发展规划

国家"十三五"规划明确提出了"推进交通运输低碳发展,实行公共交通优先,加强轨道交通建设",此外在《国家中长期科学和技术发展规划纲要(2006—2020年)》《产业结构调整指导目录》《新时代交通强国铁路先行规划纲要》等政策文件中,均明确表示了我国大力鼓励发展城市轨道交通的坚定立场。

现阶段,促进我国轨道交通发展的主要因素有两个。第一,我国正处于经济快速发展时期,城镇化水平不断提高,并将逐步形成大型及特大型城市群。而轨道交通作为连接城市与城市、城市内部的重要交通方式,势必会得到大规模的建设。第二,我国大量城市存在交通拥堵的城市病,且城市拥堵率具有整体上升的趋势,如中东部地区的大型城市受交通堵塞的极度影响,已严重困扰人民的生活,而我国二线城市的交通拥堵问题也愈演愈烈,并具有持续发展的特征。因此需要建设大量的城市轨道交通项目以缓解城市拥堵问题,解决城市人口出行问题[40]。

在我国,虽然城市轨道交通行业发展的历史较短,但发展势头非常迅猛。截止到2019年底,我国内地累计有40个城市开通城轨交通,运营线路达6 730.27 km,新增运营里程968.77 km。根据世界轨道交通发展和城市化的历史经验来看,城市化率高于60%时,轨道交通行业的发展将迎来黄金时期。《中国农村发展报告2020》指出,预计到2025年,中国的城镇化率将达到65.5%,轨道交通线网的总体供给能力届时将处于高幅增长阶段,这也是轨道交通发展的最大契机。

2009年以来,我国的轨道交通行业快速发展,表1.3所列为截至2020年8月31日我国城市轨道交通的运营里程。此前,我国并未积累较多城市轨道交通的建设经验,由于建设资金投入极大、建设周期长、难度高等原因,直至近些年轨道交通建设才进入了发展的高速期和黄金期[68]。

表 1.3　截至 2020 年 8 月 31 日我国城市轨道交通运营里程　单位：km

排名	1	2	3	4	5	6
城市	上海	北京	广州	深圳	南京	武汉
里程	706.3	699.3	493.3	382	378.3	338.3
排名	7	8	9	10	11	12
城市	重庆	成都	香港	天津	青岛	苏州
里程	329.8	301.4	265.8	231.9	172.2	165.6

我国在"十二五"期间，城市轨道交通投资额达到 1.16 万亿元，年均投资额 2 300 亿元；"十三五"期间，2018 年城轨交通建设投资为 5 470.2 亿元，2019 年达到了 6 570 亿元，预计总投资规模将超过 6 万亿元。2020 年，受新冠疫情影响，当年城市轨道建设项目多集中在下半年，全国运行里程将达到 7 780 km，预计 2022 年我国城轨累计里程有望超过 10 000 km。

未来城市轨道交通事业的发展对装备技术的水平提出了更高的要求，对于运输的安全性和可靠性的要求也在提高。在高要求和快发展的环境下，轨道交通的土建、制造和机电行业都迎来了广阔的市场空间[69,70]。

轨道交通的快速发展，将给新能源机车的发展提供巨大的舞台。

1.4.2　新能源机车发展趋势

传统的轨道交通车辆具有复杂的接触网系统，在城市中，接触网极大地影响了城市的美观性和消防安全，给城市大发展带来极大的不便。而在铁路系统中，接触网也需进行检修和维护，提高了铁路系统的运行成本。近些年逐渐兴起的第三轨供电方式环境适应性差，恶劣天气下无法运行，通过摩擦的方式进行受流，增加了摩擦损耗的费用成本。

随着时代的进步，生物柴油机车、液化天然气燃料机车甚至太阳能机车均陆续被成功研发。例如，俄罗斯已成功研制出完全使用液化天然气的机车，并已完成测试实验，预计将批量投产[45]。而目前研发出的太阳能机车仅利用光伏效应产生的电能不足以驱动机车,因此配置了大量蓄电池组进行电能储存和辅助供电。

此前,国内外所研制的新能源机车大多作为工程作业车、站场调车和检修车使用,并已在其他领域推广应用。但随着城市轨道交通事业的蓬勃发展,近年来,新能源机车的研究重点逐渐向有轨电车、轻轨及市域铁路车辆方向拓展,也由载货向载客方向发展。这一转型对新能源机车的动力性、经济性和舒适性提出了更加严格的要求。对新能源机车而言,动力性、舒适性和经济性的提升归根结底还是技术的创新与进步。动力性能的再提升要求动力系统有更高的能量密度,车辆采用更加轻质的车体材料和流线型造型、更高效的新型传动与牵引机构、更高功率密度的储能设备等。对于燃料电池等新能源发电装置,为实现工程化、商业化、规模化应用,降低制造成本和延长使用寿命,清华大学、西南交通大学、武汉理工大学、中科院等高校和科研院所纷纷加大了氢燃料电池系统的研发,同时已建立了北京、上海、广东云浮、湖北武汉、山东潍坊、四川成都等氢能技术应用研发、装备生产基地,将制造出性能更优的燃料电池产品,为提高燃料电池电动机车的技术水平奠定基础。

随着技术的进步和政策的倾斜,新能源机车的发展将朝着研发多样化、产品集中化和大规模运营化迈进。将形成以燃料电池电动机车和储能式电动机车为主,其他多种新能源机车为辅,且城市轨道交通应用与工程作业机车共同发展的革新局面。

第 2 章

燃料电池技术

2.1 燃料电池技术概述

随着世界范围内工业的高速发展，人类目前使用的主要化石燃料已经无法满足日益增加的能源需求。此外，化石燃料能量转换效率低，储量有限，排放的气体中含有 CO、NO、硫化物等污染物，严重污染环境，新一轮能源技术变革正蓬勃兴起，高效、清洁的新型能源的开发和利用已成为当今世界关注的重点[71]。经过几十年的努力，各种新的能源利用技术不断被开发出来，其中，氢能作为一种清洁、高效、对环境友好的可持续新能源，被视为 21 世纪最重要的能源形式之一。

1839 年，英国物理学家 William R.Grove 爵士提出了燃料电池的概念，他根据电解水的逆转实验，通过利用氢气和氧气的电化学反应产生电流的原理，制作出了世界上第一个燃料电池[72]，在当时被称作"气体电池"。1889 年，两位化学家 L.Mond 和 C.Langer 首次对燃料电池这一名称进行了定义：燃料电池是一种可直接将燃料中的化学能转换为电能的发电装置，通常以氢气作为燃料。与传统定义的电池不同的是，燃料电池本身不具备储存能量的能力，它是一个燃料和氧化剂全部由外部供给的能量转化器。20 世纪 60 年代初期，美国国家航空航天局（NASA）为探索太空的载人航天器寻找合适动力源，看中了燃料电池高功率密度、安全以及反应生成液态水可供饮用等优点，开始对一系列的燃料电池研究进行资助。通用电气公司利用氢化锂与水反应生成的氢气，研制了小型质子交换膜燃料电池。同期，美国国家航空航天局选中该燃料电池应用于"双子星座"太空探索计划，但经过运行试验发现，聚苯乙烯磺酸膜在长期工作中会发生劣化而引起电池污染和氧气渗透的恶性后果，而被弃用。通用公司随后采用杜邦公司研制的全氟磺酸膜改进了燃料电池设计，并将其成功应用于实验卫星。英国工程师 Bacon 及其团队研制出输出功率为 5 kW 的可实际应用的氢氧燃料电池，其燃料为高压氢氧。普惠公司采用该技术，成功地将氢氧燃料电池应用于阿波罗登月飞船。受此鼓舞，燃料电池得到进一步的研发和应用。

目前，我们常说的燃料电池通常指氢燃料电池，但实际上现有的燃料电池技术十分多样，除了可以以氢气为燃料外，还可使用多种含正价氢元素的气体作为燃料。依据电解质的不同，燃料电池的主要分类有碱性燃料电池（Alkaline Fuel Cell，AFC）、质子交换膜燃料电池（Proton Exchange Membrane Fuel Cell，PEMFC）、甲醇燃料电池（Direct Methanol Fuel Cell，DMFC）、磷酸燃料电池（Phosphoric Acid Fuel Cell，PAFC）、熔融碳酸盐燃料电池（Molten Carbonate Fuel Cell，MCFC）、固体氧化物燃料电池（Solid Oxide Fuel Cell，SOFC）。此外，燃料电池还可以基于温度、燃料来源的不同来进行分类。

燃料电池作为一种新型能源，与传统的火力发电、水力发电、核能发电相比较，具有诸多优点：

（1）能量转换效率高，发电效率可达 60%，整个过程不需要燃烧，因此不受卡诺循环的限制，能量转化效率远高于内燃机[71,73]。

（2）发电过程机械部件少、噪声低、反应产物无污染。

（3）燃料的类型多，不局限于某一种物质，燃料可以是氢氧、天然气、甲醇等燃料，在实际应用中可综合考虑应用工况、成本、功率、工作环境等选择合适的燃料。

（4）由于采用模块化结构，燃料电池发电装置可根据所需发电规模组合多个单电池构成电堆，电堆的组装和维护方便，可靠性高。

1973 年石油危机以后，全世界开始认识到能源利用的重要意义，燃料电池研发受到热捧。20 世纪 70 年代中期，燃料电池的研究热点在于寻找最优材料，以克服燃料电池使用寿命短和使用性能随时间下降快等问题，以及降低燃料电池成本实现燃料电池商用的可能性。20 世纪 80 年代，加拿大巴拉德动力系统公司成功研制出高效的 MEA 组件，为质子交换膜燃料电池的大规模工程应用奠定了基础。1993 年，巴拉德公司研制了全球第一辆使用质子交换膜燃料电池驱动的电动汽车，1996 年底制造了 45 kW 质子交换膜燃料电池并成功运用在潜水艇上，同期，还为大型巴士开发了由质子交换膜燃料电池堆组成、功率为 260 kW 的动力系统，可行驶 400 km。

随着氢燃料电池技术的快速进步，进入 21 世纪以来全世界燃料电池产品的出货量在逐年增长。全球主要汽车公司，如通用、奔驰、本田、福特等都投入了大量资金支持研发燃料电池汽车动力系统技术。2014 年，丰田与本田先后发布了"Mirai"和"Clarity"燃料电池汽车并且实现量产。2017 年初，丰田、宝马、戴姆勒、本田和现代 5 家汽车制造商与荷兰皇家壳牌（Royal Dutch Shell）、法国液化空气集团以及道达尔（Total SA）等石油和天然气巨头达成共识，共计 13 家能源、交通以及汽车产业公司在达沃斯宣布成立氢燃料委员会（Hydrogen Council），该机构旨在与政府协商争取更多氢能商业化投资，加快氢能产业开发并向公众推广氢燃料相关产品。2017 年 2 月，本田与通用汽车宣布以 1∶1 比例出资建立新公司，合作制造新一代氢燃料电池车系统，原预计在 2020 年左右开始投入量产。

美国、日本、德国等发达国家长期重视氢能与燃料电池技术的发展，政策倾向氢能基础设施建设，增加燃料电池大规模研发计划的预算，出台一系列燃料电池汽车税收优惠补贴政策，鼓励燃料电池技术的开发应用。自 2007 年开始，美国南加州对氢燃料电池的生产和研究的设备实行税收全免政策；2015 年，美国国会向美国能源部氢和燃料电池项目拨款约 1.17 亿美元。此外，美国已取得的燃料电池相关专利已经达到 600 多项，其中美国能源部（DOE）帮助开发了 40 项已经用于商业化的技术；同时，美国能源部宣布设立 3 500 万美元的基金用于资助包括氢气的制取、储存、运输，基础设施元件制造以及氢能及燃料电池技术的推广等方面。截止到 2016 年，全球已建成加氢站 285 座。日本政府在 2014 年将建设氢能源社会确定为国家发展战略，计划到 2030 年实现氢能源社会的基础建设。东京政府计划在 2021 年东京奥运会期间建立"氢能源社会示范区"，推广 6 000 辆燃料电池巴士，推动燃料电池客车的应用和产业化。8 个欧洲国家联合出资设立了 H2ME（Hydrogen Mobility Europe）项目，包括加氢站基础设施建设和数百辆客运和商用燃料电池车部署。H2ME 项目耗资 1.7 亿欧元，旨在向公众推广氢燃料车并证明氢燃料能够支持未来欧洲的交通需求。2017 年 2 月首批 100 辆燃料电池汽车在德、法、英等国家投入使用。目前，该项目获得了欧盟"2020 展望计划"的资金支持，正在进一步扩大合作范围。

进入 20 世纪 90 年代，我国对质子交换膜燃料电池的研究发展迅速，目前已具备生产几百千瓦带控制系统和支持系统的燃料电池发动机系统的能力[81]。2002 年，中国科学院将大功率质子交换膜燃料电池发动机及氢源技术作为科技创新战略行动计划的重大项目之一。2008 年奥运会上展示了我国自主研发的燃料电池大巴车和小客车[82]。目前，中国科学院大连化学物理研究所、清华大学、中国科学院长春应用化学研究所等近 60 家单位拥有燃料电池研发能力和相关技术，我国千瓦级质子交换膜燃料电池技术已经趋于成熟，部分技术已接近国际先进水平，具备了商业化发展的条件[93]。2010 年，由华南理工大学自主设计研发的全球最大的质子交换膜燃料电池示范电站在广州建设成功。2013 年，国内严重的雾霾天气引发公众关注。机动车数量剧增、汽车尾气污染物大量排放是形成城市大面积雾霾的一个重要原因。为了促进新能源利用，推动燃料电池技术发展成为替代燃油发动机的新动力系统，2014 年 11 月，国务院办公厅印发《能源发展战略行动计划（2014—2020 年）》，将"氢能与燃料电池"列为 20 个能源科技重点创新方向之一。2015 年 10 月，工信部发布《中国制造 2025》重点领域技术路线图，在节能与新能源汽车领域明确提出了发展燃料电池汽车及其关键部件的创新技术路线图。

由于燃料电池本身具有积木特性，即电池由多个单电池串联或并联组成，使得燃料电池既可以用于大规模的集中发电，又可以作为较小规模的移动电源及分散电源，如单兵电源、车载电源、通信电源等。燃料电池既可以作为宇宙飞船、人造卫星、宇宙空间站等航天系统的能源，也可用于并网发电的高效电站。它可作为大型厂矿的独立供电系统，也可作为城市工业区、繁华商业区、高层建筑物、边远地区和孤立小岛的小型供电站。此外，它还能用作大型通信设备和家庭的备用电源以及交通工具的牵引动力等。

根据不同的标准，燃料电池的种类众多。质子交换膜燃料电池作为燃料电池中应用最为广泛的一种，具有高功率、无噪声、快速启动、低温运行、工作温度低、寿命长、可用空气作为氧化剂、比功率大、启动迅速、输出功率可任意调节等优势[74-77]，在电动汽车、通信、军事、航天等领域有着极其重要的应用。现今燃料电池已经成为各大汽车厂商的竞争焦点，其发展潜力巨大。

借助质子交换膜燃料电池在电动汽车等领域的成功应用，燃料电池在轨道交通的应用也越来越受到重视，逐渐成为新能源轨道交通的研究热点和重点。

2.2 燃料电池工作原理

燃料电池与蓄电池不同，它是把燃料（如氢气）和氧化剂通过电极反应直接生成电流的装置，由于生成物是水、热、电，没有任何污染物排放，它具有清洁、环保、可再生的优势。

由于单个的质子交换膜燃料电池（PEMFC）的电压不高，一般不到 1 V，因此，为了能工程应用，往往需要将数个、数十个、甚至数百个单个燃料电池进行串联，组成一个输出适当电压和功率的电堆。而每个 PEMFC 单体的基本结构是由电极、质子交换膜和带气体流道和冷却流道的双极板叠合形成的。PEMFC 单体电池的工作原理和内部结构如图 2.1 所示。其中质子交换膜是 PEMFC 的核心材料，它是一种具有良好的质子导电性、气体隔离性、热稳定性、化学稳定性和一定的机械强度的选择性透过膜，膜的水合/脱水可逆性好，在膜表面的水分子有足够的扩散性以避免局部膜干。一般的质子交换膜燃料电池都采用催化剂层和气体扩散层组成的气体扩散电极[84],气体扩散层由导电多孔材料构成,有传导质子和收集电流的作用。催化剂层是电化学反应发生的场所,也是传导质子的通道。质子交换膜、气体扩散层和催化剂组合称为膜电极组件(Membrane Electrode Assembly,MEA),它是燃料电池的核心部件。

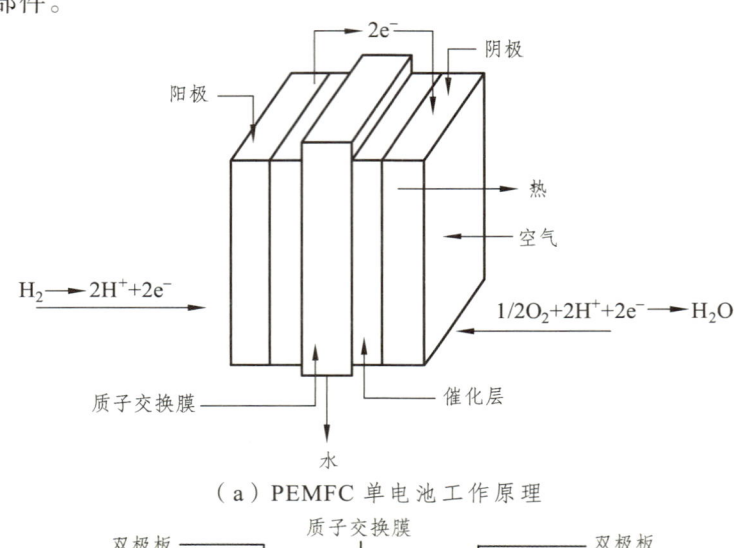

(a)PEMFC单电池工作原理

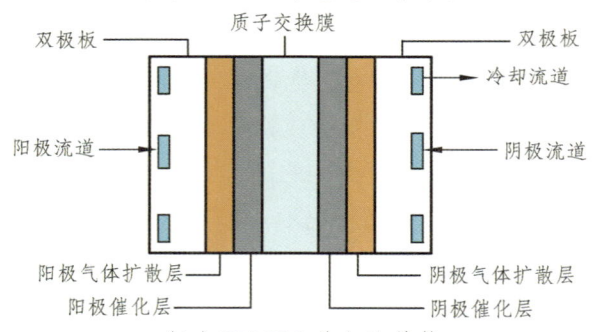

(b)PEMFC单电池结构

图 2.1 PEMFC单电池工作原理及结构

质子交换膜燃料电池的燃料为氢气,工作温度一般在 40~80 ℃,大多采用 Nafion 全氟磺酸质子交换膜,采用以碳为载体的铂催化剂,双极板较多采用具有高密度、高强度、导电、导热优良特性的石墨板或表面改性金属板。燃料电池发生的电化学反应如下所示:

$$\begin{cases} 2H_2 \longrightarrow 4H^+ + 4e^- \\ O_2 + 4H^+ + 4e^- \longrightarrow 2H_2O \end{cases} \quad (2.1)$$

由于电子不能通过质子交换膜，只能经过外电路达到阴极，在电子定向移动的过程中产生可为外界负载提供能量的直流电，而氢离子（即质子）可直接通过质子交换膜移动至阴极。氢气在阳极失去电子后形成的氢离子和电子分别通过质子交换膜和外电路到达阴极，在 Pt/C 催化剂作用下，与阳极的氧气发生电化学反应，最终生产水。由于单个 PEMFC 单元的输出电压较低，并不能满足实际的需求，所以一般将多个 PEMFC 单元串联形成电堆并层叠得到最终的燃料电池结构，理论上每一个 PEMFC 电池单元的输出电压可达为 1.2 V 左右，但在实际情况中由于损耗的存在，实际的输出电压一般在 0.5~1 V。

PEMFC 由多个电池单元串联层叠而成。将每个单元的电极、双极板、交换膜 3 个组件叠合在一起，用螺栓加固拴牢，再将各个单元串联形成燃料电池电堆，如图 2.2 所示。将组件重叠并压紧的时候，应将每一电池单元的气道对齐，使得燃料氢气、氧气能够流通至每一个电池单元。燃料电池电堆工作的时候，氢气和氧气首先经主气道流通至每一个单电池的双极板，之后经双极板导流到达电极，最后在电极上的催化剂的作用下发生电化学反应。

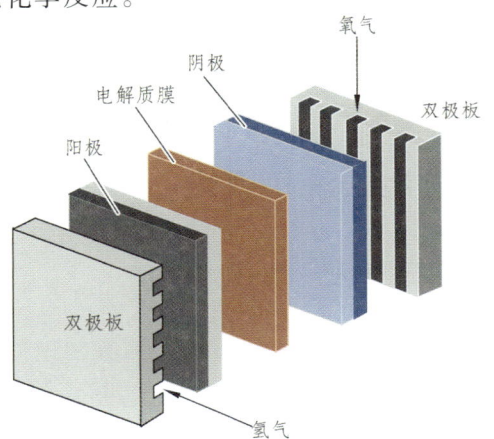

图 2.2 PEMFC 燃料电池单元示意图

一套完整的 PEMFC 发电系统主要由 5 部分构成：氢气供应子系统，空气供应子系统，湿度控制子系统，温度控制子系统以及功率调节系统[85]。系统结构框图如图 2.3 所示。氢气供应子系统为阳极提供高纯度的氢气，通过泄压阀和电磁阀对其流量进行调节。空气供应子系统为阴极提供氧气，通过机械装置来控制空气流量，时间尺度较大。湿度和温度控制子系统分别用于控制 PEMFC 工作在合适的湿度和温度环境。功率调节系统通过电力电子器件将电堆输出电压变换成负载所需的电压等级。

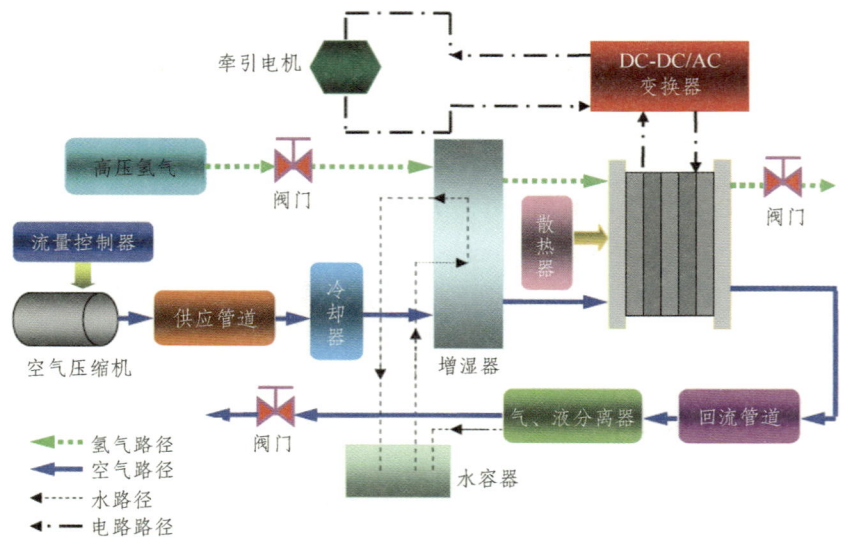

图 2.3 PEMFC 系统结构

2.3 燃料电池系统机理模型

2.3.1 输出电压模型

通常在 PEMFC 运行时电极上会发生一系列物理与化学变化过程，而每一过程都存在一定的阻力，因此为了使电极上的反应能够持续不断地进行下去，就必须消耗自身的能量去克服这些阻力。在克服阻力时会使电极电势出现偏离现象，称为 PEMFC 的极化，此时电极电势变化量的绝对值称为过电势（Overpotential）。所以 PEMFC 的实际输出电压是从理想电势中减去所有极化现象造成的过电势。通常使 PEMFC 产生不可逆损失的过电势主要包括活化过电势（Activation Overpotential）、欧姆过电势（Ohmic Overpotential）以及浓差过电势（Concentration Overpotential）。

根据 J. Larminie 已经建立的 PEMFC 输出特性经验公式，单电池的输出电压基本表达式为

$$V_{cell} = E_{Nernst} - \eta_{act} - \eta_{ohmic} - \eta_{con} \tag{2.2}$$

式中　E_{Nernst}——热力学电动势；
　　　η_{act}——活化过电势；
　　　η_{ohmic}——欧姆过电势；
　　　η_{con}——浓差过电势。

通常在不考虑损耗的情况下，电化学反应过程中的移动电子所做的功等于在反应过程中所释放的吉布斯自由能，根据 Nernst 方程以及吉布斯自由能的变化，可将热力学电动势 E_{Nernst} 表示为

$$E_{Nernst} = 1.229 \times (8.5 \times 10^{-4}) \times (T_{st} - 298.15) + \frac{RT_{st}}{2F} \times (\ln p_{H_2,an} + \frac{1}{2} \ln p_{O_2,ca}) \tag{2.3}$$

式中　$p_{H_2,an}$——阳极氢气分压；
　　　$p_{O_2,ca}$——阴极氧气分压；
　　　T_{st}——电池温度；
　　　R——理想气体常数；
　　　F——法拉第常数。

活化过电势主要表现为电极表面刚要激活电化学反应时，所呈现速率迟钝的现象。活化过电势与电化学反应速率有关，因此又称为电化学极化。造成这种速率缓慢现象的原因是电极无法克服电化学反应中电荷转移过程所需要的活化能。通常阳极和阴极都会产生活化过电势，但阳极的产生速率远快于阴极的产生速率，因此活化过电势一般由阴极的反

应条件决定。大部分文献中提出的活化过电势方程一般采用固定参数，具有较大局限性，难于推广应用。

根据 Tafel 方程以及 Henry 定律，将活化过电势 η_{act} 表示为参数化代数方程：

$$\begin{cases} \eta_{act} = \delta_1 + \sigma T_{st} + \delta_3 T_{st} \ln C_{O_2} + \delta_4 T_{st} \ln I_{st} \\ \sigma = \delta_2 + 2 \times 10^{-4} \ln A + 4.3 \times 10^{-5} \ln C_{H_2} \\ C_{O_2} = 1.97 \times 10^{-7} \times P_{O_2,ca} \times \exp(498/T_{st}) \\ C_{H_2} = 9.17 \times 10^{-7} \times P_{H_2,an} \times \exp(-77/T_{st}) \end{cases} \quad (2.4)$$

式中　δ_i ——在流体动力、热动力以及电化学基础上通过实验数据拟合得到的模型系数；

C_{O_2}, C_{H_2} ——阴极和阳极催化剂界面溶解氧气和氢气的浓度；

A ——质子交换膜的有效活化面积；

I_{st} ——PEMFC 的负载电流。

欧姆过电势是由质子膜的等效膜阻抗产生的电压降和阻碍质子通过质子膜的阻抗产生的电压降两部分组成。通常根据欧姆定律，欧姆过电势 η_{ohmic} 表示为

$$\begin{aligned} \eta_{ohmic} &= I_{st} \times (R_M + R_c) \\ R_M &= \frac{\rho_M l}{A} \\ \rho_M &= \frac{181.6 \left[1 + 0.03 \dfrac{I_{st}}{A} + 0.062 \left(\dfrac{T_{st}}{303}\right)^2 \left(\dfrac{I_{st}}{A}\right)^{2.5}\right]}{\left[\sigma_{an} - 0.634 - \dfrac{3 I_{st}}{A}\right] \exp\left[4.18 \left(\dfrac{T_{st} - 303}{T_{st}}\right)\right]} \end{aligned} \quad (2.5)$$

式中　R_M ——等效膜阻抗；

R_c ——阻碍质子通过质子膜的阻抗；

l ——质子交换膜的厚度；

ρ_M ——Nafion 系列质子交换膜的电阻率；

σ_{an} ——阳极侧的含水量，是阳极气体相对湿度的函数。

浓差过电势是由于扩散阻力的存在,电化学反应难以进行,从而使反应物或产物产生缓慢扩散以及反应物传质受到限制所引起。根据建议,采用的浓差过电势 η_{con} 计算公式如下:

$$\eta_{con} = m_1 \exp(-m_2 I_{st}/A) \tag{2.6}$$

式中　m_1,m_2——质量传递控制系数,由 PEMFC 的工作状态决定。

在 PEMFC 中存在双层电荷层现象。该电化学现象表现为当负载电流发生改变时,在电子聚集的电极表面与氢离子聚集的电解质表面之间会随之产生一个缓慢变化的电压。通过在等效电阻 R_a 两端并联一个电容 C 来等效双层电荷层现象。令 R_a 上的电压为 V_c,则单电池动态特性可用一阶微分方程表示为

$$\frac{dV_c}{dt} = -\frac{V_c}{\varepsilon} + \frac{I_{st}}{C} \tag{2.7}$$

式中　ε——时间常数,则其值为

$$\varepsilon = CR_a = \frac{C(\eta_{act} + \eta_{con})}{I_{st} - I_c} \tag{2.8}$$

因此单电池的输出电压表达式可改写为

$$V_{cell} = E_{Nernst} - V_c - \eta_{ohmic} \tag{2.9}$$

然而,该电化学现象的时间常数的数量级约为 10^{-19} s,远小于管道流速的数量级(10^{-1} s)。由于在后续章节建立了气体流量动态模型,侧重于研究气体流量控制问题,因此为了降低模型阶数和简化分析,故忽略了该电化学现象的影响。

PEMFC 电堆由 N_{cell} 个相同的单电池串联而成时,则电堆电压可表示为

$$V_{st} = N_{cell} \times V_{cell} \tag{2.10}$$

PEMFC 电堆输出功率为

$$P_{st} = V_{st} \times I_{st} \tag{2.11}$$

PEMFC 电堆效率 η 为

$$\eta = \mu_{H_2} \frac{V_{cell}}{1.48} \times 100\%$$
$$\mu_{H_2} = \frac{F_{H_2,reacted}}{F_{H_2,an,in}}$$
(2.12)

式中 μ_{H_2} ——氢气利用率；

$F_{H_2,an,in}$ ——进入阳极的氢气质量流量；

$F_{H_2,reacted}$ ——反应所消耗的氢气质量流量。

2.3.2　阴极流量模型

阴极流量模型可以反映燃料电池电堆阴极内的空气动态流动行为。根据质量守恒原理、理想气体定律、混合气体的热动力学性质和空气湿度性质建立阴极流量模型。首先，对该模型做以下假设：所有气体均视为理想气体；冷却系统能够很好地控制燃料电池电堆温度，使其恒定在 80℃；阴极流道内气体温度等于电堆温度；当气体相对增湿度大于 100% 时，没有液态水离开阴极，当气体相对增湿度低于 100% 时，液态水蒸发并累积到阴极内。

根据质量流动连续性原理，阴极体内氧气质量 $m_{O_2,ca}$、氮气质量 $m_{N_2,ca}$ 和水质量 $m_{w,ca}$ 的一阶微分方程分别为

$$\frac{dm_{O_2,ca}}{dt} = F_{O_2,ca,in} - F_{O_2,ca,out} - F_{O_2,reacted}$$
$$\frac{dm_{N_2,ca}}{dt} = F_{N_2,ca,in} - F_{N_2,ca,out}$$
$$\frac{dm_{w,ca}}{dt} = F_{v,ca,in} - F_{v,ca,out} + F_{v,ca,gen} + F_{v,membr} - F_{l,ca,out}$$
(2.13)

式中 $F_{O_2,ca,in}$ ——进入阴极的氧气质量流量；

$F_{O_2,ca,out}$ ——离开阴极的氧气质量流量；

$F_{O_2,reacted}$ ——反应所消耗的氧气质量流量；

$F_{N_2,ca,in}$ ——进入阴极的氮气质量流量；

$F_{N_2,ca,out}$ ——离开阴极的氮气质量流量；

$F_{v,ca,in}$ ——进入阴极的水蒸气质量流量；

$F_{v,ca,out}$ ——离开阴极的水蒸气质量流量；

$F_{v,ca,gen}$ ——反应所产生的水蒸气质量流量；

$F_{v,membr}$ ——水传输通过质子交换膜的质量流量；

$F_{l,ca,out}$ ——离开阴极的液态水质量流量。

根据阴极气体的饱和状态，阴极体内的水是以气态和液态两种形式存在。最大水蒸气的质量可由水蒸气饱和压力计算得

$$m_{v,max,ca} = \frac{p_{sat}V_{ca}}{R_v T_{st}} \quad (2.14)$$

式中 R_v ——水蒸气气体常数；

V_{ca} ——阴极容积；

p_{sat} ——水蒸气的饱和压力，其值由温度决定，根据饱和压力数据可得出计算方程如下：

$$\log_{10}(p_{sat}) = -1.69 \times 10^{-10} T_{st}^4 + 3.85 \times 10^{-7} T_{st}^3 - 3.39 \times 10^{-4} T_{st}^2 + 0.143 T_{st} - 20.92 \quad (2.15)$$

根据气体饱和状态，阴极水蒸气的质量 $m_{w,ca}$ 与其最大水蒸气的质量 $m_{v,max,ca}$ 存在如下关系：

若 $m_{w,ca} \leqslant m_{v,max,ca}$，则 $m_{v,ca} = m_{w,ca}$，$m_{l,ca} = 0$

若 $m_{w,ca} > m_{v,max,ca}$，则 $m_{v,ca} = m_{v,max,ca}$，$m_{l,ca} = m_{w,ca} - m_{v,max,ca}$

根据理想气体定律，阴极流道内氧气分压 $p_{O_2,ca}$、氮气分压 $p_{N_2,ca}$ 和水蒸气分压 $p_{v,ca}$ 分别为

$$\begin{aligned} p_{O_2,ca} &= \frac{m_{O_2,ca}R_{O_2}T_{st}}{V_{ca}} \\ p_{N_2,ca} &= \frac{m_{N_2,ca}R_{N_2}T_{st}}{V_{ca}} \\ p_{v,ca} &= \frac{m_{v,ca}R_v T_{st}}{V_{ca}} \end{aligned} \quad (2.16)$$

式中 R_{O_2} ——氧气气体常数；
R_{N_2} ——氮气气体常数。

阴极干燥空气的分压 $p_{a,ca}$ 是氧气和氮气分压的总和：

$$p_{a,ca} = p_{O_2,ca} + p_{N_2,ca} \tag{2.17}$$

阴极总压力 p_{ca} 是空气和水蒸气分压的总和：

$$p_{ca} = p_{a,ca} + p_{v,ca} \tag{2.18}$$

进入阴极的空气摩尔质量 $M_{a,ca,in}$ 和阴极的空气摩尔质量 $M_{a,ca}$ 分别为

$$\begin{aligned} M_{a,ca,in} &= y_{O_2} \times M_{O_2} + (1 - y_{O_2,ca,in}) \times M_{N_2} \\ M_{a,ca} &= y_{O_2,ca} \times M_{O_2} + (1 - y_{O_2,ca}) \times M_{N_2} \end{aligned} \tag{2.19}$$

式中 M_{O_2}, M_{N_2} ——氧气和氮气的摩尔质量。对于进入阴极的空气来说，其氧气摩尔分数 $y_{O_2,ca,in}$ 为常数。由于氧气在反应中被消耗，因此阴极的氧气摩尔分数 $y_{O_2,ca}$ 不是常数，通常由氧气分压和干燥空气分压确定：

$$y_{O_2,ca} = \frac{p_{O_2,ca}}{p_{a,ca}} \tag{2.20}$$

进入阴极气体的增湿率和阴极内气体的增湿率分别为

$$\begin{aligned} w_{ca,in} &= \frac{M_v}{M_{a,ca,in}} \frac{p_{v,ca,in}}{p_{a,ca,in}} \\ w_{ca,out} &= \frac{M_v}{M_{a,ca}} \frac{p_{v,ca}}{p_{a,ca}} \end{aligned} \tag{2.21}$$

式（2.21）中进入阴极的水蒸气分压可由相对增湿度 $\varphi_{ca,in}$ 和水蒸气的饱和压力 p_{sat} 计算得到

$$p_{v,ca,in} = \varphi_{ca,in} p_{sat}(T_{ca,in}) \tag{2.22}$$

由于进入阴极的增湿空气是干燥空气和水蒸气的混合物，因此干燥空气分压是总压力和水蒸气分压的差值：

$$p_{\mathrm{a,ca,in}} = p_{\mathrm{ca,in}} - p_{\mathrm{v,ca,in}} \qquad (2.23)$$

由以上推导可知,式(2.13)中的 $F_{\mathrm{v,ca,in}}$ 和 $F_{\mathrm{v,ca,out}}$ 可分别由式(2.24)计算得

$$\begin{aligned}
F_{\mathrm{a,ca,in}} &= \frac{1}{1+w_{\mathrm{ca,in}}} F_{\mathrm{ca,in}} \\
F_{\mathrm{v,ca,in}} &= F_{\mathrm{ca,in}} - F_{\mathrm{a,ca,in}} \\
F_{\mathrm{a,ca,out}} &= \frac{1}{1+w_{\mathrm{ca,out}}} F_{\mathrm{ca,out}} \\
F_{\mathrm{v,ca,out}} &= F_{\mathrm{ca,out}} - F_{\mathrm{a,ca,out}}
\end{aligned} \qquad (2.24)$$

式中 $F_{\mathrm{ca,in}}$ ——进入阴极的总气体质量流量。即流出供应管道的质量流量,具体计算方法在后续章节介绍;

$F_{\mathrm{ca,out}}$ ——离开阴极的总气体质量流量,由于阴极与回流管道之间的压力差过小,为了简化计算采用线性喷嘴方程确定出口总流量为

$$F_{\mathrm{ca,out}} = k_{\mathrm{ca,out}}(p_{\mathrm{ca}} - p_{\mathrm{rm}}) \qquad (2.25)$$

式中 $k_{\mathrm{ca,out}}$ ——阴极孔口常数;

p_{rm} ——回流管道压力,具体计算方法在后续章节介绍。

因此,式(2.13)中的 $F_{\mathrm{O_2,ca,in}}$、$F_{\mathrm{N_2,ca,in}}$ 以及 $F_{\mathrm{O_2,ca,out}}$ 和 $F_{\mathrm{N_2,ca,out}}$ 分别为

$$\begin{aligned}
F_{\mathrm{O_2,ca,in}} &= x_{\mathrm{O_2,ca,in}} F_{\mathrm{a,ca,in}} \\
F_{\mathrm{N_2,ca,in}} &= (1 - x_{\mathrm{O_2,ca,in}}) F_{\mathrm{a,ca,in}} \\
F_{\mathrm{O_2,ca,out}} &= x_{\mathrm{O_2,ca}} F_{\mathrm{a,ca,out}} \\
F_{\mathrm{N_2,ca,out}} &= (1 - x_{\mathrm{O_2,ca}}) F_{\mathrm{a,ca,out}}
\end{aligned} \qquad (2.26)$$

式中 $x_{\mathrm{O_2,ca,in}}, x_{\mathrm{O_2,ca}}$ ——进入阴极的氧气质量分数和阴极氧气质量分数,为氧气摩尔分数的函数,即

$$\begin{aligned}
x_{\mathrm{O_2,ca,in}} &= \frac{y_{\mathrm{O_2,ca,in}} \times M_{\mathrm{O_2}}}{y_{\mathrm{O_2,ca,in}} \times M_{\mathrm{O_2}} + (1 - y_{\mathrm{O_2,ca,in}}) \times M_{\mathrm{N_2}}} \\
x_{\mathrm{O_2,ca}} &= \frac{y_{\mathrm{O_2,ca}} \times M_{\mathrm{O_2}}}{y_{\mathrm{O_2,ca}} \times M_{\mathrm{O_2}} + (1 - y_{\mathrm{O_2,ca}}) \times M_{\mathrm{N_2}}}
\end{aligned} \qquad (2.27)$$

阴极内气体的相对增湿度为

$$\varphi_{ca} = \frac{p_{v,ca}}{p_{sat}(T_{st})} \quad (2.28)$$

根据电化学原理计算燃料电池反应中的氧气消耗的质量流量以及生成水的质量流量，各流量均是电堆电流 I_{st} 的函数：

$$\begin{aligned} F_{O_2,reacted} &= M_{O_2} \times \frac{NI_{st}}{4F} \\ F_{v,ca,gen} &= M_v \times \frac{NI_{st}}{2F} \end{aligned} \quad (2.29)$$

式中　N——电堆中的单电池个数；

　　　M_v——水蒸气的摩尔质量。

此外根据假设条件，离开阴极的液态水质量流量 $F_{l,ca,out}$ 为 0。

2.3.3　阳极流量模型

阳极流量模型反映燃料电池电堆阳极内的氢气动态流动行为。与阴极流量模型相同，该模型也是根据质量守恒原理、理想气体定律、混合气体的热动力学性质和氢气湿度性质建立的。对该模型做以下假设：所有气体均视为理想气体；阳极流道阻力远小于阴极流道阻力；氢气压缩存储在高压氢气罐内；阳极流道内气体温度等于电堆温度。

根据质量流动连续性原理，阳极体内氢气质量 $m_{H_2,ca}$ 和水质量 $m_{w,an}$ 的一阶微分方程分别为

$$\begin{aligned} \frac{dm_{H_2,an}}{dt} &= F_{H_2,an,in} - F_{H_2,an,out} - F_{H_2,reacted} \\ \frac{dm_{w,an}}{dt} &= F_{v,an,in} - F_{v,an,out} - F_{v,membr} - F_{l,an,out} \end{aligned} \quad (2.30)$$

式中　$F_{H_2,an,in}$——进入阳极的氢气质量流量；

　　　$F_{H_2,an,out}$——离开阳极的氢气质量流量；

　　　$F_{H_2,reacted}$——反应所消耗的氢气质量流量；

$F_{v,an,in}$ —— 进入阳极的水蒸气质量流量；

$F_{v,an,out}$ —— 离开阳极的水蒸气质量流量；

$F_{v,membr}$ —— 水传输通过质子交换膜的质量流量；

$F_{l,an,out}$ —— 离开阳极的液态水质量流量。

与阴极质量流量模型类似，根据阳极气体饱和状态，阳极水蒸气的质量 $m_{w,an}$ 与其最大水蒸气的质量 $m_{v,max,an}$ 存在如下关系：

若 $m_{w,an} \leq m_{v,max,an}$，则 $m_{v,an} = m_{w,an}$，$m_{l,an} = 0$

若 $m_{w,an} > m_{v,max,an}$，则 $m_{v,an} = m_{v,max,an}$，$m_{l,an} = m_{w,an} - m_{v,max,an}$

式中 $m_{v,max,an}$ —— 由水蒸气饱和压力 p_{sat} 和阳极容积 V_{an} 计算得到：

$$m_{v,max,an} = \frac{p_{sat}V_{an}}{R_v T_{st}} \tag{2.31}$$

根据理想气体定律，阳极流道内气体总压力 p_{an}、氢气分压 $p_{H_2,an}$ 和水蒸气分压 $p_{v,an}$ 分别为

$$\begin{aligned}p_{an} &= p_{H_2,an} + p_{v,an} \\ p_{H_2,an} &= \frac{m_{H_2,an}R_{H_2}T_{st}}{V_{an}} \\ p_{v,an} &= \frac{m_{v,an}R_v T_{st}}{V_{an}}\end{aligned} \tag{2.32}$$

进入阳极气体的增湿率和阳极内气体的增湿率分别为

$$\begin{aligned}w_{an,in} &= \frac{M_v}{M_{H_2}}\frac{p_{v,an,in}}{p_{a,an,in}} \\ w_{an,out} &= \frac{M_v}{M_{H_2}}\frac{p_{v,an}}{p_{H_2,an}}\end{aligned} \tag{2.33}$$

式（2.33）中进入阳极的水蒸气分压可由相对增湿度 $\varphi_{an,in}$ 和水蒸气的饱和压力 p_{sat} 计算得到：

$$p_{v,an,in} = \varphi_{an,in} p_{sat}(T_{an,in}) \tag{2.34}$$

由于进入阳极的氢气是干燥氢气和水蒸气的混合物，因此干燥氢气

分压是总压力和水蒸气分压的差值

$$p_{a,an,in} = p_{an,in} - p_{v,an,in} \tag{2.35}$$

由以上推导可知，式（3.34）中的 $F_{H_2,an,in}$、$F_{v,an,in}$、$F_{H_2,an,out}$ 和 $F_{v,an,out}$ 可分别由下式计算得到

$$\begin{aligned} F_{H_2,an,in} &= \frac{1}{1+w_{an,in}} F_{an,in} \\ F_{v,an,in} &= F_{an,in} - F_{H_2,an,in} \\ F_{H_2,an,out} &= \frac{1}{1+w_{an,out}} F_{an,out} \\ F_{v,an,out} &= F_{an,out} - F_{H_2,an,out} \end{aligned} \tag{2.36}$$

式中 $F_{an,in}$ —— 进入阳极的总气体质量流量；

$F_{an,out}$ —— 阳极排放出去的气体质量流量。

阳极内气体的相对增湿度为

$$\varphi_{an} = \frac{p_{v,an}}{p_{sat}(T_{st})} \tag{2.37}$$

反应中的氢气消耗流量是电堆电流 I_{st} 的函数：

$$F_{H_2,reacted} = M_{H_2} \times \frac{NI_{st}}{2F} \tag{2.38}$$

2.3.4 膜水合模型

膜水合模型描述了水在质子交换膜中的传输过程，通常该过程包括两个显著的水传输现象：水分子被氢质子拖动从阳极经过质子交换膜到达阴极的"电渗透"现象；水浓度梯度引起了水从阴极到阳极的"反扩散"现象。部分文献认为"电渗透"现象在水传输过程中占主导地位，所以在建立膜水合模型时仅考虑该现象的影响，然而目前已有文献证明"反扩散"现象对电池性能也会产生较大影响。因此为了较具体地描述水传输过程，本书在建模时考虑了"电渗透"现象和"反扩散"现象的影响。

"电渗透"现象和"反扩散"现象分别表示为

$$N_{v,osmotic} = n_d \frac{i}{F}$$
$$N_{v,diff} = D_w \frac{dc_v}{dy} \quad (2.39)$$

式中 $N_{v,osmotic}$ ——单电池由电渗透拖曳引起的从阳极到阴极的净水量；
i ——电堆电流密度；
n_d ——电渗透系数；
$N_{v,diff}$ ——单电池由反扩散引起的从阴极到阳极的净水量；
c_v ——水浓度；
D_w ——质子交换膜中水的扩散系数。

由于水浓度的梯度对于质子交换膜厚度是近似线性的，因此结合两种水的传输现象，经过质子交换膜的水量可以表示为

$$N_{v,membr} = n_d \frac{i}{F} - D_w \frac{c_{v,ca} - c_{v,an}}{l} \quad (2.40)$$

式中 $c_{v,an}, c_{v,ca}$ ——阳极和阴极的水浓度，是阳极水活度 a_{an} 和阴极水活度 a_{ca} 的函数，而 a_{an} 和 a_{ca} 等于阳极相对增湿度 φ_{an} 和阴极相对增湿度 φ_{ca}。

阴极侧膜水含量可由 a_{ca} 确定：

$$\sigma_{ca} = \begin{cases} 0.043 + 17.81 a_{ca} - 39.85 a_{ca}^2 + 36.0 a_{ca}^3, & 0 < a_{ca} \leqslant 1 \\ 14 + 1.4(a_{ca} - 1), & 1 < a_{ca} \leqslant 3 \end{cases} \quad (2.41)$$

阳、阴极侧膜表面的水浓度是膜水含量的函数，即

$$c_{v,an} = \frac{\rho_{m,dry}}{M_{m,dry}} \sigma_{an}$$
$$c_{v,ca} = \frac{\rho_{m,dry}}{M_{m,dry}} \sigma_{ca} \quad (2.42)$$

式中 $\rho_{m,dry}$ ——膜干燥密度；

$M_{m,dry}$ —— 膜干燥等效权值。

在大电流密度下,电渗透拖曳会引起从阳极到阴极的水传输量超过从阴极到阳极的水反扩散量,这样质子交换膜中的水含量在阳极侧会趋于减少。采用阳、阴极侧水含量的平均值来计算质子交换膜中的电渗透和扩散系数:

$$n_d = 0.0029 \left(\frac{\sigma_{an} + \sigma_{ca}}{2} \right)^2 + 0.05 \left(\frac{\sigma_{an} + \sigma_{ca}}{2} \right) - 3.4 \times 10^{-19}$$
$$D_w = (1.25 \times 10^{-6}) \times \exp\left[2416 \left(\frac{1}{303} - \frac{1}{T_{st}} \right) \right] \tag{2.43}$$

经过质子交换膜的整个电堆的水质量流量 $F_{v,membr}$ 可以表示为

$$F_{v,membr} = N_{v,membr} \times M_v \times A \times N \tag{2.44}$$

2.3.5 空气压缩机模型

空气压缩机是用来为燃料电池阴极提供适当压力的空气(氧气)的关键部件,其模型主要根据转动参数模型和压缩机质量流量图建立。转动参数模型可以用来描述压缩机转速的动态特性:

$$J_{cp} \frac{d\omega_{cp}}{dt} = \tau_{cm} - \tau_{cp} \tag{2.45}$$

式中 J_{cp} —— 压缩机的转动惯量;

ω_{cp} —— 压缩机的转速;

τ_{cm} —— 压缩机的电动机驱动力矩;

τ_{cp} —— 压缩机的负载力矩。

压缩机的电动机驱动力矩可由静态电动机方程得到:

$$\tau_{cm} = \eta_{cm} \frac{k_t}{R_{cm}} (v_{cm} - k_v \omega_{cp}) \tag{2.46}$$

式中 k_t、R_{cm}、k_v —— 电动机常数;

v_{cm} —— 电动机的机端电压;

η_{cm} —— 电动机的机械效率。

空气压缩机的负载力矩 τ_{cp} 可采用如下热力学方程计算:

$$\tau_{cp} = \frac{C_p T_{atm}}{\omega_{cp} \eta_{cp}} \left[\left(\frac{p_{sm}}{p_{atm}} \right)^{\frac{\gamma-1}{\gamma}} - 1 \right] F_{cp} \quad (2.47)$$

式中 C_p —— 空气的比热容常压系数;

γ —— 常压下的比热容比;

F_{cp} —— 空气质量流量;

η_{cp} —— 空气压缩机效率。

空气离开压缩机时的温度可由下式计算:

$$T_{cp,out} = T_{cp,in} + \frac{T_{cp,in}}{\eta_{cp}} \left[\left(\frac{p_{cp,out}}{p_{cp,in}} \right)^{\frac{\gamma-1}{\gamma}} - 1 \right] \quad (2.48)$$

式中 $p_{cp,in}$ —— 入口空气压力;

$T_{cp,in}$ —— 入口温度;

$p_{cp,out}$ —— 出口压力。

为了能够准确反映空气压缩机入口条件(入口压力和温度)的变化,对质量流量和压缩机转速进行如下修正:

$$N_{cr} = \frac{N_{cp}}{\sqrt{\theta}}$$
$$F_{cr} = \frac{F_{cp}\sqrt{\theta}}{\delta} \quad (2.49)$$

式中 N_{cr} —— 修正后的压缩机转速;

F_{cr} —— 修正后的空气质量流量;

θ —— 温度修正系数,$\theta = T_{cp,in}/298$;

δ —— 压力修正系数,$\delta = p_{cp,in}/101325$。

通常根据空气压缩机质量流量图,可以建立($p_{cp,out}/p_{cp,in}$, N_{cr})与 F_{cr} 的非线性函数关系,即

$$F_{cr} = f(p_{cp,out}/p_{cp,in}, N_{cr}) \quad (2.50)$$

2.3.6 冷却器模型

通常，为了防止离开空气压缩机的高温空气对 PEMFC 质子交换膜的损坏，需要对空气进行冷却。假设理想的空气冷却器可以使进入电堆的空气温度维持在 $T_{cl} = 80\ ^\circ\text{C}$，同时假设空气通过冷却器时没有产生压力降，即 $p_{cl} = p_{sm}$。此外，温度变化不会影响气体的质量，因此在冷却器模型中质量流量不会变化，即 $F_{cl} = F_{sm,out}$。温度变化会影响气体相对增湿度，因此气体离开冷却器时的相对增湿度为

$$\varphi_{cl} = \frac{p_{cl} p_{v,atm}}{p_{atm} p_{sat}(T_{cl})} = \frac{p_{cl} \varphi_{atm} p_{sat}(T_{atm})}{p_{atm} p_{sat}(T_{cl})} \tag{2.51}$$

式中 φ_{atm} ——常压下空气的相对增湿度；

p_{cl} ——空气通过冷却器的压力。干燥空气分压 $p_{a,cl}$ 是总压力 p_{cl} 和水蒸气分压 $p_{v,cl}$ 的差值：

$$\begin{aligned} p_{a,cl} &= p_{cl} - p_{v,cl} \\ p_{v,cl} &= \phi_{cl} p_{sat}(T_{cl}) \end{aligned} \tag{2.52}$$

离开冷却器的干燥空气的质量流量 $F_{a,cl}$ 和水蒸气的质量流量 $F_{v,cl}$ 分别为

$$\begin{aligned} F_{a,cl} &= \frac{1}{1+w_{cl}} F_{cl} \\ F_{v,cl} &= F_{cl} - F_{a,cl} \\ w_{cl} &= \frac{M_v}{M_{a,cl}} \frac{p_{v,cl}}{p_{a,cl}} \end{aligned} \tag{2.53}$$

式中 M_v ——水蒸气的摩尔质量；

$M_{a,cl}$ ——冷却器内干燥空气的摩尔质量，可由式（2.54）计算得出。

$$M_{a,cl} = y_{O_2} \times M_{O_2} + (1 - y_{O_2}) \times M_{N_2} \tag{2.54}$$

2.3.7 增湿器模型

通常空气从冷却器流出后，在进入电堆前需要先通过增湿器，适当

的湿度有利于内部的电化学反应。增湿器模型用来计算由于额外注入水所引起的空气相对增湿度的变化。假设流动温度为常数，即 $T_{hm} = T_{cl}$。增湿器入口和出口的干燥空气质量流量仍然相同，即 $F_{a,hm} = F_{a,cl}$。由于已注入大量水，水蒸气分压 $p_{v,hm}$ 可由增湿器内的空气相对增湿度 φ_{hm} 和 T_{hm} 温度下的水蒸气的饱和压力 p_{sat} 计算得

$$p_{v,hm} = \varphi_{hm} p_{sat}(T_{hm}) \tag{2.55}$$

因此，水蒸气质量流量的增量为

$$F_{v,inj} = F_{v,hm} - F_{v,cl} = \frac{p_{v,hm}}{p_{a,cl}} \frac{M_v}{M_{a,cl}} F_{a,cl} - F_{v,cl} \tag{2.56}$$

水蒸气分压增加会使总压力相应地增加为

$$p_{hm} = p_{a,cl} + p_{v,hm} \tag{2.57}$$

由质量流动连续性条件可知，离开增湿器的气体质量流量为

$$F_{hm} = F_{a,cl} + F_{v,hm} = F_{a,cl} + F_{v,cl} + F_{v,inj} \tag{2.58}$$

所以气体离开增湿器进入 PEMFC 阴极时，离开增湿器的气体等效于进入阴极的气体，即存在如下关系：

$$\begin{cases} p_{ca,in} = p_{hm} \\ F_{ca,in} = F_{hm} \\ \varphi_{ca,in} = \varphi_{hm} \\ T_{st} = T_{hm} \end{cases} \tag{2.59}$$

2.4 控制系统

目前，已有许多关于燃料电池控制方面的研究，传统的控制算法主要为 PID（比例、积分、微分）算法，随着对性能参数的要求的提高，PID 算法已经不能满足系统的要求，一些智能算法也逐渐应用到 PEMFC 系统中，如模糊控制、预测控制、神经网络控制等。

预测控制是一种基于模型的控制算法，就像人类先根据头脑中对外部世界的了解，然后通过快速思维不断比较各种方案有可能造成的后果，对比各种方案从中择优予以实施。由于预测控制采用多步测试、迭代优化和反馈校正的控制策略，所有模型预测控制适用于不易建立精确数学模型且比较复杂的工业生产过程，且控制效果好。已有学者将预测控制方法用于燃料电池控制中，该系统是基于支持向量的，但是此类方法在质子交换膜燃料电池系统中应用还不是很广泛。

燃料电池控制系统已开始应用神经网络控制。神经网络控制是将燃料电池系统看作"黑盒子"，根据大量试验所得数据，采用神经网络辨识的方法来建立数学模型，再依据所得的模型，进行神经网络自适应控制或神经网络 PID 控制。例如可采用神经优化对系统进行控制，对系统的输出电压利用小脑神经模型控制器来控制，并且这种控制器还可以让用户自己设置性能指标。

模糊控制是基于规则的控制方法，它是基于操作人员的控制经验所建立的，故在系统设计中不必建立控制对象的精确模型，这样使得控制策略和机理易于为人们所理解与接受，故模糊控制非常适用于那些数学模型难以获取、动态特性不容易被掌握的对象。同时，模糊控制系统的健壮性比较好，可以减弱参数变化和外部干扰对控制效果的影响。

PEMFC 的工作性能受多种因素如供气流量、压力、电堆温度、湿度等影响，为确保 PEMFC 正常运行，提高其可靠性和有效性，就必须监测这些影响因素。即运用有效的措施来连续监测 PEMFC 运行的重要状态，并对收集到的信息进行必要的分析和合理的处理，以便及时做到故障预测、诊断和排除，为 PEMFC 管理系统提供依据。

然而，由于 PEMFC 测量控制系统非常庞大而且复杂，至今还没有统一的规范与标准，其可靠性、稳定性与可操作性还需提高。目前，PEMFC 系统的测量控制系统还相对比较简单，控制方案多采用单片机、数据采集卡、DSP、PLC 等作为控制器，以实现对 PEMFC 系统的测量控制[79]。

2.4.1 控制变量

PEMFC 本身具有非线性、时变的特性，同时系统有多个输入和多个输出，属于典型的复杂非线性控制对象，被控变量包含气体流量、压力、温度、输出电压、输出功率、效率等，下面主要介绍温度、压力、供气流量等控制变量。

1. 温度控制

燃料电池温度升高时，一方面可以加快电极电化学反应的速率，改善电堆的输出性能，另一方面会降低电堆的可逆电动势。当质子交换膜中的水含量较为充足时，适当提高温度可以增大其电导率及气体的扩散速率，加速电化学反应，降低欧姆极化和浓度极化，但过高的温度或质子交换膜中的含水量不足时，会导致质子交换膜的水含量过低，降低质子交换膜中粒子的导通率，影响燃料电池的输出性能。因此，在适宜的条件下合理地升高温度可以改善燃料电池的输出性能。

当燃料电池负载发生波动时，如重负载工况下，冷却水出口处的温度升高。此时，冷却水泵的转速改变以调节冷却水出口处的温度至期望值，但是冷却水流速增大会使得冷却水入口处的温度升高，从而导致散热风扇的转速也随之提升以降低冷却水入口处的温度达到期望值，这样就使得冷却水泵和散热风扇的调节出现了耦合现象。

为了解决传统温度控制策略在质子交换膜燃料电池电堆实际操作过程中存在的强耦合性，避免在电堆电流大幅加载时电堆内部出现短时高温，目前已经有学者结合智能算法及传统的 PID 算法，改进温度控制策略，实现了较高的控制精度，提高了系统的响应速度，满足燃料电池发电系统对温度控制的需求。

2. 压力控制

当增大反应气体的压力时，反应气体的浓度上升，质子交换膜受到的压力也随之增大，质子交换膜中的分子化学能上升，导致化学键增大，分子间的间隙变大,从而加快了水合质子通过质子交换膜的速率,促进电化学反应加速进行,提高了质子交换膜燃料电池的工作效率。然而,提高气体压力降低了反应气体的利用效率,增大了增压压缩机的功率损耗,且较高的反应气体压力给燃料电池电堆的密封带来一定难度。因此,在实际的应用中,综合考量燃料电池的良好工作特性及材料利用率等因素,一般将反应气体的压力控制在 0.2~0.3 MPa。

在燃料电池实际运行中,为了保证燃料电池稳定高效地工作,一般将阴极和阳极的气体压力控制在期望值附近,并保持阴极气体压力略高于阳极气体压力,一方面利于控制 PEMFC 中的水含量,另一方面防止二者过大的压力差破坏质子交换膜中的化学键,产生不可修复的物理性损伤。

燃料电池电堆的内部结构如图 2.4 所示,实际工作中空气(阴极)、氢气(阳极)的内部分压及冷却水流道内部压力都有相应的期望值。

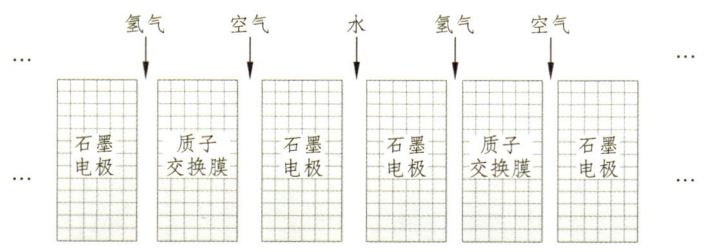

图 2.4　燃料电池电堆内部结构

如上图所示,氢气流道与空气流道中间间隔着质子交换膜,理论上质子交换膜只允许质子通过膜,但实际上还是会发生一定程度的气体渗透。由于氢气的爆炸极限为 4%~98%,为防止氢气流道中混入杂质气体,对系统的安全造成威胁,应使氢气流道的压力略高于空气流道的压力,从而防止空气混入氢气流道,而渗透到空气流道中的氢气量较少,将从阴极出口处逸出。

从图 2.4 中可以看出,每一个冷却水流道与空气、氢气流道之间都间隔着石墨电极,由于石墨电极材料中含有憎水基团,故冷却水并不会渗透至两极气体流道中,但冷却液中含有非水成分,部分冷却液还是会渗透到两极的气体流道中。当冷却液流道的压力高于两极压力时，冷却液中的成分乙二醇 $(CH_2OH)_2$ 将会渗透至气体流道中，造成催化层"中毒"，因此，实际工作时要求两极气体流道的压力要略高于冷却水通道的压力，防止乙二醇渗透至气体流道中造成催化层损伤。

3. 供气流量控制

根据电化学反应方程式知，消耗的氢气和氧气的物质的量比为 2∶1，氢气和氧气的气体质量流量比为 1∶8，如果只考虑电化学反应充分进行的情况，氧气的气体供应流量远远小于空气的气体供应流量。压力控制中提到，需保持阳极压力与阴极压力在一个相近的范围内，此时氧气的供应量就会远远大于满足 PEMFC 进行充分电化学反应的最低供应量，造成氧气的大量过剩，这样就需要选取和研究合适的控制策略与算法，实现对供气系统的优化控制。通过调节反应气体的进气量，来保证反应气体供应的充足、维持质子交换膜两侧压力差在适当的范围、改善 PEMFC 系统输出特性和保持有效输出功率的最大值[86]。

2.4.2 控制算法

由于传统的 PID 算法已经不能满足系统的需求，智能算法结合 PID 的控制算法已经逐渐被采用，下面主要介绍几种关于 PEMFC 控制的智能算法：

1. 模糊控制算法

由于 PEMFC 系统是多相变、多维流动的传质和传热的复杂过程，其相对精确的数学模型是不容易建立的。为了研究 PEMFC 的相关特性，人们提出了不少描述 PEMFC 的数学模型。总的来说，PEMFC 模型可以从以下两个方面来分：

从建模的方法上来分有实验辨识模型和机理模型。辨识模型是指根据系统的输入输出时间函数来准确描述系统行为，辨识模型以整体对象为建模的基础，避开了 PEMFC 复杂的内部过程。机理模型是根据基本守恒定律，运用电化学反应方程和传质传热方程，从而获得所需的数学模型。

从时空维数上分为只与时间有关与空间无关的集总参数模型，即零维模型，还有与时间和空间都有关系的分布参数模型。而分布参数模型根据空间维数的不同又分为一维、二维、三维模型[87]。

由于 PEMFC 控制系统的复杂性，被控系统往往很难用准确清晰的物理公式或化学反应方程式来表达，即准确地进行建模。采用模糊控制理论对控制系统进行模糊建模可以避开 PEMFC 的物理或化学规律，是一种有效的建模方法[88]。

模糊控制以人的控制经验及专家的知识为控制规则，无须对象的精确数学建模，具有健壮性强、操作简单、响应迅速和易于修改等优点。模块控制的核心是模糊控制器，其控制效果取决于模糊控制器的性能，与模糊控制器结构、模糊规则、模糊决策及模糊推理合成算法等因素有关。模糊控制器主要由 4 部分构成，如图 2.5 所示[89]。

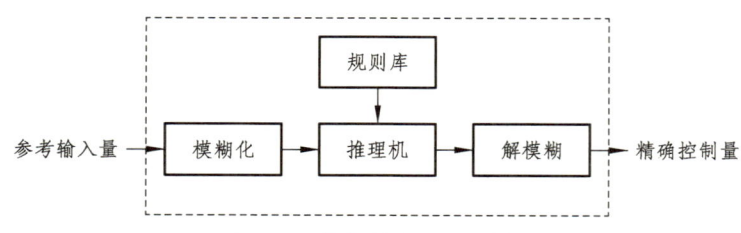

图 2.5　模糊控制器的结构

模糊化接口用于将语言变量的语言值即控制器的精确输入值转换成适合模糊论域上的模糊子集；规则库是将专家语言论述的控制经验进行量化；推理机效仿专家的决策，对输入的模糊子集根据规则库的量化规则推理出能最好控制被控对象的知识做出解释和应用，模糊推理规则形式一般如式（2.60）所示。

$$R_i: \text{if } x_1 \text{ is } A_{i1} \text{ and } x_2 \text{ is } A_{i2} \cdots \text{and } x_n \text{ is } A_{in} \text{ then } y \text{ is } C_i \quad (2.60)$$

其中，x_1，x_2，$\cdots$，x_n 及 y 代表系统的动态变量和控制变量；A_{i1}，A_{i2}，$\cdots$，

A_{in} 及 C_i 代表论域中的模糊集合。解模糊是将推理得到的模糊结果转化成精确的输出量去控制被控对象，通常采用加权平均法（重心法）对推理结果进行反模糊化，如式（2.61）所示。

$$y = \frac{\int y_i \cdot \mu(y_i) \mathrm{d}y_i}{\int \mu(y_i) \mathrm{d}y_i} \quad (2.61)$$

式中　y_i——论域中的每个元素，将其作为隶属度 $\mu(y_i)$ 的加权系数；

y——模糊推理输出结果。

然而常见的二维模糊控制在原点附近会被近似为 PD 控制器，具有静态误差，采用三维模糊控制器，控制的规则会按立方增长，避免了二维控制存在的问题，却会使得模糊控制的设计和整定复杂化。例如，在 PEMFC 温度控制系统中，为设计一个结构简单且无静态误差的温度模糊控制器，可以在二维增量模糊控制器的基础上，并入一个积分环节以消除静态误差，从而精确控制电堆温度，采用带积分环节的增量模糊控制器可实时调节冷却水的流量，它能够综合反映历史信息对当前控制的影响，克服外部负载变化的干扰，并消除系统的静态误差，这是一个目前应用较为广泛的智能算法结合 PID 算法的温度控制方案[90]。

2. 预测控制

经典控制理论和现代控制理论，都需要受控对象的精确数学模型。然而，实际工业过程往往是多变量、高阶、时变的复杂过程，难以得到其精确的数学模型。即使付出很大代价，得到其精确模型，并求出该时刻的最优控制策略，但在下一时刻，由于对象和参数的时变，原来求得的最优控制策略已失去最优性。如何解决理论和实际应用之间的矛盾，找到一种对模型精度要求不高而又具有高质量控制性能的方法，具有十分重要的理论和现实意义。

预测控制（PC）是基于模型的计算机控制算法。模型预测控制通常可分为两类，第一类是基于非参数化模型的模型预测控制（MPC），第二类是基于参数化模型的模型预测控制。最具代表性的预测控制主要有模型算法控制(MAC)、动态矩阵控制(DMC)和广义预测控制(GPC)等。一般而言,预测控制由三个部分组成:预测模型、滚动优化、反馈矫正。

(1)预测模型。

预测控制应具有预测功能,即能够根据系统的现时刻的控制输入以及过程的历史信息,预测过程输出的未来值,因此,需要一个描述系统动态行为的模型作为预测模型。例如,自回归滑动平均积分(Auto-Regressive Moving Average,ARMA)模型可以用来描述空冷型燃料电池的温度动态特性[91]。

$$\begin{cases} A(z^{-1})y(k) = B(z^{-1})u(k-d) + v(k) \\ A(z^{-1}) = 1 + a_1 z^{-1} + \cdots + a_{n_a} z^{-n_a} \\ B(z^{-1}) = b_0 + b_1 z^{-1} + \cdots + b_{n_a} z^{-n_a} \end{cases} \quad (2.62)$$

式中　$y(k), u(k)$ ——模型输入、输出;

$v(k)$ ——辨识误差;

d ——系统迟滞;

k ——离散系统的采样时间;

n_a,n_b ——阶数。

ARMA模型可以用最小二乘法在线估算其模型参数。

(2)迭代优化。

在预测控制中,优化过程是反复进行的,始终把优化过程建立在实际过程中获得的最新信息的基础之上,能够更为及时地校正模型失配、时变和干扰等引起的不确定性,具有较好的健壮性。

在GPC控制中,通过对输出误差和控制增量加权的二次型性能指标求取系统的最优控制增量[91]。优化性能指标:

$$J = E\{(Y - Y_r)^T(Y - Y_r) + \Delta U^T \lambda \Delta U\} \quad (2.63)$$

将目标函数进行极小化就可以得到无约束控制增量序列:

$$\Delta U = (G^T G + \lambda)^{-1} G^T (Y_r - Y_m) \quad (2.64)$$

λ 为控制加权矩阵，用于预防因控制增量的迅猛变化导致系统失稳。

（3）反馈矫正。

作为基础的预测模型，只是对对象动态特性的粗略描述，由于实际系统中存在非线性、时变、模型失配和干扰等不确定因素，基于不变模型的预测不可能准确地对控制对象进行描述，这就需要对预测模型进行在线修正。采用在线辨识算法实现对模型的在线修正，使得预测模型能够在每个控制周期获得更新校正，确保了预测输出的准确性与控制的精度。遗忘因子递推最小二乘法（Forgetting Factor Recursive Least Square，FFRLS）是一种运算简单、辨识速度快并有强大的非线性逼近能力的辨识算法，如式（2.65）所示，它已成为对复杂控制对象建模控制的可行方案。

$$\begin{cases} \hat{\boldsymbol{\theta}}(k) = \hat{\boldsymbol{\theta}}(k-1) + \boldsymbol{K}(k)[y(k) - \varphi^{\mathrm{T}}(k)\hat{\boldsymbol{\theta}}(k-1)] \\ \boldsymbol{K}(k) = \dfrac{\boldsymbol{P}(k-1)\varphi 9k)}{\mu + \varphi^{\mathrm{T}}(k)\boldsymbol{P}(k-1)\varphi(k)} \\ \boldsymbol{P}(k) = \dfrac{1}{\mu}[\boldsymbol{I} - \boldsymbol{K}(k)\varphi^{\mathrm{T}}(k)]\boldsymbol{P}(k-1) \end{cases} \quad (2.65)$$

式中　$\boldsymbol{\theta}$——辨识系数矩阵；

　　　$\boldsymbol{K}(k)$——增益矩阵，表示修正程度；

　　　$\boldsymbol{P}(k)$——协方差矩阵，用于表征参数辨识值与真实值的差别；

　　　$\boldsymbol{I}$——单位矩阵。

与其他控制方法相比，预测控制对模型的精度要求不高，建模方便，过程描述可由简单实验获得，系统健壮性、稳定性较好。滚动优化策略而非全局一次优化使其能及时弥补由于模型失配、畸变、干扰等因素引起的不确定性，动态性能较好，易将算法推广到有约束、大迟延、非线性等实际过程。

PEMFC 控制是一个具有时变性、大滞后、不确定性的强耦合系统，电池堆在不同的负荷条件下，其阶跃扰动的时间常数和滞后都有变化，存在传输迟延、测量迟延等，化学反应物的变化使得控制具有不确定性，系统存在严重耦合。此外，控制系统还存在堆内电化学反应的动态不确定性、传递噪声、系统非线性等不良品质。因此，采用预测控制算法可以有效地解决时变性、大滞后、不确定性以及强耦合引起的控制问题[92]。

3. 滑模控制

滑模控制方法是解决具有外部干扰的非线性系统的有效方法之一，在动态控制过程中可依据当前状态迫使系统有目的地按照预定的特殊模态运动，这个特殊模态被称为滑模。

实际系统中，滑模面一般设计为

$$s(e) = C^T e = \sum_{i=1}^{n-1} c_i e^{(i)} + e^{(n)} \quad (2.66)$$

系数 c_1, c_2, $\cdots$, c_{n-1} 应满足 $p^{n-1} + c_{n-1}p^{n-2} + \cdots + c_2 p + c_1$ 为赫尔维兹多项式，e 为误差。通过求解控制函数

$$u = \begin{cases} u^+ & s > 0 \\ u^- & s < 0 \end{cases} \quad (2.67)$$

使得系统满足 $\lim_{s \to 0} s\dot{s} \leq 0$，即系统稳定于 $s = 0$。

系统一旦处于滑动模态就会与内部参数摄动、外部干扰等不确定性无关，使得变结构控制具有快速响应、对参数变化及扰动不灵敏、无须系统辨识、物理结构简单等优点。该控制方法具有良好的健壮性，已在许多领域的建模和控制中得到关注。滑模控制基于以上的优点，恰好能够弥补传统控制方法的不足。但由于传统滑模控制器中存在高频的不连续切换项，滑模控制器难免给被控对象带来不利的"抖振"，当下的一个重要解决方法是使用高阶滑模控制方法。高阶滑模控制器不但可使得系统滑模变量及其高阶导数趋于零或期望的范围内，提高滑模精度，且可适用于任意相对阶的非线性系统[93]。

质子交换膜燃料电池及其反应气体供应系统的控制具有多输入、多输出、非线性、时变参数等特点，其控制过程中还伴随着不确定性和随机干扰性。滑模控制的应用取得了很好的控制效果：空冷电堆温度的滑

模变结构控制实现了最大功率跟随[94]；大功率燃料电池过氧比的高阶滑模控制减弱了滑模控制器不连续切换行对 PEMFC 系统产生的不利"抖振"[93]；适用于过氧比估计的高阶滑膜观测器能够快速跟踪变量实际值的变化，对噪声干扰及内部变化不灵敏，具有良好的收敛特性及健壮性[95]。

4. 基于级联超螺旋滑模的燃料电池过氧比控制

本小节以基于级联超螺旋滑模的燃料电池过氧比（OER）控制为例，说明燃料电池过氧比控制是如何实现的。在空气子系统中，氧气饥饿现象是影响燃料电池性能的重要因素之一，轻则导致电堆输出电压跌落，重则烧毁质子交换膜，对整个系统造成致命且不可逆的损害，实际工程中应该有效避免该现象的出现。经研究，对系统过氧比进行优化快速调节能有效避免上述氧气饥饿问题，但是过氧比值设定过高或者过低均不能实现系统最优输出，过氧比值过高将使得空压机转速升高，增加其寄生功率，从而使电堆净输出功率减小。

在不同的负载电流条件下，过氧比均存在最优值，最佳的过氧比值对应该负载电流输出时最大的净输出功率。通过实现最优过氧比的控制，能够实现系统净输出功率最大。所获得的最佳过氧比与给定负载电流 I_{st} 的对应关系如图 2.6 所示。

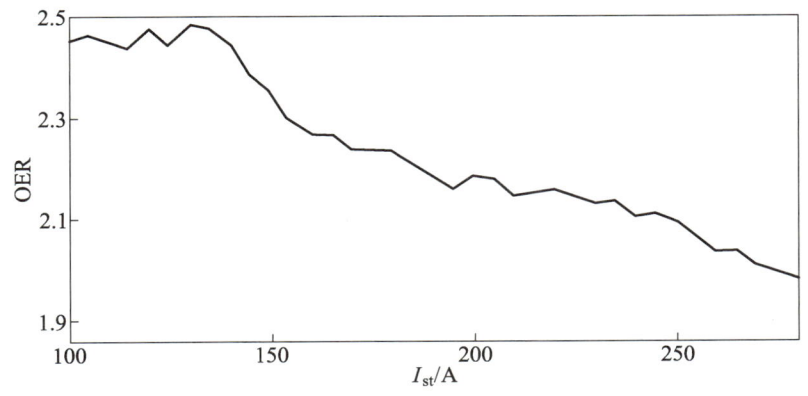

图 2.6　最佳过氧比与负载电流关系曲线

超螺旋滑模算法（Super-Twisting Algorithm）是众多滑模算法中的一种，特别适用于具有相对阶为 1 的系统[96]。它克服了传统滑模的缺陷，通过适当的参数选择，非常适合在实际工程中实现。为了优化空气子系统的性能，本小节采用基于超螺旋滑模控制的级联结构（TS_SM_STW）代替传统的 PID 控制，同时利用可测量的输出电堆电流 I_{st}，增加前馈控制（Feedforward Control，FF），从而减少级联结构单独作用下空气子系统的动态响应时间，前馈控制采用传统的静态函数作为补偿器，控制结构如图 2.7 所示。该控制策略将观测器的观测输出 $\hat{\lambda}_{O_2}$ 作为闭环控制的输入，与过氧比参考值 $\lambda_{O_2\_ref}$ 的差值经过外环调节产生空压机角速度的参考信号，而内环通过调节空压机角速度的偏差产生空压机控制信号，与前馈控制信号一起实现对空气压缩机输出气体流量的控制。

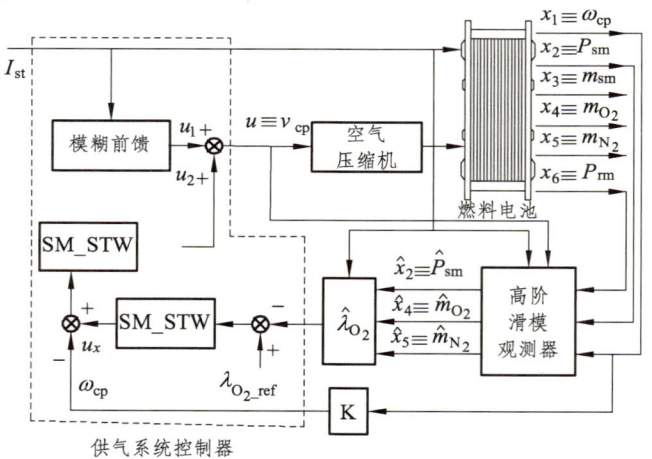

图 2.7 基于 HOSM 观测器 TS_SM_STW+FF 的控制框图

如图 2.7 所示，控制器的内环和外环均采用超螺旋滑模算法（SM_STW），SM_STW 通常由两部分组成，参考过氧比与观测器输出过氧比的误差 $e_1(t)$ 为外环滑模超平面，滑模面为 $e_1(t)=0$，外环控制率可表示为

$$u_x = -W_1 |e_1(t)|^{1/2} \text{sign}[e_1(t)] - W_2 \int_0^t \text{sign}[e_1(\tau)] d\tau \quad (2.68)$$

式中 W_1，W_2 ——设计参数。

对滑模变量进行求导，可得

$$\dot{e}_1(t) = \frac{\partial}{\partial t}e_1(x,t) + \frac{\partial}{\partial x}e_1(x,t) \cdot [f_1(x) + g_1(x,u_x)] \quad (2.69)$$

外环输出 u_x 出现在滑模变量 $e_1(t)$ 一阶导中，表明过氧比关于空压机角速度的相对阶为 1，那么，外环过氧比控制环的主要作用为有限时间内满足 $e_1(t) \to 0$，根据过氧比表达式，对滑模变量 $e_1(t)$ 求导：

$$\begin{aligned}\dot{e}_1(t) &= \dot{\lambda}_{O_2\_ref} - \dot{\lambda}_{O_2} \\ &= -\frac{4FX_{O_2,ca,in}K_{sm,out}}{nM_{O_2}I_{st}(1+\Omega_{atm})}\left(\dot{x}_2 - \frac{\dot{x}_4 R_{O_2} T_{st}}{M_{O_2} V_{ca}} - \frac{\dot{x}_5 R_{N_2} T_{st}}{M_{N_2} V_{ca}} - P_{v,ca}\right)\end{aligned} \quad (2.70)$$

进一步简化为

$$\dot{e}_1(t) = \phi_1(x,t) + \Upsilon_1(x,t)u_x(t) \quad (2.71)$$

式中，$\phi_1(x,t)$ 和 $\Upsilon_1(x,t)$ 均有界，正常数 Γ_{m_1}、Γ_{M_1}、Φ_1 均为合适的边界值，满足

$$|\phi_1(x,t)| \leq \Phi_1, \quad 0 < \Gamma_{m_1} \leq \Upsilon_1(x,t) \leq \Gamma_{M_1} \quad (2.72)$$

那么，外环误差动态 $\dot{e}_1(t)$ 满足以下范围：

$$\dot{e}_1(t) \in [-\Phi_1, \Phi_1] + [-\Gamma_{m_1}, \Gamma_{M_1}]\omega_{cp} \quad (2.73)$$

边界选择为 1×10^{-3}，对燃料电池系统进行分析，并经过多次仿真和计算以确保系统工作在安全范围内，得到以下系统边界：

$$|\phi_1(x,t)| \leq 2.3 \times 10^{-7}, \quad 0 < 3.5 \times 10^{-7} \leq \Upsilon_1(x,t) \leq 7.1 \times 10^{-5} \quad (2.74)$$

从而，式（2.68）中参数根据滑模面有限时间收敛的充分条件，得

$$W_1^2 \geq \frac{4\Phi_1}{\Gamma_{m_1}^2}\frac{\Gamma_{M_1}(W_2+\Phi_1)}{\Gamma_{m_1}(W_2-\Phi_1)}, \quad W_2 > \frac{\Phi_1}{\Gamma_{m_1}} \quad (2.75)$$

式（2.75）中，设计参数 W_1 和 W_2 使外环滑模变量及一阶导数在有限时间内满足 $e_1(t) = \dot{e}_1(t) = 0$，保证了 SM_STW 的建立。对于内环角速度环，$u_x = \omega_{cp}^*$，定义滑模超平面 $e_2(t) = \omega_{cp}^* - \omega_{cp}$，同样的，根据滑模变

量的一阶导数 $\dot{e}_2(t)$,可表示为

$$\dot{e}_2(t) = \frac{\partial}{\partial t}e_2(x,t) + \frac{\partial}{\partial x}e_2(x,t) \cdot [f_2(x) + g_2(x,u_2)] \qquad (2.76)$$

根据空压机角速度的具体表达式,有

$$\dot{e}_2(t) = \dot{\omega}_{cp}^* - \dot{\omega}_{cp} = \frac{C_p T_{atm} \Phi_{max} \rho_a \pi d_c^3 P_{cp,in}}{8\eta_{cp}\theta e f_{mec} J_{cp}} \left(\frac{x_2}{P_{atm}}\right)^{\frac{\gamma-1}{\gamma}} \times \\ \left\{1 - e^{8\beta C_p T_{cp,in}\theta d_c^{-2}\phi_{max}^{-1}\left[\left(\frac{x_2}{P_{atm}}\right)^{\frac{\gamma-1}{\gamma}} - 1\right]^{-2} - \beta}\right\} + \frac{\eta_{cm} K_t K_v x_1}{R_{cm} J_{cp}} - \frac{\eta_{cm} K_t}{R_{cm} J_{cp}}u_2 \qquad (2.77)$$

进一步可写为

$$\dot{e}_2(t) = \phi_2(x,t) + \Upsilon_2(x,t)u_2(t) \qquad (2.78)$$

内环的 SM_STW 算法控制率如下所示:

$$u_2 = -W_3|e_2(t)|^{1/2}\text{sign}[e_2(t)] - W_4\int_0^t \text{sign}[e_2(\tau)]\text{d}\tau \qquad (2.79)$$

与过氧比控制外环类似,内环滑模变量动态 $\dot{e}_2(t)$ 的边界为

$$\dot{e}_2(t) \in [-\Phi_2, \Phi_2] + [-\Gamma_{m_2}, \Gamma_{M_2}]u_2 \qquad (2.80)$$

并且

$$|\phi_2(x,t)| \leq \Phi_2, \quad 0 < \Gamma_{m_2} \leq \Upsilon_2(x,t) \leq \Gamma_{M_2} \qquad (2.81)$$

同样利用边界 1×10^{-3},正常数 Φ_2、Γ_{m_2}、Γ_{M_2} 分别计算得

$$\Phi_2 = 0.65, \quad \Gamma_{m_2} = 5717.7, \quad \Gamma_{M_2} = 6675.9 \qquad (2.82)$$

参数 W_3 和 W_4 需满足以下有限时间收敛条件,用以满足 $e_2(t) = \dot{e}_2(t) = 0$,即

$$W_3^2 \geq \frac{4\Phi_2}{\Gamma_{m_2}^2}\frac{\Gamma_{M_2}(W_4 + \Phi_2)}{\Gamma_{m_2}(W_4 - \Phi_2)}, \quad W_4 > \frac{\Phi_2}{\Gamma_{m_2}} \qquad (2.83)$$

图 2.7 中控制电压信号 $u = u_1 + u_2$,前馈控制信号 u_1 在一定程度上能够使得滑模变量达到滑模面附近,反馈控制 u_2 实现滑模变量的动态过程。为了提高过氧比的动态响应效果,在 TS_SM_STW+FF 的基础上利用模糊前馈(Fuzzy feedforward)的方式代替传统的静态前馈方式,形

成 TS_SM_STW+Fuzzy_FF 控制策略,控制过程如图 2.8 所示。

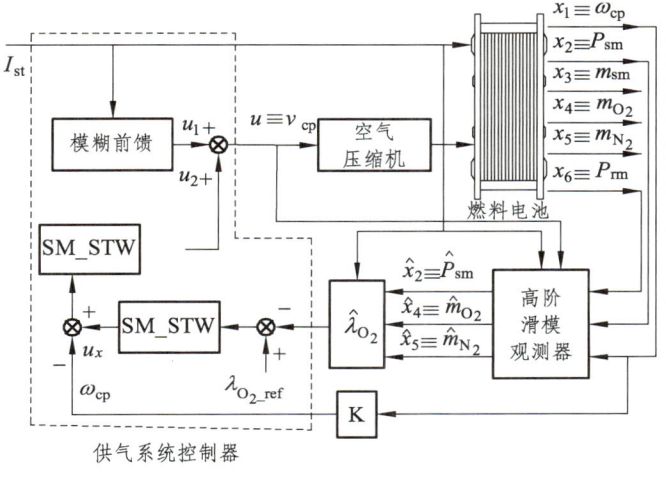

图 2.8 基于 HOSM 观测器 TS_SM_STW+Fuzzy_FF 控制框图

选用"单输入单输出"结构,由模糊化、模糊推理、反模糊化和规则知识库等 4 个部分组成。输入量是负载扰动 I_{st},实际的论域范围为[100,300],对其进行模糊化,其模糊论域为[0,1]。输出量为控制信号 u_1,实际的论域范围为[100,235],其模糊论域为[0,1]。将 I_{st} 和 u_1 的模糊子集分别划分为{VL,L,M,H,VH}和{VL,L,M,H,VH}。考虑到输入变量 I_{st} 和输出变量 u_1 在开始和结束阶段不稳定的特性,且偏差范围较大,输入变量和输出变量的隶属度函数如图 2.9 所示。

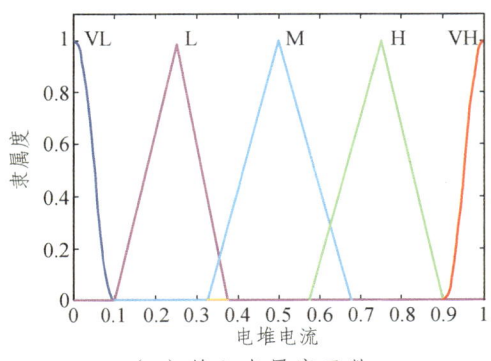

(a)输入隶属度函数

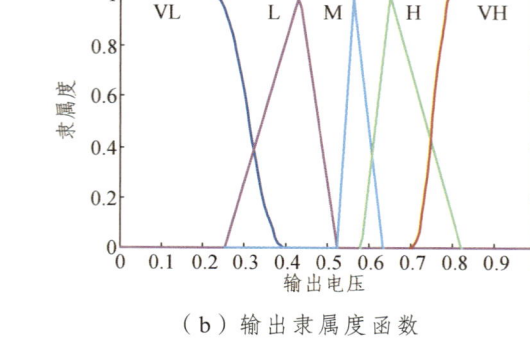

（b）输出隶属度函数

图 2.9　Fuzzy_FF 控制的隶属度函数

模糊规则库可利用模糊条件语言进行描述，本书采用"IF-THEN"的模糊规则，如表 2.1 所示。

表 2.1　模糊推理规则

1. If I_{st} 为 VL then 输出 u_1 为 VL
2. If I_{st} 为 L then 输出 u_1 为 L
3. If I_{st} 为 M then 输出 u_1 为 M
4. If I_{st} 为 H then 输出 u_1 为 H
5. If I_{st} 为 VH then 输出 u_1 为 VH

经过模糊推理后，本书对模糊推理出的模糊控制结果进行反模糊化，将其转化为确定的控制量输出值，采用加权平均法（重心法）解模糊可得控制量 u_1，即

$$u_0 = \frac{\int x_i \cdot \mu(x_i) \mathrm{d}x_i}{\int \mu(x_i) \mathrm{d}x_i} \tag{2.84}$$

式中　x_i——论域中的元素，可作为隶属度 $\mu(x_i)$ 的加权系数；

u_0——模糊输出的判决结果。

为了验证所提出 HOSM 观测器的有效性，在 75 kW 的高压燃料电

池堆的基础上进行模型参数设置,并在 RT-LAB 硬件在环半实物测试平台基础上,进行超螺旋滑模算法的实现。

为了更加清晰地比较几种控制策略的控制效果,在相同的运行环境下和负载电流情况下,对不同的控制策略进行了对比分析,首先 FF 控制、PID+FF 控制、TS_SM_STW+FF 控制及 TS_SM_STW+Fuzzy_FF 控制进行恒定过氧比的实验测试,然后对 PID 控制、PID+FF 控制、TS_SM_STW+FF 控制以及 TS_SM_STW+Fuzzy_FF 控制进行最佳过氧比测试,实验结果分别如图 2.10 和图 2.11 所示。

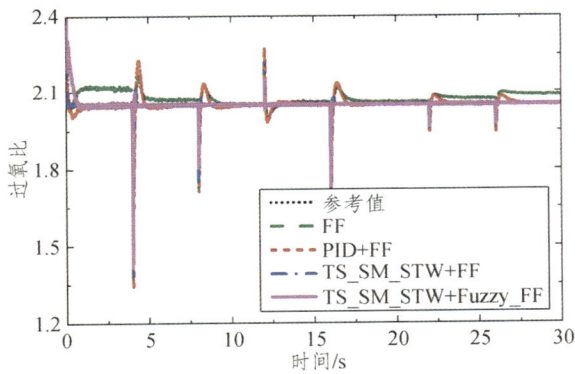

图 2.10 OER 恒定时不同控制策略实验波形对比

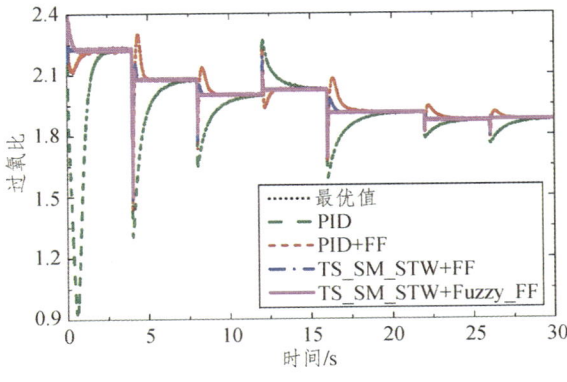

(a)对比实验结果

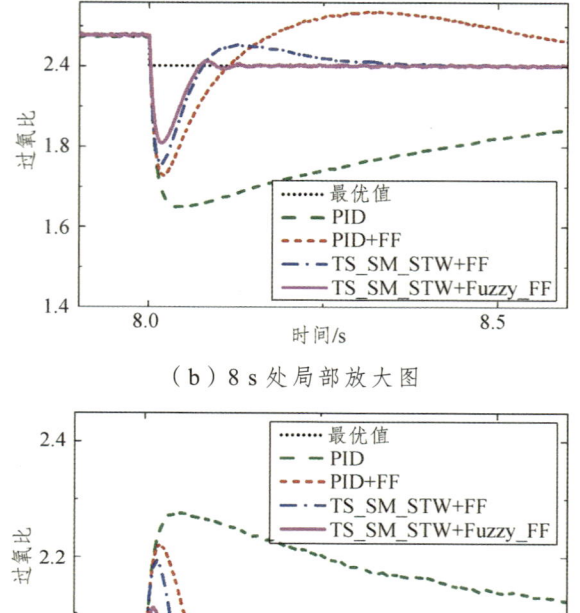

(b) 8 s 处局部放大图

(c) 12 s 处局部放大图

图 2.11　OER 最优时不同控制策略实验波形对比

从图 2.10 可以看出，这 4 种控制策略中 FF 控制过氧比存在稳态误差，尤其是在 0~8 s 和 22~30 s 时间段，稳态误差较大。而 PID+FF 控制虽然不存在稳态误差，但其动态调节时间较长，超调量较大。对于 TS_SM_STW+FF 控制和 TS_SM_STW+Fuzzy_FF 控制，其控制效果明显比 FF 控制和 PID+FF 控制好，无稳态调节误差存在，并且超调量和调节时间与 PID+FF 控制相比较均大大减小。

图 2.11 进一步对比了过氧比跟踪最优值的情况，可以看出，传统 PID 控制并不能实现过氧比的有效控制，在 0~5 s，过氧比值小于 1，控制初期非常容易发生氧气饥饿现象，然而其他 3 种加入前馈的控制策略均能在整个负载范围内有效避免氧气饥饿的现象。从图 2.11（b）中可以看出，

PID+FF 控制在 8 s 时刻，负载电流从 180 A 上升至 230 A 时，其调节时间为 1 180 ms，TS_SM_STW+FF 控制将过氧比调节时间减小至 404 ms，而 TS_SM_STW+Fuzzy_FF 控制能够将过氧比的调节时间进一步减小至 98 ms，此时 PID 控制的调节时间为 3 050 ms。当负载电流突然从 230 A 减小至 200 A 时，从图 2.11（c）可以看出 TS_SM_STW +Fuzzy_FF 控制仍然具有较小的调节时间为 45 ms，PID+FF 控制和 TS_SM_STW+FF 控制的调节时间分别为 885 ms 和 128 ms，PID 控制仍然具有 3 200 ms 的动态调节时间，对于空压机而言，延迟较为严重。与此同时，在 8 s 和 12 s 处，TS_SM_STW +Fuzzy_FF 控制的超调量最小，负最大偏差和正最大偏差分别为 -0.191（8 s）和 -0.022（8 s）以及 0.011（12 s）和 0.082（12 s）。总而言之，TS_SM_STW+Fuzzy_FF 的控制效果在 4 种控制方法中最优，并且精确的前馈控制对于整个系统的控制效果改善具有非常重要的作用，进一步验证了所提出方法的有效性和正确性。

最后，图 2.12 给出了在最佳过氧比情况下不同控制策略的系统输出净功率。可以看出除了 FF 控制，其他控制方法均能够实现最大的净功率输出，从图 2.12（b）中的局部放大图进一步可知，TS_SM_STW +Fuzzy_FF 控制能够实现最快的功率调节速度，并且能够实现更高的净功率输出。可见，所提出的控制方法不仅能够实现较好的过氧比稳态和暂态控制效果，还能够优化系统净功率输出。

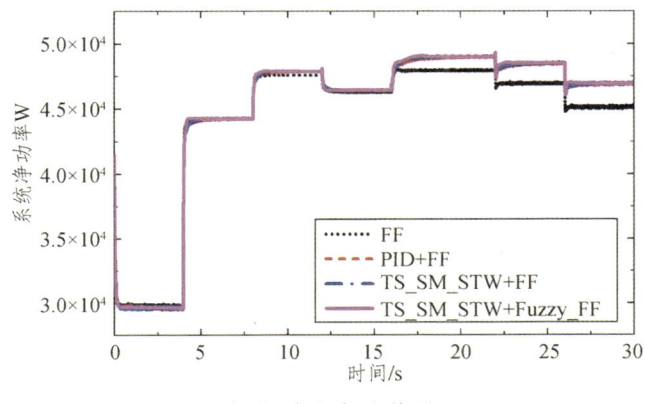

（a）对比实验结果

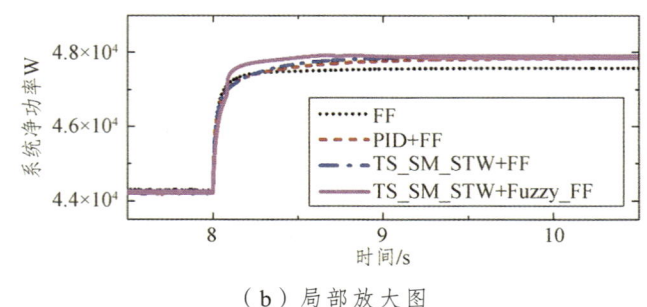

（b）局部放大图

图2.12　OER最优时不同控制策略下PEMFC系统输出净功率

2.5　工程应用

由于具有无噪声、零污染、寿命长、工作电流大、比功率高、启动速度快、环境友好和结构紧凑等优点，质子交换膜燃料电池作为动力能源或电源，已经在固定或移动式燃料电池发电系统、物资搬运设备、车用系统、海陆空军事设备能源系统、便携式系统或混合动力系统等领域得到了广泛应用，目前，在轨道交通的应用也正在推广。以下介绍几种质子交换膜燃料电池的应用。

2.5.1　燃料电池汽车

汽车作为现代社会最常用的交通工具，不但是能源消耗的主要途径之一，其产生的尾气更是空气污染的主要源头之一。燃料电池作为一种新型清洁的发电装置，可以完美解决现在汽车尾气污染的问题。近年来世界各国都在大力发展燃料电池电动汽车，世界多家知名汽车公司均投入大量资金和人力进行燃料电池汽车开发。我国也加大了对燃料电池汽车的研究和开发工作的投入。燃料电池及电动汽车的研究开发被列入国家科技部"九五""十五"计划和国家"863"计划。上海汽车工业（集团）总公司成功试制了一辆自主品牌燃料电池客车。在2008年的北京奥运会和2010年的上海世博会上，燃料电池汽车（见图2.13）的示范与服务展示也取得了圆满成功。目前,燃料电池公交车、燃料电池物流车、燃料电池清洁车等商用车,已在推广应用,燃料电池乘用车也已开始示范应用。

图 2.13　上海世博会上的雪佛兰 Equinox 氢燃料电池车

2.5.2　燃料电池叉车

叉车作为可在室内使用的一种工具,其清洁与噪声性能相比于汽车和机车更为重要。最早使用的内燃叉车动力源主要是汽油或柴油发动机,不但车辆排放和噪声污染较大,空气污染严重,而且对人体健康危害较大,尤其是在室内密闭空间使用时,更是如此。此外,发动机大多数时间处于非理想工作状态,效率也较低[98]。因此,内燃叉车逐渐被电动叉车取代,保有量处于逐年下降趋势。电动叉车动力源以铅酸蓄电池等为主,其外形尺寸比同规格的内燃叉车小,使用和维护成本相对内燃叉车有很大优势,具有效率高、无废气排放、噪声小、操作方便等优点。但是蓄电池能量密度相对较低,导致其工作持续时间不长,工作较短时间就需充电,而充电时间较长。因燃料电池无可比拟的优越性,燃料电池叉车得到快速发展。加拿大、美国、日本、德国、澳大利亚、瑞典、英国等国家的十多家公司大力开发和生产燃料电池叉车。同时,随着近年来我国对环境保护意识的提高,国内燃料电池叉车的开发也如火如荼地进行着。图 2.14 所示为西南交通大学研制的燃料电池叉车。

图 2.14　西南交通大学研制的燃料电池叉车

2.5.3　燃料电池机车

近年来,燃料电池已经广泛应用于汽车行业,但是在铁路行业的应用相对较少。在世界范围看,最早在 2002 年,美国车辆工程公司和美国能源部开发了世界上首辆燃料电池动力拖运机车,由于其在矿山中有极强的适应能力,因而极大地提高了拖运效率。2007 年,美国的 BNSF 公司和 Vehicle Projects LLC 公司共同对燃料电池调用机车进行研制,用于站场的调车工作,提高了站场对紧急情况的应对能力。日本、英国、德国和印度等众多国家也都纷纷开展了对燃料电池混合动力机车的研究。2016 年,法国阿尔斯通公司推出了 CoradiaiLint 氢燃料电池机车,行驶里程可以达到 600~800 km,最高速度可以达到 140 km/h。2019 年,韩国现代汽车与现代 Rotem 公司共同研发氢燃料列车。伴随着大功率燃料电池的发展,氢燃料电池列车已经成为研究热点。

在我国，对于燃料电池机车的研究起步相对较晚，但是发展迅猛，已经取得了突出的成绩。2013 年 1 月，我国首辆氢燃料电池电动机车"蓝天号"问世，该氢动力机车采用了水冷型质子交换膜燃料电池。2016 年，西南交通大学与中国中车唐山公司共同研发出世界首列燃料电池混合动力 100%低地板有轨电车，并于 2017 年 10 月投入唐胥铁路载客示范运行。2019 年由中车青岛四方公司研制的燃料电池混合动力有轨电车在佛山高明正式开通运行。

2.5.4 其他应用

除应用于车载系统上，燃料电池在便携式系统、航空航天领域也有着广阔的应用前景。便携式系统方面，如当前徒步士兵所采用的 BMFC、RMFC、SOFC 等燃料电池，其特点是效率高、小巧、质量小、工作安静；SFC 公司专门针对军事领域应用而设计的新型便携式燃料电池 JENNY 600S 与 JENNY 1200（见图 2.15），与锂离子电池相比，可大幅降低士兵的负重达 80%，能实现单兵背负。

图 2.15　JENNY 600S 与 JENNY 1200 单兵电源

在航空航天领域，全球首架使用燃料电池驱动的有人驾驶飞机于 2009 年 7 月 7 日在德国北部城市汉堡市试飞成功。这架名为"安塔里斯"的 DLR-H2 型机动滑翔机（见图 2.16），其燃料电池系统位于后翼夹层中，在最佳情况下可连续飞行 5 h，飞行半径可达 750 km[99]。2009 年 8 月 6 日，世界第一架氢燃料电池驱动的无人驾驶飞行器

"Boomerang"在华盛顿亮相,质量9 kg,可持续飞行9个多小时。2009年11月8日,我国自行研制的以燃料电池为动力源的飞艇"致远一号"在上海宝山区的飞艇基地试飞成功,这是我国首次采用质子交换膜燃料电池作为飞艇主动力源[100]。

图 2.16 "安塔里斯"燃料电池滑翔机

第 3 章

动力蓄电池与超级电容技术

3.1 动力蓄电池

化学电源是一种通过内部物质的氧化还原反应将化学能转换成电能的电化学发电装置,可分为原电池、蓄电池和其他类型电池。原电池又称为一次电池(primary battery),其活性物质用尽后不能通过充电方式使其复原只能废弃。蓄电池又称为二次电池(secondary battery),其活性物质用尽后可通过充电方式使其复原,电池可以反复多次使用。二次电池是电能存储装置,故称为蓄电池,相对于一次电池具有技术上的优越性,允许充电和放电反复多次循环使用。

蓄电池可以将储存的化学能转变成电能供给负载,又能将外界提供的电能转变成化学能并储存起来。蓄电池的种类较多,用作汽车、机车、潜艇等作为动力源的蓄电池称为动力电池。与一般蓄电池不同,动力电池具有较大的电能容量和输出功率,以较大的电流放电时能持续相当长的时间,车辆启动或加速时能够以较大的电流放电,深度循环寿命长。目前,应用得最为广泛的动力蓄电池主要包括铅酸蓄电池、镍基电池和锂离子电池。这些动力电池各具优势,在不同的领域已经获得广泛应用。

动力蓄电池工作过程中有许多的相关技术参数,主要包括以下几种。

1. 容　量

电池容量是指在一定的放电条件下,充满电的蓄电池放电至端电压下降到终止电压时所释放的电荷容量,其单位符号为 A·h。一般规定在 20 ℃ 或者室温下的放电容量作为额定容量,常由生产者提供标准值。

2. 荷电状态

荷电状态(State of Charge,SOC)表示电池中剩余可用电荷量,是描述电池状态的重要参数,等于蓄电池存储的电荷量与额定容量之比,即

$$\mathrm{SOC} = \frac{Q(t)}{Q_{\mathrm{Rated}}} \quad (3.1)$$

式中　$Q(t)$ ——某时刻电池剩余电荷量;

　　　Q_{Rated} ——电池的额定容量。

当荷电状态是 1 时,表示电池充满;而荷电状态为 0 时,表示电池电量全部放完。

3. 充放电截止电压

蓄电池在充电时允许达到的最高电压为充电截止电压;在放电时允许达到的最低电压即为放电截止电压。蓄电池原则上不允许过充、过放现象发生,原因是过充、过放会导致蓄电池内部分子结构破坏,降低电池寿命。

4. 充放电倍率

充、放电倍率是用于度量蓄电池充、放电快慢的参数,用字母 C 表示。充放电倍率(C)=充放电电流/额定容量。例如,一个额定容量为 100 A·h 的电池,充电电流为 20 A 时,其充电倍率就为 0.2 C。电池的放电倍率为 1 C,表示放电完毕所用的容量为 1 h,称为 1 C 放电;5 h 放电完毕,则称为 1/5 = 0.2 C 放电。一般可以通过不同的放电电流来检测电池的容量。

5. 循环使用寿命

循环使用寿命是指在一定条件下,对电池进行充放电循环,直至电

池容量下降到设定值时的循环次数。国家标准中定义循环寿命的充放电条件是 1C 充放电,放电 80%深度。温度、放电深度和充放电倍率等都会影响电池的实际循环寿命。

6. 自放电率

电池在开路状态下,电池电量随时间损耗的速度,一般用每月电量损耗率表示。自放电率与电池本身的材料、制作工艺、荷电状态和使用环境都有关。

7. 放电深度

放电深度(Depth of Discharge,DOD)是指电池使用过程中,蓄电池放出的电量与额定容量的比值。电池电量放完,端电压为截止电压,此时放电深度为 100%DOD。一般将放电深度[0, 30%)称为浅放电;[30%, 80%]称为正常放电;在(80%, 100%]称为深放电。放电深度与荷电状态之和为 1,即 DOD=1 − SOC。

3.1.1　动力蓄电池的分类

动力蓄电池主要包括铅酸电池、镍基电池和锂离子电池,这些动力电池各具优势,已经被广泛应用于不同的领域。

1. 铅酸蓄电池

铅酸蓄电池是最早商业化的蓄电池,它以铅(Pb)为负极、二氧化铅(PbO_2)为正极、稀硫酸为电解质。当电池放电时,负极上铅和硫酸反应生成硫酸铅;同时正极上二氧化铅与硫酸反应生成硫酸铅,铅酸蓄电池的化学能转化为电能。为加快氧化过程的溶解速率和还原过程的吸附速率,负极的铅呈绒状,正极的二氧化铅呈多孔状。该电池尽管比能量和能量密度非常低,但是由于能够提供浪涌电流使其具有较大的比功率,同时较低的价格使其具有市场竞争力。

在所有化学电池中铅酸蓄电池的技术是最成熟的,它具有价格低廉、大电流放电性能好、安全性高、回收率高等优点，已被广泛用于电力、铁路、船舶、通信等各个专业部门中[101]。为解决其比能量低、环保性差等缺点，铅酸电池在新材料、新结构、新技术方面不断发展。

2. 镍基电池

以氢氧化钾等碱性水溶液作为电解液的电池称为碱性蓄电池。镍基电池属于碱性电池，根据负极材质的不同，又分为镍镉电池（Cd-Ni）、镍氢电池（MH-Ni）、镍锌电池（Zn-Ni）等。相对于铅酸蓄电池，镍基蓄电池具有比能量高、耐过充电性好和密封性好等优点，缺点是价格较高。

（1）镍镉电池。

镍镉电池是一种常用的碱性蓄电池，负极是海绵状金属镉，正极为球状氢化镍，电解液是 KOH 和 LiOH 水溶液。在密闭型镍镉电池中，化学反应产生的各种气体不用排出，可以通过电池内部化合反应后吸收。与铅酸蓄电池比较，镍镉电池的寿命长、抗电冲击能力强、低温性能好、耐过充放电能力强、结构紧凑、维护简单、放置方便，除了大量应用于小型电子设备、大型逆变器、电动工具领域，还应用于城轨车辆的辅助电源[102]和飞机的启动、应急电源[103]。

镍镉电池的反应原理如下：

正极的反应为

$$NiOOH + H_2O + e^- \underset{充电}{\overset{放电}{\rightleftharpoons}} Ni(OH)_2 + OH^- \quad (3.2)$$

负极的反应为

$$Cd + 2OH^- - 2e^- \underset{充电}{\overset{放电}{\rightleftharpoons}} Cd(OH)_2 \quad (3.3)$$

电池的反应为

$$Cd + 2NiOOH + 2H_2O \underset{充电}{\overset{放电}{\rightleftharpoons}} 2Ni(OH)_2 + Cd(OH)_2 \quad (3.4)$$

（2）镍氢电池。

镍氢电池是在镍镉电池基础上发展起来的一种密封碱性蓄电池,正极与镍镉电池相同,采用氢氧化镍为活性物质,负极则用金属氢化物(MH)负极取代镉电极,电解液为氢氧化钾溶液。在结构设计、生产工艺及性能方面,镍氢电池继承了镍镉电池的特点,但消除了镉的污染。镍氢电池已成功地用于电动工具、电动自行车和电动车,正逐步取代镍镉电池。

镍氢电池的反应原理如下:

正极反应

$$NiOOH + H_2O + e^- \underset{充电}{\overset{放电}{\rightleftharpoons}} Ni(HO)_2 + HO^- \quad (3.5)$$

负极反应

$$MH + HO^- \underset{充电}{\overset{放电}{\rightleftharpoons}} M + H_2O + e^- \quad (3.6)$$

电池反应

$$NiOOH + MH \underset{充电}{\overset{放电}{\rightleftharpoons}} M + Ni(HO)_2 \quad (3.7)$$

式(3.6)和(3.7)中,M 为金属氢化物。

(3)镍锌电池。

镍锌电池是由锌电极、氢氧化镍电极和质量浓度为 25%~30% KOH 溶液及隔膜等组成的。镍锌电池具有其体积小、质量小、比能量高、功率特性好、无污染等优点。

镍锌电池的反应原理如下:

正极反应

$$NiOOH + H_2O + e^- \underset{充电}{\overset{放电}{\rightleftharpoons}} Ni(HO)_2 + HO^- \quad (3.8)$$

负极反应

$$Zn + 2HO^- \underset{充电}{\overset{放电}{\rightleftharpoons}} ZnO + H_2O + 2e^- \quad (3.9)$$

电池反应

$$Zn + 2NiOOH + H_2O + e^- \underset{充电}{\overset{放电}{\rightleftharpoons}} ZnO + 2Ni(HO)_2 \tag{3.10}$$

3. 锂离子电池

锂离子电池是指其中的 Li^+ 反复嵌入和脱嵌正负极材料的一种高能二次电池，主要由负极、正极、电解液和隔膜组成。① 负极，在放电时发生氧化反应，应用较多的是碳材料；② 正极，放电时发生还原反应，采用较多的是过渡金属氧化物，如 $LiCoO_2$；③ 电解液，为离子运动提供运输介质；④ 隔膜，为正负极提供电子隔离。通常用铝箔作为正极集流体，用铜箔作为负极集流体。与其他动力电池相比，锂离子电池的优势十分明显，如能量密度大、输出电压高、自放电小、无记忆效应、环境污染小等，因此其被广泛应用于消费电子产品、军用产品、航空产品等。

根据锂离子电池正极材料的不同，又可将其分为钴酸锂、镍酸锂、锰酸锂、三元材料和磷酸铁锂。以钴酸锂为例说明其充电过程的反应。

正极反应

$$LiCoO_2 \rightarrow Li_{1-x}CoO_2 + xLi^+ + xe^- \tag{3.11}$$

负极反应

$$C + xLi^+ + xe^- \rightarrow CLi_x \tag{3.12}$$

电池反应

$$LiCoO_2 + C \rightarrow Li_{1-x}CoO_2 + CLi_x \tag{3.13}$$

充电时，外界电流从负极流向正极，正极中的锂离子从金属氧化物的晶格中脱出，经过电解液透过隔膜后嵌入碳素材料负极的层状结构中；负极材料与锂离子发生嵌入反应或合金化反应。式（3.11）~（3.13）描述了 $LiCoO_2$-C 电池充电时锂离子从 $LiCoO_2$ 脱出嵌入石墨层间的反应过程，放电时与之相反。放电时，电流从正极经外界负载流向负极，锂离子从碳素材料层间脱出，经过电解液透过隔膜到达正极并嵌入金属氧化物的晶格中，电极材料的结构得到复原。在循环反应中，正极材料是提供锂离子的源泉。锂离子电池工作原理如图 3.1 所示。

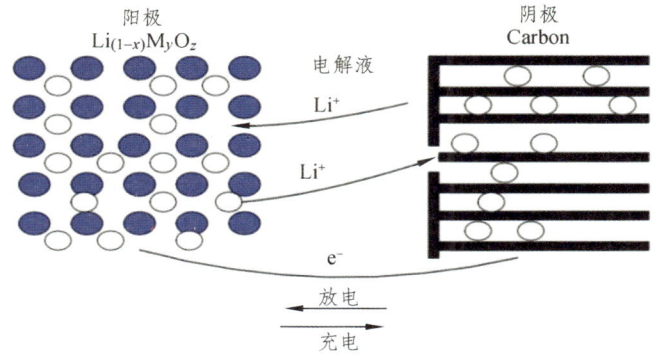

图 3.1 锂离子电池工作原理

锂离子电池的正、负极材料必须是可嵌脱锂的化合物或材料，正极是锂的过渡金属化合物，如 $LiCoO_2$、$LiNiO_2$、$LiMnO_2$ 和 $LiFePO_4$；负极材料主要是碳素材料，如石墨等，这些材料能够提供晶格空位，锂离子可以嵌入或是脱出晶格。在正常充放电情况下，锂离子在层状结构的碳材料和金属氧化物的层间嵌入脱出，一般层间距会发生变化，而晶体结构不会被破坏，伴随充放电的进行正、负极材料的化学结构基本保持不变，故锂离子电池又被称为摇椅式电池（Rocking Chair Battery）。此外充放电过程中不存在金属锂的沉积和溶解过程，避免了锂枝晶的生成，电池的安全性和循环寿命得到极大改善，这一点正是锂离子电池比锂金属电池优越并取而代之的根本原因。

3.1.2 动力蓄电池性能特点

1. 铅酸电池

铅酸蓄电池的比能量和比功率不如镍氢、锂离子电池，但其性价比有很大优势，尤其适于备用电源、储能电源和动力电源等应用领域。

尽管铅酸蓄电池有不少缺点，如质量大、比能量低等，许多厂商把研究重点放在其他替代的电池系统，比如锂离子电池、金属氧化物镍电池等，但是这些材料同样有自身内在的限制，包括原材料的成本高、稳定性低、快速自放电、金属材料毒性和循环利用问题。由于铅酸蓄电池容量大、大电流放电性能好、无记忆效应以及价格便宜，与其他蓄电池相比，铅酸蓄电池的循环利用率基本超过了 95%[104]，在蓄电池领域占据重要的地位[105]。

2. 镍基电池

（1）镍镉电池。

镍镉电池放电电压平稳度好，容量受放电倍率影响小，能耐受大电流（高于正常电流的几至十倍的瞬时电流），适应苛刻环境，使用温度范围宽，维护简单，保存方便，安全可靠，可充放电循环 600～1 200 次，能做成容量不同和形状不同的产品。

镍镉电池允许大电流放电而不会损坏，允许的放电倍率在 10 C 以上，但是大电流放电时，电压下降很快，不能足额释放出电池储存的全部电能。镍镉电池也是随放电倍率的加大，容量下降最小、比能量保持最好而无损伤的电池。

随着温度升高，镍镉电池的容量增加，但超过 50 ℃时，正极的析氧过电势降低，正极充电不完全；而且，镉的溶解会随着温度上升而增大，迁移到隔膜中，容易形成镉枝晶，导致电池内部微短路；高温还会加速镍基板腐蚀和隔膜氧化，导致电池失效。

镍镉电池具有很好的耐过充电和过放电能力。1 C 恒电流持续充电 2 h，或强迫过放电不超过 2 h，电池不会损坏。而铅酸蓄电池过充电和过放电都将受到损坏；锂离子电池要求更严格，若充电电压达 4.5 V 或放电电压到 2.2 V 时，电池将永久损坏。

镍镉电池的放电曲线比较平稳，只是在放电终止时突然下降。开口式镍镉电池对过充电、过放电有一定的耐受能力，但密封镍镉电池也要严格充放电制度。充电末期，正、负极上都开始析出气体。充电后的镍镉电池，储存初期自放电较严重，是由 NiO_2 和吸附 O_2 不稳定造成的，经过几天后，镍镉电池的自放电几乎停止。

镍镉电池具有记忆效应，随着循环次数增加或温度升高，镍镉电池的记忆效应更加明显。

（2）镍氢电池。

镍氢电池的镍正极中的活性物质与负极储氢合金中的氢气发生反应，导致这种电池的自放电率较高，约为镍镉电池的两倍。

镍氢电池在使用时经常高倍率充放电，如电动汽车使用的电池一般为 3 C～8 C 的电流充电，10 C～30 C 的电流放电。其输出比功率可达 300 W/kg，且充电效率高。因此混合动力汽车基本上以动力镍氢电池为配套电池。

镍氢电池充电后期会正极析氧和负极析氢，电池内压过高会导致安全阀的多次开启，电池内部电解液逐渐干涸，容量下降，寿命迅速衰减。

镍氢电池经常在高倍率条件下充放电，极易导致电池温度升高。而高温下氧的析出更加容易，使电池充电的库仑效率大大降低。正极析出的氧气在负极上复合，放出大量的热，电池内温度会进一步上升，结果形成恶性循环，导致热失控。

由于动力蓄电池经常会处于大幅度震荡的状态中，导致镍氢电池也处于不稳定的工作状态中，容易出现电解液泄漏、氢气渗漏、电池爆炸等安全问题。

（3）镍锌电池。

镍锌电池的成本低；质量比能量高，达 60～65 W·h/kg；质量比功率较大，可超过 200 W/kg；工作温度范围宽广，可在 -20～60 ℃工作；原材料的来源广泛；可使电动车续航里程达 200 km。镍锌电池具有大电流放电特性，质量仅为同容量铅酸蓄电池的 2/3，同时具有环保无污染的特点。

镍锌蓄电池的主要问题是：① 放电时在锌电极外表面某些点上形成枝晶，随着充放电循环的进行导致电极变形，降低放电速率，影响电池容量。② 在充放电过程中镍电极晶型变化，使电极发生膨胀。锌酸盐会堵塞镍电极孔洞，使电极中毒失效。③ 在电池使用时，常伴有氢气和氧气的产生，若二者不能及时复合，将导致电池内部压力升高，产生气胀，甚至炸裂。④ 隔膜在强碱性电解液中易发生氧化或降解；锌枝晶刺穿隔膜，造成电池短路。

3. 锂离子电池

锂离子电池的单节电压能达到 3.6 V（镍氢电池为 1.2 V），因而具有更高的质量比能量。锂离子电池的实际质量比能量已经达到 130 W·h/kg，体积比能量约为 200 W·h/L，而常用的镍镉电池的质量比能量和体积比能量分别是 40 W·h/kg 和 110 W·h/L，镍氢电池的质量比能量和体积比能量分别是 60 W·h/kg 和 165 W·h/L。

锂离子电池负极多采用石墨制成，在充放电过程中，Li$^+$不断地在正、负极材料中脱嵌，避免了 Li 负极内部产生枝晶而引起的损坏。锂离子电池的循环使用寿命可达 1 000 次以上，目前最好的锂离子电池甚至可达上万次。

当环境温度为（20±5）℃时，在开路状态下储存 30 天后，锂离子电池常温放电容量为额定容量的 85%。锂离子电池中不含镉、铅和汞等有害物质，对环境污染小。它没有记忆效应，可反复充、放电使用。锂离子电池通常在 −20～60 ℃正常工作。

锂离子电池的主要缺点[106]：① 锂离子电池的内阻大。由于锂离子电池的电解液为有机溶剂，其电导率远低于镍氢和镍镉电池的水性电解液。② 充放电电压范围宽，须特殊的保护电路，防止过充电和过放电。③ 由于电压相差大，锂离子电池与普通电池相容性差。

固态锂离子电池具有更好的安全性、质量比能量以及体积比能量高、循环寿命长等显著优点，已成为锂离子电池研究的前沿和热点。这项技术目前已趋于成熟，可望短期内实现商业化应用。

3.1.3 蓄电池等效模型

常用的蓄电池模型包括 Rint 模型、RC 模型、Thevenin 模型、PNGV 模型、GNL 模型等[107]，如图 3.2 所示。

Rint 模型又称为内阻模型[108]，由美国爱达荷国家实验室提出，该模型用理想电压源 U_{oc} 和电阻 R 串联实现等效电路，U_{oc} 作为电池开路电压，R 为电池内阻。该电池模型简单，计算简单。由于电池在充放电过程中内部化学反应的存在，导致电池内阻 R 值发生变化，而模型没有考虑电池使用过程中的极化效应，实际应用中存在较大的偏差。

RC 模型由著名电池生产商 SAFT 公司设计，由 2 个电容和 3 个电阻构成，大电容 C_B 描述电池的储能能力，小电容 C_C 描述电池电极的表面效应，电阻 R 称为端电阻，电阻 R_e 称为终止电阻，电阻 R_C 称为容性电阻，模型中电池的负极定义为零电势点。

Thevenin 模型是在内阻模型的基础上考虑电池充放电过程中电池内部极化效应而建立的[109]。R_e 为电池极化电阻，C_e 为电池极化电容，二者并联的电路反映电池极化过程的产生和消除。该模型考虑了电池的极化过程，计算比较简单，但没有考虑电池自放电过程，以及温度对电池特性的影响。

PNGV 模型是根据 2001 年《PNGV 电池试验手册》提出的等效电路模型，电容 C 用于描述负载电流的时间累计对开路电压的变化[110]。

GNL 模型中储能大电容 C 描述由于放电或充电引起的电池开路电压的变化，R_e 与 C_e 构成的电路网络模拟电池的电化学极化；R_c 为浓差极化内阻，C_c 为浓差极化电容，R_c 与 C_c 构成的电路网络模拟电池的电化学极化；R_s 为自放电电阻[109]。

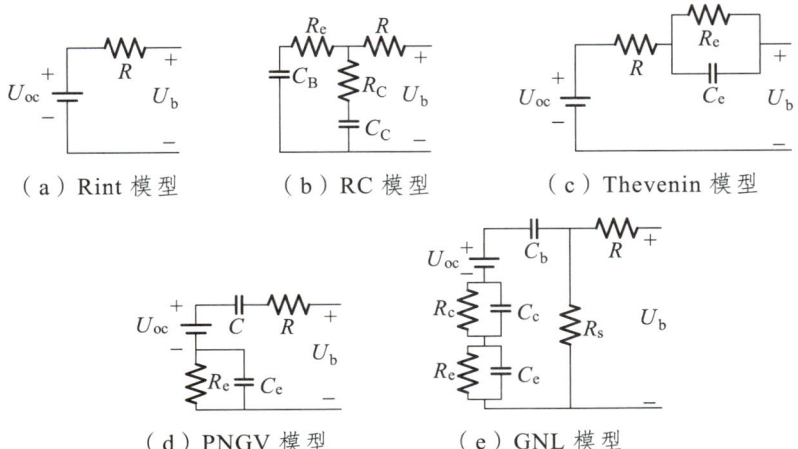

(a) Rint 模型　　(b) RC 模型　　(c) Thevenin 模型

(d) PNGV 模型　　(e) GNL 模型

图 3.2　蓄电池基本等效电路

3.2 超级电容

超级电容器(Super Capacitors)，又称电化学电容器(Electrochemical Capacitors)，是一类介于传统电容器与二次电池之间的新型储能器件。相对于传统电容器，它具有极高的比电容量，可达法拉级别甚至上万法拉。相比于二次电池，它具有更高的功率密度，可提供瞬时超强的电流。同时，基于独特的双电层储能机理，超级电容器表现出优越的安全性能及超长的使用寿命。其性能指标介于传统电容器与锂离子电池之间[111]，因此，它兼具电容器与电池两者优势，集众多特色于一身。超级电容器具备以下特色：

（1）能量密度优于传统电容器，但不及锂离子电池；功率密度显著高于锂离子电池（大约是它的10~100倍）。

（2）充电时间短。目前商用锂离子电池完成一次充电约在半小时以上。如果用超级电容替代锂离子电池，其充电时间可缩短到几分钟甚至1分钟内完成，极大地提高了使用效率。然而，超级电容的放电时间同样也较短。

（3）使用寿命超长。锂离子电池由于涉及Li^+周期性的嵌入/脱出，致使结构易发生坍塌或损伤，从而影响使用寿命。目前市场所用的锂电池寿命在1 000次左右。相比于锂离子电池，超级电容在充放电过程中仅涉及电荷的物理吸附/脱附过程，不损伤电极材料，因此它的理论循环生命应无限长。在实际应用中，目前超级电容的充放电次数可达10万次甚至100万次以上，是市场上锂离子电池寿命的100倍以上。

（4）工作温度范围宽。超级电容的工作温度在-40~80 ℃，可在低温环境工作。即使冬天也无须采取保暖措施，在0 ℃以下，锂离子电池材料的电化学活性降低，甚至失去活性而不能工作。

（5）放置时间长。电池闲置时间久后，大部分会因自放电、自腐蚀而严重降解电极材料。超级电容无须顾虑这一问题，它的性能非常稳定。

（6）免维护，安全环保。仪器的维护既烦琐又耗财力，而对于超级电容器，其工作部件少、无运动部件，无须维护，并且电容器部件不含有害物质，是绿色环保型电源。

（7）匹配性佳。超级电容的工作电压为 3 V 左右，易与其他化学电源相匹配，形成复合型可移动电源系统。提高物理电容储存能量主要依靠提高电容器电压来实现，有时电压高达上千伏特，这对充电系统要求较高；而电化学电容器具有比功率高，循环寿命长等特点，且在存储大量的能量时电压不高，与蓄电池电压比较匹配，更适合应用于便携式或移动式混合动力系统。

3.2.1 超级电容工作原理

超级电容的结构类似于二次电池，主要包括 4 部分：正电极、负电极、电解液、隔膜。电极由电活性材料和集流体两部分构成。电活性材料密实地敷在集流体的表面；集流体主要用于承载电活性材料，在电极反应过程中发挥收集电子和汇聚电流的作用，它主要由一些低电阻率的金属或碳材料充当，如泡沫镍、铜箔、金箔、碳纤维薄膜、石墨烯纸等。隔膜主要是阻止正极和负极之间的物理接触，防止回路短路。隔膜须具有丰富的孔隙，这些孔的尺寸仅允许电解液中带电离子自由进出，实现传质效果。电解液作为离子迁移的传媒介质，在电极反应过程中，可提供大量自由迁徙的荷电离子。不同类型的电解液的工作电压窗口和工作温度范围不同，从而在一定程度上影响了超级电容器的实际性能。通常，影响超级电容器性能优劣的关键因素主要集中在电极和电解液[111]。

按照电极材料储能机理的不同，超级电容可分为三类：① 双电层电容器（Electric Double Layer Capacitor，EDLC）。以碳材料为主要电极材料，电容器在活性材料/电解液界面处只发生物理的电荷存储与分离。② 法拉第电容器（Faradic Capacitors）。电极材料主要为电化学活性物质，通过电极材料表面及体相中发生可逆的氧化还原反应而产生电容。③ 混合型电容器（Hybrid Capacitors）。

1. 双电层电容器

EDLC 是以双电层理论为基础，通过电极材料与电解液界面形成的双电层来实现储存能量。这种双电层是一种动态的电荷物理吸附/脱附过程，其原理如图 3.3 所示[111]。充电时，外电源做功迫使电容器正、负两极板分别带上正、负电荷。此时，在电场作用下，电解液中的正负自由离子分别朝向两极板表面附近移动。在电极/电解液界面处，这些离子形成一个与电极电荷符号相反、数量相等的界面层。由于界面处位垒的存在，两层电荷都不能越过边界彼此中和，因而形成双电层。电场撤销后，电极上的正负电荷分别与电解液中的阴阳离子相互吸引而使该双电层稳定，在正负极之间产生稳定的电位差。放电时，由于两极板间存在一定的电势差，在其驱动下，聚集在电极附近的电荷逐渐脱附，阴阳离子通过反方向迁移而使溶液中和为电中性，完成放电过程。整个双电层电容器实际上是两个单电极串联装置。

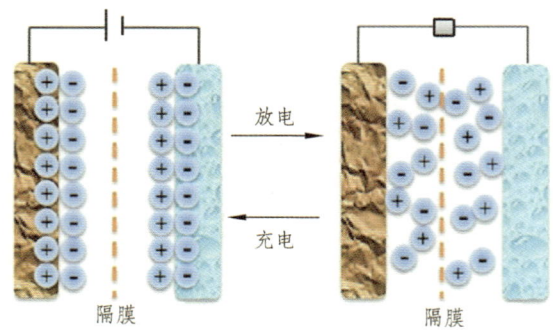

图 3.3 双电层电容器工作机理

从本质上讲，双电层电容存储电能主要依靠电场作用实现，而能量释放则通过两极板电势差驱动作用完成。充电时形成双电层，放电时双电层消失，是典型的物理储能过程，不涉及材料的电子转移，避免了电极材料在充放电过程中体积的膨胀、收缩或物相转换。因此，双电层电容器能量的存储与释放过程极快，具有高度的可逆性及优异的功率性能。双电层电容器是最早实现商业化生产的，也是目前使用最普遍的电容器。它主要使用高比表面积的活性炭材料。双电层电容器由于独特的物理储能方式，因此功率密度极高，循环寿命超长。但这种电容器储存的能量有限，通常在 10 W·h/kg 以下，这极大地限制了双电层电容器的应用前景。

2. 法拉第电容器

法拉第电容材料主要分为两类。第一类的电极材料包括 RuO_2、MnO_2、Nb_2O_5 等[112]，在电极反应过程中，这些材料的表层活性物质发生快速的氧化还原反应，从而获得相应的比电容量。由于它们的电化学特性，如循环伏安曲线和恒流充放电曲线，与双电层的碳材料极为相似，将以它们为材料制成的电容称为准电容。第二类电极材料为典型的电池型法拉第电容材料，主要以 $Ni(OH)_2$、$Co(OH)_2$ 以及它们的氧化物、硫化物等为主[113]。该类电极材料的循环伏安曲线、恒流充放电曲线与碳材料差别明显，在电极反应过程中，常涉及离子扩散和相转变过程。

两类法拉第电容材料的储能机理是相同的[111]。在充放电过程中，电解液离子与电活性材料发生可逆的法拉第氧化还原反应，释放或得到电子，实现电荷的储存，获得相应比电容量。事实上，法拉第电容器存储的能量不仅包括法拉第电容，也包含了部分的双电层电容。只是双电层储能方式较弱，而氧化还原的储能方式占主导地位。法拉第电容器能量密度高于双电层电容，但它的功率密度不及双电层电容器。

3. 混合超级电容器

为了同时实现较高的能量密度和功率密度，将双电层电容器高功率优势和法拉第电容器高容量的特点相结合，组成混合型超级电容器。通常，电容的负极由碳材料充当，保证高的电压和功率密度；正极由法拉第电容材料充当，保证高的比电容量和能量密度。负极的碳材料和正极的法拉第电容材料相结合组成非对称器件，也称非对称超级电容器。

3.2.2 超级电容等效模型

有别于传统电容，由超级电容构成的储能系统是一个复杂的非线性系统。因此，一个可以表征超级电容特性的模型对含有超级电容的系统仿真与实际应用，具有重要意义。针对超级电容的性质，国内外学者从物理结构、外部电气特性、阻抗谱特性角度建立不同的等效模型[114]。

超级电容单体由电极、电池隔膜、集流体以及电解液组成，基于双电层超级电容物理结构的对称特征，它可用图3.4所示的简单模型等效。

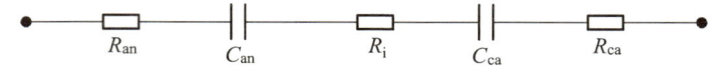

图3.4 超级电容的简单等效电路

图中，R_{an}、R_{ca}分别是阳极、阴极电阻；C_{an}、C_{ca}分别是阳极和阴极与电解液之间的双电层电容；R_i是电解液电阻。

图3.5（a）所示为表征超级电容外部电气特性的经典模型，电阻R表征超级电容的等效串联电阻，电容和电感分别表征在不同频率下超级电容所表现出的容性和感性，端部并联的电阻R_p表征超级电容漏电流的影响，一般R_p阻值很大。

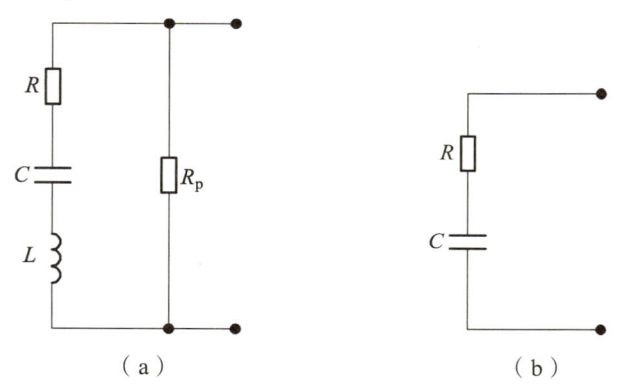

图3.5 超级电容的经典模型

如果超级电容工作在低频段，不考虑电感以及漏电流的影响，可以将超级电容器模型简化为理想电容C和等效串联电阻R的串联结构，如图3.5（b）所示。这种模型能够比较准确地反映超级电容器的外在电气特性。将参数值相同的单体模型串并联构成模组，等同于电阻和电容单体的串并联，而且串并联之后特性不变。因此，超级电容组的等效模型可用图3.5（b）的一阶RC网络表征。若假设单支串联支路的超级电容个数为m，并联的超级电容支路数为n，则整个超级电容组的等效电

容值为 nC/m，等效电阻值为 mR/n。

超级电容的电容值 C 与其两端电压大致成线性关系。此外，超级电容在充电完毕静置一段时间之后，存储的电荷会有一个再分布过程。因而，电容值是一个受端电压和时间影响变化的量。

在对称超级电容的碳薄膜中，从分离器接口的电极膜到达集电体铝箔，活性炭和电解质利用毛细血管作用通过所有通道。为了体现这条通道的传输特性[115]和表征超级电容的这种动态特性，需要用到三时间常数模型。

在三时间常数模型中，利用一个固定电容和一个可变电容并联表征电容和端电压的关系，模型如图 3.6（a）所示[116]。该模型由三条 RC 支路组成，这三条支路时间常数相差至少一个数量级。第一条支路由电阻 R_0、固定电容 C_0 和可变电容 C_i 组成，反映超级电容器在开始充电后秒级时间段内的瞬态响应。由于该条支路的时间常数最小，可认为在充电开始阶段电荷全部存储于该条支路的电容中。第二条支路由 R_1、C_1 构成，反映超级电容器在分钟级时间段内的响应，该支路被称为"短时分支"。第三条支路由 R_2、C_2 组成，反映超级电容器在 10 min 以上时间段的响应，该支路被称为"长时分支"。漏电阻 R_p 为体现超级电容器的自放电特性。

三时间常数模型的另外一种如图 3.6（b）所示[117]。在该模型中，串联分支 R_{s1} 和 C_{s1} 是用来描述在大电流充放电过程中，电容受电荷扩散速度限制而引起的局部短时间电荷聚集的"物理极化"现象。该串联分支主要反映充放电瞬间的暂态过程，在较长时间的充放电和自放电、自恢复过程中可以忽略不计。电阻 R_0 反映恒流放电瞬间电压跳变现象，等于此瞬间电压跳变幅值与施加电流之比。超级电容容量是电压和时间的函数，可用电容 C_0 和受控电压源 VCVS 描述，该支路称为即时分支电路，与其他两分支电路相比较具有很小的时间常数，由此可假定在充电开始阶段电荷全部存储在该可变电容中。该支路参数可以通过一个完整的大恒定电流充放电循环确定，在此充电过程中测得的电容就可认为是该时刻的该支路等效的电容值。由元件 R_1 和 C_1 构成的短时分支反映超级电容充放电结束后 10 min 内的端口行为特性；而由元件 R_2 和 C_2 构成的长时分支则用来描述 30 min 内的行为特性。在充电阶段，所有的电荷都被注入即时分支电路中。充电结束后，短时和长时分支电路开始对端口特性产生影响；10 min 内部分电荷从电容 C_0 转到 C_1，此后 20 min 内部分电荷从 C_1 转到 C_2。R_L 表征负载电阻。

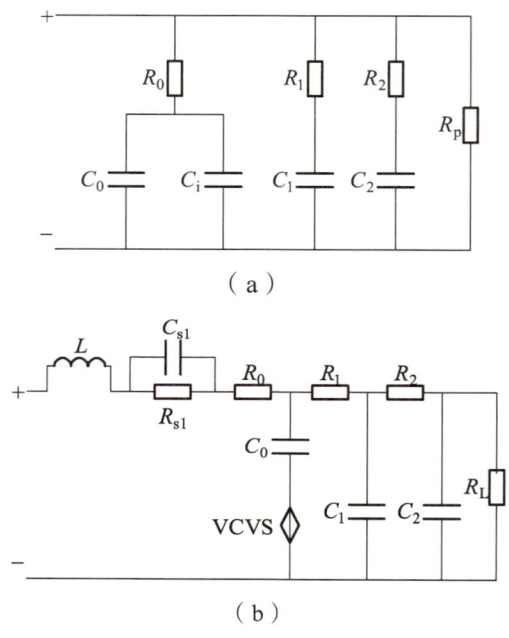

图 3.6 三时间常数模型

三时间常数模型可以表征超级电容的动态特性，而且根据实际需要，增加适合的 RC 支路或者更改原支路中 R 和 C 的参数值可以模拟超级电容在充电完毕几小时，甚至几天之后的外特性。但是这种模型中需要确定的参数较多，而且 R 和 C 的参数值的选取，需要建立在进行大量实验的基础上。

超级电容作为一个非线性系统，很难建立一个模型精确地表征超级电容的对外特性。超级电容的容量和等效串联电阻在充放电过程中受多种因素的影响，同时超级电容的工作状态容易受到外界环境的影响，利用等效电路对超级电容建模无法涵盖这种影响引起的变化，为了更好地表征超级电容的这种非线性特征，可以基于模糊神经网络对超级电容建模[118,119]，这种建模方法可以提高模型的精度。

3.3 动力蓄电池管理技术

在车载动力系统研制中，蓄电池系统作为动力源承担全部或者部分动力输出，其性能的优劣决定了车载动力系统的动力性能的好坏和续航里程的长短。在车辆行驶过程中，一方面，蓄电池组因充放电时间过长而发生过充电、过放电，这样不仅会降低电池的性能，而且会缩短电池的使用寿命，从而减少汽车的行驶里程和降低整车性价比；另一方面，为实施整车优化控制策略和保证电池安全性能，单体电池和整组电池包的工作参数（如电压、电流、温度等）需要精确地采集。因此，在车载动力系统的研究和发展过程中，作为动力蓄电池系统核心部分的电池管理系统（Battery Management System，BMS）具有举足轻重的作用。

电池管理系统涉及充电技术、均衡管理、SOC 估算等。由于铅酸电池和锂离子电池应用广泛，以下仅讨论这两种电池的管理技术。

3.3.1 蓄电池充电技术

蓄电池充电管理的优劣在一定程度上决定了蓄电池的寿命，因此充电管理是铅酸蓄电池管理系统重要的组成部分。蓄电池充电技术可以分为传统充电方法和快速充电方法。

1. 传统充电方法

蓄电池的传统充电方法包括恒压充电、恒流充电、恒压恒流交替充电。

（1）恒压充电。

充电过程中，充电电压始终保持恒定值。一般而言，充电电压略低于或等于铅酸蓄电池产生氢气的电压，防止发生过充电。恒压充电时，初始时刻蓄电池的电动势比较低,初始充电电流将非常大,严重时会造成铅酸蓄电池的极板弯曲、活性物质脱落和电池温升过高;充电末期铅酸蓄电池的电动势升高,导致充电电流变小,增加了充电时间,同时容易导致充电不足。长期的充电不足会使铅酸蓄电池容量下降。

(2)恒流充电。

在充电过程中,保持充电电流维持恒定值。对于串联的铅酸蓄电池,恒流充电可以保证各单体电池充入电量均等。为避免充电后期大电流引起过充,恒流值设置较低,充电过程较长,易引起蓄电池内部析气多、干涸、板栅腐蚀等问题。

(3)恒压恒流联合充电。

结合恒压充电和恒流充电的优点,将两种充电方法相结合形成了恒压恒流联合充电方法,可分为两种。

第一种为末期恒流的恒压充电。先是对蓄电池恒压充电,蓄电池电压升到某一数值后改为小电流的恒流充电。其充电时间短,能消除恒压充电不足的缺点,但是容易引起电池过早失效。

第二种为多阶段限流恒压充电。先用相对较高的充电电流,与恒流充电不同之处是采用了低电压限制。当电池电压到达预定值时,减小充电电流,导致蓄电池电势随之下降,充电一段时间后又回到该预定值,一般重复 3~5 次可结束,在末期阶段采用小电流或无电压限制的方式消除充电不足的影响。这种方法比恒流充电谨慎,能够降低析气程度和板栅腐蚀等的影响,然而与恒压充电类似,仍然有充电不足的问题,尤其是电池老化后更容易出现。

在传统的铅酸蓄电池充电方法中,没有遵循充电进程中其化学变化的规律,电池析气作用很强,温度升高快,并且还时常出现后期充电电流过大或充电不足等问题,导致电池过充电或欠充电,降低铅酸蓄电池使用寿命。同时,整个过程需要的时间长,一般为 18~24 h,不利于实际工作。

2. 快速充电方法

快速充电能在充电时加速电池化学反应的速度,保证电池正负极的极化作用尽量小，使电池达到满充所需的时间尽可能短。

快速充电技术解决了充电时间长的问题，将之前充电时间十几个小时乃至几十个小时降低到了几个小时。脉冲电流充电法是一种较为传统的快速充电方法，其控制分为两种：一种是保持周期不变而减小振幅，另一种则是保持振幅不变而减小周期。随着充电终止的临近，两种方法都是通过每个脉冲向蓄电池传递一个递减的电量，以便减小电池的过充电量和析气。在脉冲关闭期间，为了消除或减小极化作用，将电池设置为停止充电或放电状态，这样便于电池有时间发生热量消散和溶液扩散，提高充电效率，同时也便于充电末期有较高的充电电流。

锂离子电池要求的充电方式是恒流和恒压方式。与铅酸、镍氢、镉镍电池不同，根据锂离子蓄电池原理，锂离子电池在充电后期没有副反应产生，但为防止电压持续升高，需要控制充电的电压。锂粒子电池不适宜涓流充电，因而充电结束时，充电器必须完全断开。锂离子电池对充电器要求比较苛刻。为有效利用电池容量，需将锂离子电池充电至最大电压，但是过压充电会造成电池损坏，这就要求充电器具有较高的控制精度。对于电压过低的电池需要进行预充，充电器需带有热保护和时间保护功能。

3.3.2　蓄电池组均衡策略

电池组的连接方式有串联、并联和混联三种。串联方式用于满足负载的高压特性，串联后各节电池的电流相同，每节两端的电压可以反映其均衡状态。并联方式用于满足负载的电流特性，并联的各节电池的电压相同，由于电流分配具有自然均衡特点，在相互充放电的过程中会消耗部分能量。若某一支路出现电流变化，其他支路的电流随之变化，调节电流均衡较困难。混联是既有串联也有并联，同时满足负载的电压和电流特性，但单节电池之间互充放电电流和电池组充放电电流方向相反，会降低电池组的能量利用率和输出总功率。因而大多数车用动力电池组采用串联方式[120]。

蓄电池的不一致是指同一规格和型号的电池串联或是并联后，各节电池的电压、电流、内阻、电荷量等参数存有差异。在实际工作时，电池初始容量、内阻、自放电率等不同使得各单体电池的充放电特性有差异，随着使用时间延长，这种不一致现象会扩大，导致电池组容量、输出功率和效率降低。若不及时采取有效措施，则可能造成单体电池的过充电、过放电和"反极"现象，这样容易损坏电池，严重时会由于产生的大量热量引起电池燃烧甚至爆炸。因此，在动力电池组中采取适当均衡方法控制个单体电池间性能差异是非常必要的。

1. 蓄电池组不一致性的产生原因

电池成组后的寿命、容量和功率等取决于性能最差的单体电池，使电池成组可靠性降低，且寿命比单体电池寿命短，这些主要是由电池组中单体电池的不一致性造成的。电池组不一致性产生的原因可以概括为以下 3 点：

（1）自放电率不同：单体电池的自放电率越高，则该电池剩余容量越小，并且自放电产生的问题具有累计效应。

（2）电池容量的退化不同：在实际使用中，不当的使用会导致电池深度充放电，对某些单体电池造成不可逆转的损耗，致使这些电池容量的退化不同，各单体电池退化的程度受各自工况和温度影响。

（3）库仑效率不同：在电池充放电循环中，由于各个单体电池充放电特性差异，导致各自的库仑效率不同，电池的可用容量逐渐形成差异。

电池组的不一致性主要表现在容量、内阻和电压方面。

在容量方面：在同组电池中，当容量较大的电池处于浅放电时，而容量较小的电池可能已进入深放电阶段或已放电完，此时蓄电池出现反极现象。在充电过程中，容量较小的电池电压上升较快，充电即将结束时易出现过充；在充放电过程中，容量较小的电池易进入恶性循环而提前损坏。

在内阻方面：放电过程中，内阻大的电池压降和能量损耗较大，易产生热量导致电池升温，而环境温度的不一致性会进一步加剧组内电池性能的不均衡。充电过程中，内阻较大的电池充电电压较大，容易提前达到电压上限。

在电压方面：容量和内阻不一致导致电池组电压不一致，电压不一致成为电池特性不一致的最终表象。

2. 常用的均衡技术类型

按不同的标准，动力电池组的均衡技术有不同的划分方法。按照拓扑结构可以分为集中式均衡和分布式均衡，两者的区别在于是否共用一个均衡器。集中式均衡具有均衡速度快、模块体积小的特点，但控制电池组的数量较少。按照均衡的过程不同，可以分为充电均衡、放电均衡和双向均衡。按照能耗特点，可以分为能量耗散型均衡和非能量耗散型均衡。控制电路简单、成本低、硬件结构可靠性高、控制逻辑简单是能量耗散型的优点，然而这种方式的发热量大需要温度调节。能耗小、控制电路复杂是非能量耗散型的特点。

（1）能量耗散型均衡。

能量耗散型均衡电路是通过单体电压过高的电池自放电，调节电池组内各单元间容量差，使之均衡。其实施过程为实时监测各个单体电池电压，若出现某些单体电池电压高于平均电压时，接通这些单体电池的旁路电阻，旁路电阻消耗这些电池的多余电荷，将这些单体电池电压降到平均电压。能量耗散型均衡主要采用开关电阻法和并联稳压管法。

开关电阻法均衡电路如图 3.7（a）所示[121]，图中的分流支路由一个 MOS（半导体金属氧化物）开关和分流电阻组成，分流电阻决定电路的均衡能力。分流电阻辐射热量将会改变电池周围温度，加剧电池的不均衡性，故选用分流电阻时需要综合考虑均衡效率和散热问题。

并联稳压管法均衡电路如图 3.7（b）所示[121]，图中的分流器件为三极管。当单体电池电压超过允许的充电电压值时，电压比较器的反相端电位高于同相端电位，比较器的输出端电压小于零，驱动三极管导通，单体电池开始对电容 C 充电，单体电池电压降低而比较器的电压升高，直到三极管截止位置。该电路仅在充电即将结束时才开始均衡，与图 3.7（a）所示方案相比，其能量损耗较小，无须电压检测系统。

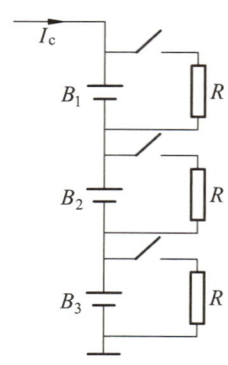 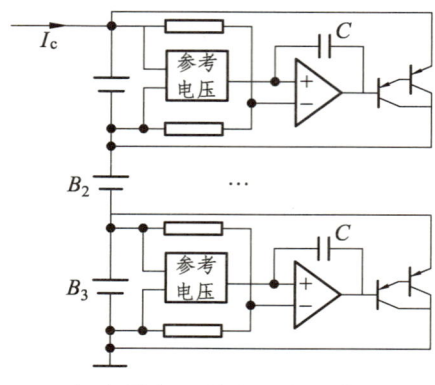

(a)分流电阻均衡电路　　　　（b)模拟元件分流电阻均衡电路

图 3.7　耗散型分流均衡电路

（2）非能量耗散型均衡。

非能量耗散型均衡是利用储能元件或 DC-DC 变换器将能量高的单体电池能量转移到能量低的单体电池中。根据元件的不同，把非能量耗散型均衡分为电容均衡、电感均衡、DC-DC 变换器均衡。以下仅介绍电容均衡、电感均衡。

电容均衡如图 3.8（a）所示[122]。该电路是通过切换电容开关传递相邻电池间的能量，将电荷从电压高的电池传送到电压低的电池，从而达到均衡的目的。电感均衡如图 3.8（b）所示[120]，均衡电路有电感 L、续流二极管 D、场效应管 Q 组成，通过电感储能的方式，在相邻电池间进行双向能量传递。此电路的能量损耗很小，但是均衡过程中必须有

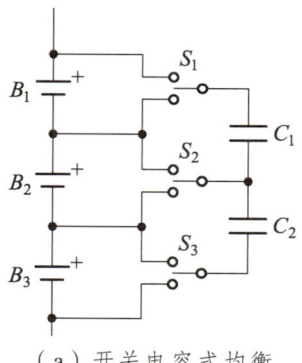

（a）开关电容式均衡

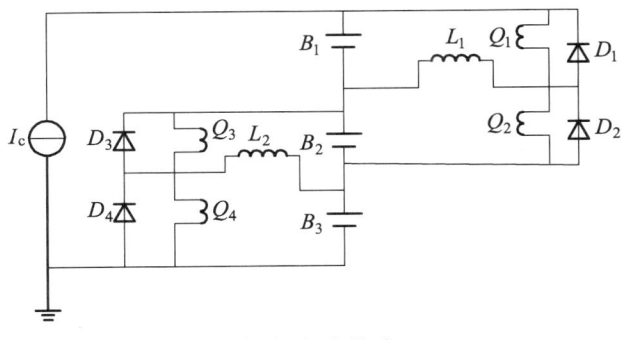

(b) 电感均衡

图 3.8 电容、电感均衡电路

多次传输,均衡时间长,不适于多串的电池组。改进电容开关均衡方式的思路是,将电压高的单体电池的能量直接转移到电压低的单体电池上,而不用通过整个电池组依次转移,这样使均衡效率提高。

3.3.3 蓄电池 SOC 估算

SOC 估算是 BMS 最重要的功能之一,它是描述蓄电池的相对剩余电量。依据电池 SOC,一方面电池管理系统能够估算当前蓄电池的剩余容量,以及预测当前负载下可继续运行的时间;另一方面,电池管理系统可根据当前 SOC 对电池负载进行调整,在保证电池正常工作的同时,最大限度地发挥电池的性能。

当电池充满电量时蓄电池的 SOC 为 100%;当电池将电量释放完毕时其 SOC 为 0%。电池的 SOC 受放电倍率、温度以及电池电压等因素影响,对 SOC 的估算需要考虑各种因素,否则计算出的 SOC 可能不具有实用性。例如,对一节充满电的蓄电池,用较大的电流恒流放电直至截止电压,这时按照式(3.1)定义其 SOC 为 0%,然后换成小电流放电则电池仍然能够放出一部分电量。类似的,如果先用小电流恒流放出电池中 70%~80% 的电量,依照式(3.1)定义电池的 SOC 为 20%~30%,然后切换为大倍率放电,电池电压便迅速跌落至截止电压,电池几乎不能放出电量。此外,极板硫化程度、极板腐蚀程度以及活性物质含量等一些不可恢复性因素会降低电池的容量，从而影响 SOC 估算。

蓄电池的 SOC 精准估算是电池管理系统中的技术难点，主要原因归纳为以下几个方面[123]：

首先，蓄电池的充放电过程是一种复杂的电化学过程，而电池的每次充放电循环都会影响到电池的性能及其内部状态。经过一定次数的循环使用后，蓄电池的电解液浓度、极板有效接触面积、活性物质含量以及内部微观结构等都会发生明显的变化，这种变化的进程随电池使用方式的不同而有所差异。如果电池合理使用并维护良好，则电池性能在 1~2 年能保持相对稳定；反之，若使用不当则电池性能可能在短期内急剧恶化。因此，很难定量地描述蓄电池性能随使用状态、使用时间的变化趋势。

其次，电池外部工作特性呈非线性，对 SOC 估算是需要对电池的外特性如端电压、工作电流、温度等状态进行检测的。除了信号检测误差引起 SOC 的不准确外，这些外特性参数与 SOC 之间的关系是变化的，随着电池不同的工作方式以及不同的老化程度而变化，从而对 SOC 的准确估计带来较大困难。

最后，对 SOC 的计算，一般需要建立相应的等效模型，而准确的电池模型是比较难建立的。电池的理想模型和实际特性之间存在一定误差，尤其是在电池工作状态切换时会产生较大的瞬时误差，这导致 SOC 准确估算困难。模型参数的时变性是 SOC 估算的另一大障碍。在常用的蓄电池 Thevenin 模型[124]和 PNGV 模型[110]中，其元件参数会随着电池的电流、温度、电池的 SOC 和寿命状态而发生，而辨识不同条件下的参数是一项比较复杂的工作。

1. SOC 传统估算方法

在电池充放电控制和车载动力系统的优化管理中，蓄电池 SOC 实时估算是重要的环节，这会直接影响电池的使用寿命。蓄电池 SOC 估算方法多种多样，一般划分为两大类：传统估算方法和新型估算方法。传统估算方法包括开路电压法、负载放电法、安时计量法和内阻法[125]。

（1）开路电压法。

开路电压是指蓄电池外电路开路，电池达到平衡时正负极之间的电位差。从充放电状态切换到静置状态以后，蓄电池内部电化学反应会逐渐趋于平衡，其开路电压也会趋于稳定。经过长时间的静置后，电池端电压与 SOC 存在着相对稳定的对应关系，经过多次测量得到开路电压与电池剩余容量，因而可以根据开路电压来预测 SOC。开路电压法最明显的缺点是电池要经过很长时间的静置（长达数小时），造成该方法的实时性较差。

蓄电池开路电压的估算通过采用建立电气模型的方法来实现。模型的输入一般为电池电流，输出为电池端电压，开路电压为内部参数。根据所建立模型中各个参数的电气关系，结合检测到的电流、电压和温度信号，可实时计算出电池的开路电压，然后根据开路电压与 SOC 的对应关系，获得电池当前的 SOC 状态。

（2）负载放电法。

负载放电法是采用恒定的电流对蓄电池放电，直到电池到达截止电压。用放电电流值乘以时间即得放出的电量，与对应电流下总的可用容量的比值即为电池放电前的 SOC。此方法被认为是最可靠的 SOC 估算方法，适用于各种不同类型的蓄电池。该方法测量需要耗费大量的时间，电池不能在线测量，实际应用系统中不适合采用这种方法。负载放电法可作为蓄电池分析、测试和研究的主要手段，多用于实验室或是电池工厂。

（3）安时计量法。

安时计量法也称安时积分法，是最常用的 SOC 估算手段，其基本思想是不考虑电池内部结构和化学状态的变化，把电池视为一个黑箱，通过对电池的充电电流 $i(t)$ 在时间上的积分计算任意时刻的 $SOC(t)$，其表达式为

$$SOC(t) = \frac{Q(t_0) - \int_{t_0}^{t} i(\tau)\eta(\tau)\mathrm{d}\tau}{Q_0} \quad (3.14)$$

式中 $Q(t_0)$——电池在初始 t_0 时刻的剩余电量;

$\eta(t)$——充电电流是 $i(t)$ 时的充放电效率,与蓄电池的容量特性有关;

Q_0——电池的额定容量。

式(3.14)可以表示为

$$\mathrm{SOC}(t) = \mathrm{SOC}(t_0) - \frac{\int_{t_0}^{t} i(\tau)\eta(\tau)\mathrm{d}\tau}{Q_0} \quad (3.15)$$

式中 $\mathrm{SOC}(t_0)$——初始 t_0 时刻电池的 SOC。

该方法只需考虑电池的工作电流及其对应的效率系数,适用于各种类型的电池,而且算法简单便于工程实现。安时计量法中,初始电量的确定对预测结果的准确性至关重要,需要借助其他辅助方法确定。安时计量法属于开环算法,电流检测信号中的误差会逐渐累积到 SOC 的估算值中,这一误差会随时间逐渐增大。

(4)内阻法。

一般将电池的内阻分为交流内阻和直流内阻,这两类内阻均与电池的 SOC 密切相关。交流内阻可以用交流阻抗测试仪测量,实际应用较少。直流内阻又称为欧姆内阻,其阻值等于在一个短时间段内,电压变化量与电流变化量之比。直流内阻的大小不仅受计算所取时间段长短影响,而且在不同工作阶段,电池内阻变化范围不一样,放电后期相对比较稳定;放电初期内阻变化大。因此,用内阻法估算 SOC 难度比较大,实际应用不多。

2. SOC 新型估算方法

SOC 新型估算方法包括卡尔曼滤波法、神经网络法和模糊法。

(1)卡尔曼滤波法。

卡尔曼滤波是一种最优化自回归数据处理算法,其基本思想是对系统状态做出最小方差意义上的最优估计。传统的卡尔曼滤波需要用状态空间模型描述研究对象,对于非线性系统,需要将非线性系统做线性化处理,然后再进行递推。在动力蓄电池应用中,卡尔曼滤波被引入到电池 SOC 的估算技术中。

卡尔曼滤波用于电池 SOC 估算时[126],结合所研究的电池模型,一般是将电池充放电电流作为系统输入,而将电池端电压作为系统输出,两者都是可检测的量,而需要估算的 SOC 则视作系统的内部状态,这样通过卡尔曼递推算法即可实现 SOC 的最优估计。

若蓄电池的状态方程为

$$\begin{cases} X_k = f(X_{k-1}, U_{k-1}) + W_{k-1} \\ Y_k = h(X_k, U_k) + V_k \end{cases} \quad (3.16)$$

式中 X_k ——状态向量(电池的 SOC);

Y_k ——观测向量(电池端电压);

U_k ——控制向量(电池充放电电流);

W_k, V_k ——互不相关的零均值高斯白噪声,且满足 $\mathrm{var}(W_k) = Q$,$\mathrm{var}(V_k) = R$。

卡尔曼递推算法实现电池 SOC 的最优估计的步骤如下:

① 状态估计更新。令 $\Psi_k = \{Y_1, Y_2, \cdots, Y_k\}$,根据上一时刻的状态向量最优估计 $\hat{X}_{k-1}$,计算当前时刻的状态估计 $\hat{X}_{k/k-1}$。

$$\hat{X}_{k/k-1} = E[X_k | \Psi_{k-1}] = E[f(\hat{X}_{k-1}, U_{k-1}) + W_{k-1} | \Psi_{k-1}] \quad (3.17)$$

② 均方误差更新。计算状态先验估计误差的方差矩阵 $P_{k/k-1}$。

$$P_{k/k-1} = E\{[X_k - \hat{X}_{k/k-1}][X_k - \hat{X}_{k/k-1}]^\mathrm{T}\} \quad (3.18)$$

③ 系统输出先验估计。

$$\hat{Y}_k = E[Y_k | \Psi_{k-1}] = E[h(X_k, U_k) + V_k | \Psi_{k-1}] \quad (3.19)$$

④ 滤波增益矩阵计算。

$$L_k = E[(X_k - \hat{X}_{k/k-1})(Y_k - \hat{Y}_k)^\mathrm{T}]\{E[(Y_k - \hat{Y}_k)(Y_k - \hat{Y}_k)^\mathrm{T}]\}^{-1} \quad (3.20)$$

⑤ 最优状态估计。根据滤波增益和输出预测误差对第一步的状态先验估计值进行修正,从而得到系统状态最优估计。

$$\hat{X}_k = \hat{X}_{k/k-1} + L_k(Y_k - \hat{Y}_k) \quad (3.21)$$

⑥ 均方误差估计。根据滤波增益和系统输出的均方误差,对第二步中状态先验估计误差的方差矩阵进行修正,从而得到系统状态均方误差估计。

$$P_k = P_{k/k-1} - L_k E[(Y_k - \hat{Y}_k)(Y_k - \hat{Y}_k)^T]L_k^T \quad (3.22)$$

卡尔曼滤波是一个递推的过程,其计算基本流程如图3.9所示。卡尔曼滤波法具有较强的初始误差修正能力和噪声信号抑制能力,但状态估计精度依赖于系统模型的准确性。对于蓄电池而言,由于其工作特性呈高度非线性,因此传统的卡尔曼滤波法会引入线性化误差。基于此,在传统卡尔曼滤波法的基础上逐渐演化,针对非线性系统的滤波算法包括扩展卡尔曼滤波(Extended Kalman Filter,EKF)、无迹卡尔曼滤波(Unscented Kalman Filter,UKF)等也都应用于电池SOC的估算。

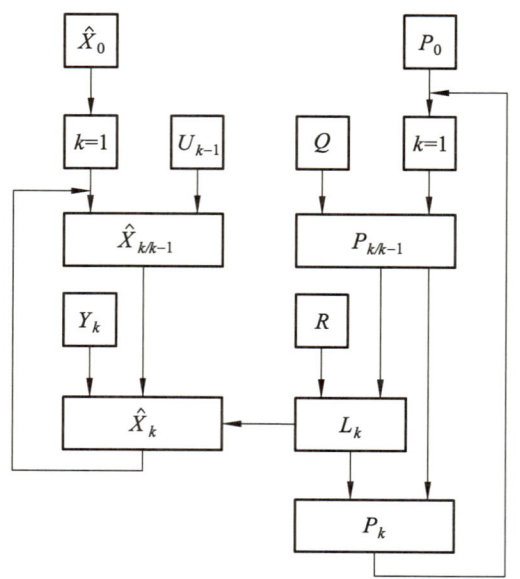

图 3.9 卡尔曼滤波器流程

(2)神经网络法。

神经网络(Neural Network,NN)是由大量神经元(Neuron)通过

复杂的相互连接而形成的网络系统,可模拟人脑的基本特征。由于 NN 系统是非线性的,具有很强的泛化能力和并行处理能力,能够模拟蓄电池的非线性特性,从而实现 SOC 的实时估计。利用神经网络预测电池 SOC 的基本思路是首先应用神经网络对蓄电池进行建模,以电压、电流等电池的外部特性参数作为输入,以电池的 SOC 作为输出,接着通过大量的样本数据对系统进行样本训练,使 SOC 达到要求的误差范围,最后利用该系统对新的输入进行 SOC 预测。BP(Back Propagation)神经网络是一种按照误差逆向传播算法训练的多层前馈神经网络,是目前应用最广泛的神经网络,利用该网络实现电池 SOC 预测的结构如图 3.10 所示[125]。

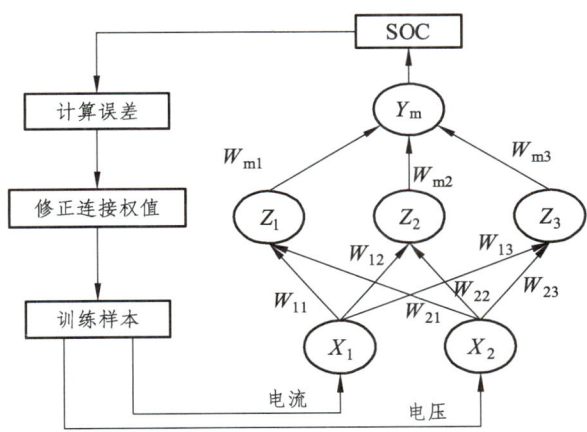

图 3.10 基于 BP 神经网络的蓄电池 SOC 预测模型

利用神经网络来预测电池 SOC 不需要建立电池的数学模型,通过大量的、全面的样本学习,神经网络就能很好反映电池 SOC 与电池的电流、电压等参数之间的非线性关系,样本学习数据越多,预测精度就越高。

(3)模糊法。

采用模糊法进行电池 SOC 估算,就是根据专业技术人员的知识和经验,结合电池的工作特性,通过模糊逻辑来实现对电池 SOC 的估算。一般的步骤如下:首先将检测到的电池电压、电流、温度、内阻等信号进行模糊化处理，利用处理的结果进行模糊推理，然后将推理后的输出进行反模糊化处理，即得到电池 SOC 的预测值。为了进行参数修正，在系统中通常有一个闭环反馈环节对 SOC 进行调整。

采用多种方法相结合的方法来做预测，提高预测精度是 SOC 预测方法的发展趋势之一。目前，模糊法进行电池 SOC 估算，常常需要结合蓄电池等效电路或是神经网络预测方法，将模糊调节器用于系统参数调节。图 3.11 是将模糊法与蓄电池的 PNGV 等效电路结合，通过 MIMO 模糊调节器修正 PNGV 等效电路的参数，实现对电池 SOC 的精确预估[127]。

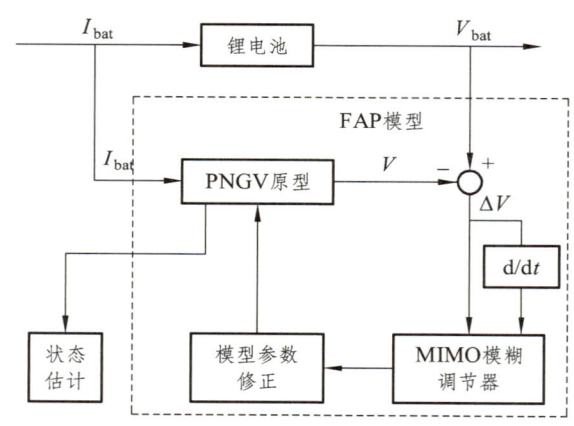

图 3.11　模糊控制的参数自适应等效电路模型结构

3.4　混合动力系统结构及管理策略

超级电容器在车辆起动、加速、爬坡及制动等情况下，可提供瞬时大电流；而蓄电池受自身化学反应的影响，若出现大电流的现象，很可能造成电池永久性的损坏。快速充电对超级电容器几乎没影响，而可能将蓄电池损坏。超级电容器的循环寿命高，蓄电池的循环寿命低，将超级电容器与蓄电池相结合构成混合动力系统，超级电容器提供车辆所需的高功率密度需求，同时充分快速地回收再生制动能量；蓄电池则满足车辆高能量密度需求，并使蓄电池的使用寿命得到延长。

因而，混合动力系统中超级电容器和蓄电池可优势互补，克服蓄电池或者超级电容器单一电源的不足，无疑将极大提升混合动力系统的性能。

混合动力系统车辆结构如图 3.12 所示。其中，由蓄电池、超级电容器和 DC/DC 变换器组成的混合动力系统是整个动力系统的核心；电机及其控制单元可实现电动和发电两个功能，电动状态下电机驱动车辆运行，而在发电状态下可实现再生制动能量的回收利用；传动系统的主要作用是根据不同工况的需求实现电机转矩和车速的合理配置。

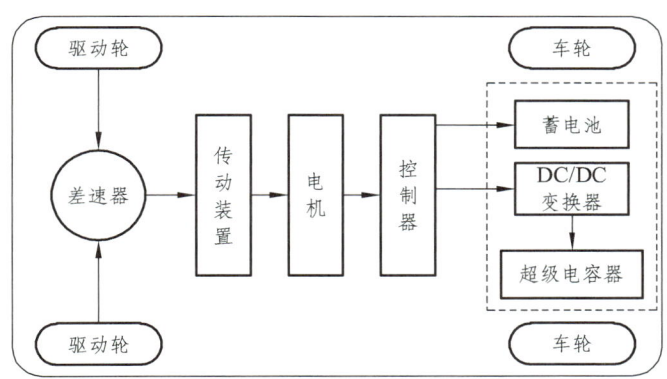

图 3.12 混合动力系统

3.4.1 混合动力系统的拓扑结构

混合动力系统的连接方式是将蓄电池、超级电容和 DC/DC 变换器进行不同组合。半控式混合动力系统如图 3.13 所示，图（a）中蓄电池先与 DC/DC 变换器串联后再与超级电容器并联，而图（b）中超级电容器先与 DC/DC 变换器串联后再与蓄电池并联，这两种结构由于只有一个变换器，因此称为半控式结构混合动力系统。图（a）中超级电容器决定功率总线电压，可及时提供混合动力为汽车在起步和加速时的峰值功率及制动时的再生制动能量，但是由于超级电容器能量密度较小，电压特性较软，功率总线电压易出现不稳的现象。图（b）中蓄电池决定功率总线电压，直接对外输出功率，能量转换效率高。超级电容器通过串联的 DC/DC 变换器自动调节电压与蓄电池匹配，有效地保护了蓄电池。由于蓄电池电压特性比超级电容器电压特性硬，电压变化较为平缓，从而电压调控更加容易实现。

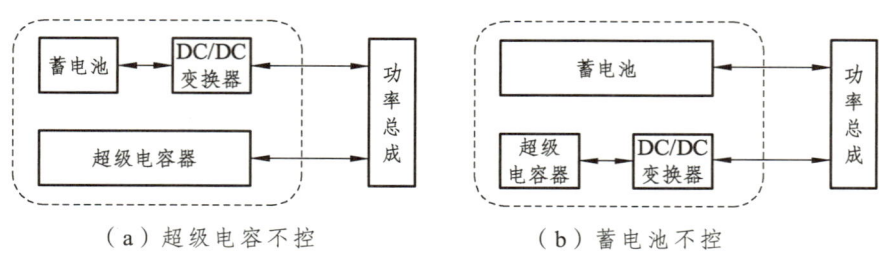

（a）超级电容不控　　　　　（b）蓄电池不控

图 3.13　半控式混合动力系统

全控式混合动力系统如图 3.14 所示，蓄电池和超级电容器通过与各自串联的 DC/DC 变换器调节功率。这种结构具有半控式结构混合动力系统的全部优点，灵活性和调控性更强，但是 2 个 DC/DC 变换器加重了系统的体积、质量和控制复杂度。

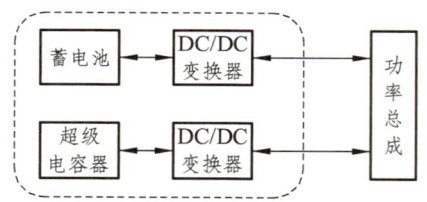

图 3.14　全控式混合动力系统

3.4.2　基于动态混合度在线凸优化的能量管理策略

在超级电容与动力电池构成混合动力系统中，依据负载需求功率、超级电容和锂电池特性合理分配功率份额，不仅可以提高系统效率和寿命，而且能够降低系统体积和成本，因而系统的能量管理策略是其关键环节。

混合动力系统的能量管理策略分为基于规则的能量管理策略和基于优化的能量管理策略。基于规则的能量管理策略，其控制简单，易于实现，如负载跟随策略、模糊控制策略和状态机策略。

基于优化的能量管理策略是结合约束条件通过定义能量成本函数，对其进行最小化实现优化控制。通常将混合动力机车的能耗作为其控制目标形成约束条件下的单目标控制，或是将能耗、蓄电池电量的变化、驾驶性能等同时作为控制目标的多目标优化控制。

基于全局最优的能量管理策略中最具代表性的有动态规划（Dynamic Programming，DP）控制方法、庞特里亚金最小值原理控制方法（Pontryaginos Minimum Principle，PMP）、遗传算法（Genetic Algorithm，GA）以及与其他智能控制方法结合的能量管理控制方法[128]。基于全局最优的能量管理方法通常是针对特定工况循环进行能量分配控制，而车辆的经济性依赖于工况循环的状况，因而具有一定的局限性，在实际控制中应用效果也不尽理想。

基于全局最优的能量管理策略是一种离线策略，不能满足车辆的实时性。随着在线能量管理控制研究，产生了基于瞬时优化的能量管理策略，其主要思想是保证当前时间段内的能量消耗最少或功率损耗最小，基于发动机的最佳工作曲线（能耗、功率、效率 Map 图）得到瞬时最优工作点，控制混合动力系统中各个电源的能量分配，使发动机、电动机工作在瞬时最优状态点。基于瞬时优化的能量管理方法是针对车辆瞬时工况的能量进行优化控制，不需要已知车辆的未来行驶信息，不受工况循环的制约。但是瞬时优化并不等于整体最优，所以无法保证全局最优。常用的优化方法有基于等效油耗最小（Equivalent Consumption Minimum Strategy，ECMS）的能量管理方法、基于模型预测控制（Model Predictive Control，MPC）的能量管理方法及基于其他智能控制的能量管理方法[128]。

基于规则的能量管理策略是为了满足系统性能参数需求，无法对系统的功率损耗和系统效率进一步优化。而对于储能式有轨电车而言，优化功率分配，减小系统功率损耗，提高系统效率，不仅可以增加有轨电车的行驶距离，更对此类有轨电车的进一步推广和应用具有很强的现实意义。因此在满足有轨电车系统性能和安全性的前提下，以系统功率损耗最小为原则，采用凸优化算法优化动力源功率分配，提出一种基于动态混合度在线凸优化的能量管理策略[129]。

1. 基于动态混合度的凸优化模型

凸优化算法简单易操作，求解速度快且高效，故在实际工程中，如在能量管理方面得到了广泛的应用[130,131]。凸优化是一种非线性优化中的一个重要类型，它研究定义于凸集中的凸函数最小化的问题。凸优化由凸集可行域与一系列价值函数 $\{C_1, C_2, \cdots, C_t\}$ 组成，其中每个 C_t 均为凸函数，其一般的表现形式为[132]

$$\begin{aligned} &\min f(x) \\ &\text{s.t} \quad C(x) \leqslant 0 \\ &\qquad g(x) = 0 \end{aligned} \qquad (3.23)$$

式中　x ——优化变量 $x \in \mathbf{R}^n$；

　　　$f(x)$ ——目标函数；

　　　$C(x)$，$g(x)$ ——约束条件；

　　　$f(x)$，$C(x)$，$g(x)$ ——凸函数，可行域为凸集。

应用凸优化算法，必须事先建立凸优化模型。本书提出动态混合度的概念，并基于动态混合度建立了有轨电车功率分配的凸优化模型。动态混合度是指在混合储能式有轨电车运行期间，超级电容和锂电池输出功率的比值，不同的比值意味着超级电容和锂电池承担或者吸收的功率不同，相应的数学表达式如式（3.24）所示。

$$\begin{cases} h = P_{\text{sc}}(t)/P_{\text{bat}}(t) \\ P_{\text{req}}(t) = \eta_{\text{dc}}[P_{\text{sc}}(t) + P_{\text{bat}}(t)], & P_{\text{req}}(t) > 0 \\ P_{\text{req}}(t) = [P_{\text{sc}}(t) + P_{\text{bat}}(t)]/\eta_{\text{dc}}, & P_{\text{req}}(t) < 0 \end{cases} \qquad (3.24)$$

式中　h ——动态混合度；

　　　$P_{\text{sc}}(t)$ ——t 时刻下超级电容的输出功率；

　　　$P_{\text{bat}}(t)$ ——t 时刻下锂电池的输出功率；

　　　$P_{\text{req}}(t)$ ——t 时刻下负载需求功率。

考虑到随着动态混合度 h 的改变，超级电容和锂电池承担的功率不同，各自的损耗也不同。此外，SOC 的改变会导致锂电池内部参数发生改变，相应的功率损耗也就不同。诸多因素相互耦合相互影响，传统的方法难以寻找到功率损耗最小，系统瞬时效率最高的最优混合度。因此考虑采用凸优化算法进行寻优。

具体到混合储能式有轨电车功耗优化问题。本书以系统每一时刻的瞬时效率 $\eta(t)$ 为优化目标，其中优化变量包括动态混合度 h、锂电池的 SOC 和超级电容的 SOC。在保证车辆性能的前提下，考虑动力源输出功率约束、以及 SOC 约束，参考上述功率损耗可得

$$\begin{aligned}
\min C &= [h, \mathrm{SOC}_{\mathrm{bat}}(t), \mathrm{SOC}_{\mathrm{sc}}(t)] \\
\text{s.t} \quad & h \in [h_{\min}, h_{\max}] \\
& \mathrm{SOC}_{\mathrm{bat}}(t) \in [\mathrm{SOC}_{\mathrm{bat\_min}}, \mathrm{SOC}_{\mathrm{bat\_max}}] \\
& \mathrm{SOC}_{\mathrm{sc}}(t) \in [\mathrm{SOC}_{\mathrm{sc\_min}}, \mathrm{SOC}_{\mathrm{sc\_max}}] \\
& P_{\mathrm{bat}}(t) \in [P_{\mathrm{bat\_min}}, P_{\mathrm{bat\_max}}] \\
& P_{\mathrm{sc}}(t) \in [P_{\mathrm{sc\_min}}, P_{\mathrm{sc\_max}}]
\end{aligned} \tag{3.25}$$

式中　$\mathrm{SOC}_{\mathrm{bat}}(t), \mathrm{SOC}_{\mathrm{sc}}(t)$ ——t 时刻下锂电池的 SOC、超级电容的 SOC；

$P_{\mathrm{bat\_min}}, P_{\mathrm{bat\_max}}, P_{\mathrm{sc\_min}}, P_{\mathrm{sc\_max}}$ ——锂电池最小、最大的输出功率，超级电容最小、最大的输出功率。

为提高锂离子电池的循环寿命，设置 $\mathrm{SOC}_{\mathrm{bat\_min}}$ 和 $\mathrm{SOC}_{\mathrm{bat\_max}}$ 保证锂电池的 SOC 一直处于一个健康状态。此外，当超级电容处于放电状态时，输出电压随着 SOC 的下降而下降，当超级电容的输出电压下降至一定程度，DC/DC 转换器无法对其进行升压，因此设置 $\mathrm{SOC}_{\mathrm{sc\_min}}$ 保证超级电容能够提供能量；当超级电容回收制动能量时，为保证超级电容处于安全状态，设置超级电容吸收能量上限 $\mathrm{SOC}_{\mathrm{sc\_max}}$。

2. 模型求解

由于优化变量涉及锂电池、超级电容当前的 SOC 状态，直接对式

（3.25）进行求解显然无法做到，而且上述目标函数不属于凸函数，也无法采用凸优化方法进行求解。由于锂电池和超级电容当前的 SOC 值跟前一时刻的值有关，因此考虑采用离散化处理的方法，将有轨电车工况分为 N 段，每段的采样时间为 T_s。锂电池采用 Rint 等效模型，超级电容采用 RC 等效模型。在采样时间 T_s 内，由于时间短，动力源电压电流变化不大，则有

$$\begin{cases} \mathrm{SOC}_{\mathrm{bat}}(k) = \mathrm{SOC}_{\mathrm{bat}}(k-1) - \dfrac{I_{\mathrm{bat}}(k-1) \cdot \eta_{\mathrm{c}} \cdot T_s}{3\,600 \cdot C_{\mathrm{n}}} \\ I_{\mathrm{bat}}(k-1) = \dfrac{U_{\mathrm{ocv}}(k-1) - \sqrt{U_{\mathrm{ocv}}^2(k-1) - 4R_{\mathrm{bat}}(k-1) \cdot P_{\mathrm{bat}}(k-1)}}{2R_{\mathrm{bat}}(k-1)} \\ U_{\mathrm{sc}}(k) = U_{\mathrm{sc}}(k-1) - \dfrac{I_{\mathrm{sc}}(k-1) \cdot T_s}{C} \\ \mathrm{SOC}_{\mathrm{sc}}(k) = \dfrac{U_{\mathrm{sc}}(k) - U_{\mathrm{sc\_min}}}{U_{\mathrm{sc\_max}} - U_{\mathrm{sc\_min}}} \\ I_{\mathrm{sc}}(k-1) = \dfrac{U_{\mathrm{sc}}(k-1) - \sqrt{U_{\mathrm{sc}}^2(k-1) - 4R_{\mathrm{sc}} \cdot P_{\mathrm{sc}}(k-1)}}{2R_{\mathrm{sc}}} \end{cases} \quad (3.26)$$

式中　$k-1$ ——上一时刻；

　　　k ——当前时刻；

　　　R_{sc} ——超级电容的等效内阻；

　　　C ——超级电容的电容量；

　　　I_{sc} ——超级电容的输出电流；

　　　U_{sc} ——超级电容的开路电压；

　　　R_{bat} ——锂电池等效内阻；

　　　I_{bat} ——电池输出电流；

　　　U_{ocv} ——电池开路电压；

　　　$\mathrm{SOC}_{\mathrm{bat}}$ ——电池的 SOC；

　　　C_{n} ——电池额定容量；

　　　η_{c} ——库伦效率。

由式（3.26）可以求得 k 时刻锂电池和超级电容的 SOC 参数 $Y(k)$

$$Y(k) = [\text{SOC}_{\text{bat}}(k) \quad \text{SOC}_{\text{sc}}(k)] \quad (3.27)$$

根据（3.27）可以得到 k 时刻下动力源的状态参数 $X(k)$，包括锂电池内阻 $R_{\text{bat}}(k)$、锂电池开路电压 $U_{\text{ocv}}(k)$ 以及超级电容的端电压 $U_{\text{sc}}(k)$。

$$X(k) = [R_{\text{bat}}(k) \quad U_{\text{ocv}}(k) \quad U_{\text{sc}}(k)] \quad (3.28)$$

当状态参数 $X(k)$ 确定以后，则此时的目标函数求解变成由具有 3 个优化变量的最优效率优化问题转化为具有一个变量的优化问题，即动态混合度 h 的最优效率优化问题。由于此时的目标函数 η 是关于 h 的单值函数，具有凸函数性质，其局部最大值便是全局最大值。求解该最大值便得到 k 时刻下使得系统效率 $\eta(k)$ 最大的动态混合度 $h(k)$。系统根据求解得到的最优混合度 $h(k)$ 进行能量分配。图 3.15 表示不同状态参数 X 下动态混合度和系统瞬时效率的关系。图 3.16 为求解该模型的流程。

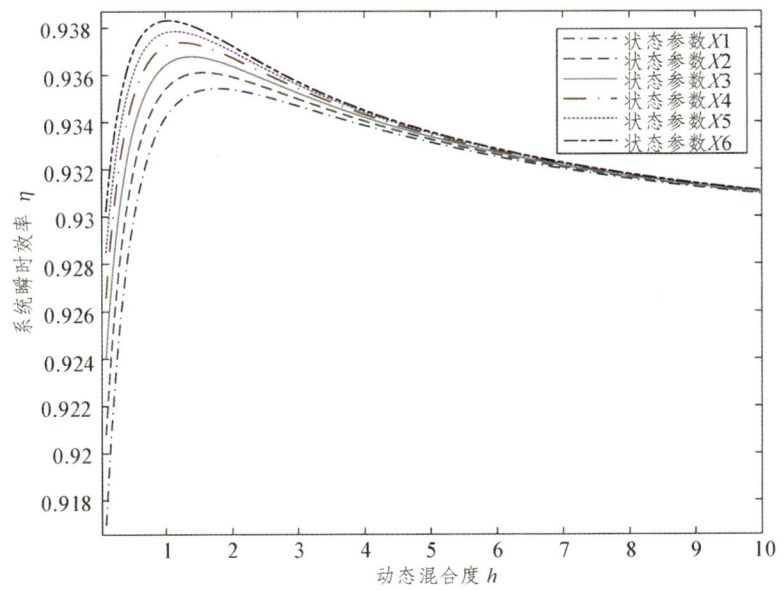

图 3.15　不同状态参数下动态混合度和系统瞬时效率的关系

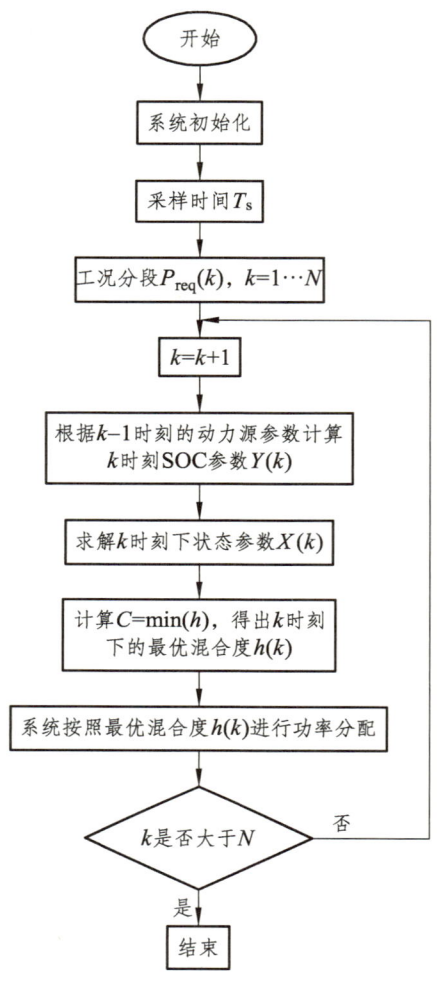

图 3.16 求解流程

3. 能量管理策略设计原则

求解上述凸优化模型，即可得到系统功率损耗最小，瞬时效率最高的功率分配结果，但对于能量管理策略而言，不仅仅要考虑最优的功率分配，还需要考虑储能系统安全性以及动力源自身的特性问题，因此能量管理策略的设计需要满足以下几条原则：

（1）储能系统充放电原则。

为了避免储能系统过充或者过放，对储能系统寿命造成影响，故锂电池和超级电容的 SOC 需要进行设限。设置凸优化模型中的锂电池 SOC 范围在[40%，90%]，超级电容 SOC 范围在[40%，90%]。

（2）最大和最小动态混合度原则。

为避免锂电池和超级电容各自承受过多的功率，故在采用凸优化算法进行寻优时，对动态混合度的最大最小值进行规定，动态混合度 h 应在[0.2，5.0]。

（3）再生制动能量回收原则。

由于超级电容是功率型储能元件，具有较高的比功率，可以在短时间内吸收大量的再生制动能量，而锂电池比功率小，短时间内吸收的功率有限。此外，相比采用锂电池和超级电容共同回收制动能量，采用单超级电容回收，可以有效减少功率损耗。因此回收再生制动能量时，不采用凸优化算法进行寻优，而是优先考虑采用超级电容进行吸收，如若超级电容 SOC 已超过健康范围，再考虑让锂电池进行吸收。

（4）凸优化寻优原则。

当锂电池和超级电容的 SOC 都处于健康范围（锂电池的 SOC 在 40%~90%，超级电容的 SOC 在 40%~90%）时，此时可以采用凸优化算法对寻找有轨电车系统最优的功率分配结果。

当锂电池 SOC 低于 40%时，而超级电容 SOC 处于健康范围时，由于锂电池已经不适合承担更多的功率，此时采用凸优化算法寻优已经不适合。因此当处于该种情况时，应该有超级电容承担绝大多数功率，并尽快驶入最近站点停车充电。

当超级电容 SOC 低于 40%时，而锂电池 SOC 处于健康范围，同样由于超级电容 SOC 过低，已经不适合承担更多的功率，此时应该加大锂电池的输出功率，对超级电容进行充电，待超级电容电量充足时，可以继续进行寻优。

当锂电池和超级电容 SOC 都低于 40%时，此时储能系统电量已经不足，不适合再采用凸优化算法进行寻优。锂电池和超级电容应各出力一半,并要尽快驶入最近的站点停车进行充电。

4. 仿真分析

结合机车动力学模型、车辆参数、线路数据以及有轨电车性能参数,计算得到牵引工况,根据牵引工况匹配的储能元件的参数,采用功率跟随、模糊逻辑和基于动态混合度在线凸优化三种能量策略比较[128]。

三种策略中超级电容 SOC 的变化不同,表 3.1 归纳了三种策略中超级电容 SOC 变化的最低值、最高值、最终值以及超级电容电压波动范围。三种策略的瞬时效率对比如图 3.17 所示。

表 3.1 不同策略下超级电容 SOC、电流以及电压范围

能量管理策略	最低值/%	最高值/%	最终值/%	电压范围/V	电流范围/A
功率跟随控制	53.2	90.0	71.9	[320.5, 570.5]	[-1 477.9, 1 245.0]
模糊逻辑控制	52.6	86.3	72.5	[324.9, 538.1]	[-1 367.3, 922.6]
动态混合度在线凸优化	64.8	90.0	86.4	[398.2, 572.0]	[-1 236.0, 642.9]

分析表 3.1,不难看出基于动态混合度在线凸优化能量管理策略,在超级电容使用方面更为合理,该策略通过合理的功率分配有效地降低了超级电容输出电流的峰值,提高了超级电容 SOC 的最低值,避免了超级电容电压过低。

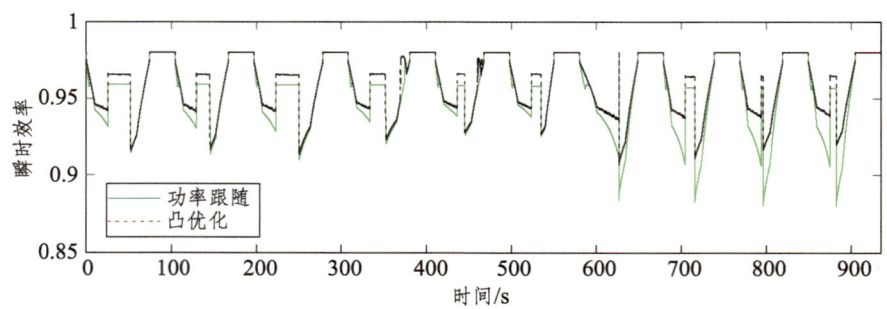

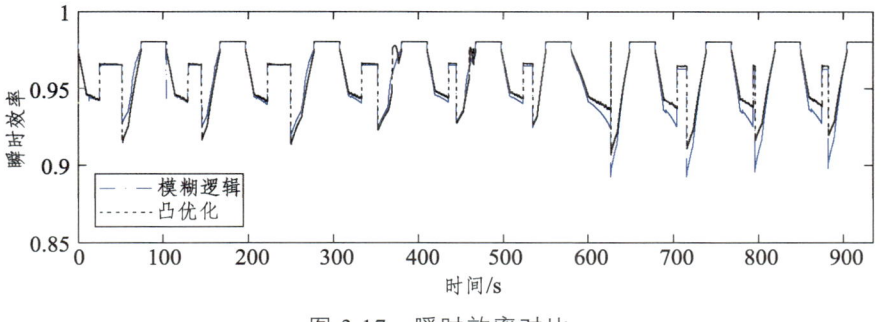

图 3.17 瞬时效率对比

为了直观对比系统损耗降低程度和系统效率提高程度,将基于动态混合度在线凸优化能量管理策略的功率损耗和系统瞬时效率与其他两种能量管理策略的功率损耗和系统瞬时效率做差,得到如图 3.18 所示的功率损耗差与系统瞬时效率差。从图中不难看出,基于动态混合度在线凸优化的能量管理策略相比于其他两种能量管理策略在降低系统功率损耗,提高系统效率方面的优势显著。相比基于功率跟随控制的能量管理策略,基于动态混合度在线凸优化的能量管理策略瞬时效率最高可提升 4.34%,功率损耗最大可节约 27.0 kW;相比于模糊逻辑控制的能量管理策略,基于动态混合度在线凸优化的能量管理策略瞬时效率最高可提升 2.25%,功率损耗最大可节约 14.0 kW。

根据图 3.18 中的功率损耗差,对其进行积分得到采用基于动态混合度在线凸优化能量管理策略运行全程所节省的能量,得出的结论如下:

(1)相比与基于功率跟随控制的能量管理策略,采用基于动态混合度在线凸优化能量管理策略运行全程可节省能量 2.206×10^6 kJ。

(2)相比与基于模糊逻辑控制的能量管理策略,采用基于动态混合度在线凸优化能量管理策略运行全程可节省能量 7.218×10^5 kJ。

根据既有文献中统计的有轨电车一天的车辆循环次数为 143 次[132],得到有轨电车运行全年(取 360 天)的循环次数为 51 480 次。根据上述采用基于动态混合度在线凸优化能量管理策略运行一次全程节能的能量,可以得到运行全年所节省的能量如下:

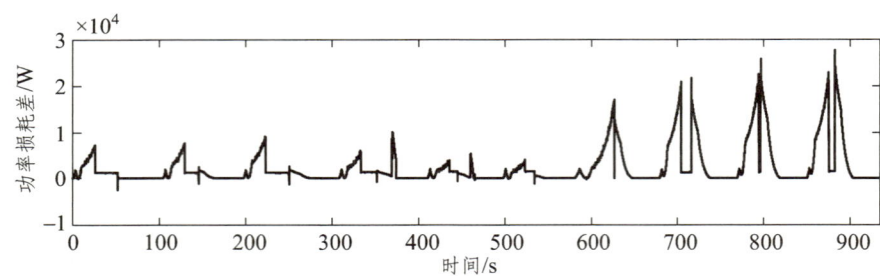

（a）功率跟随与凸优化功率损耗差

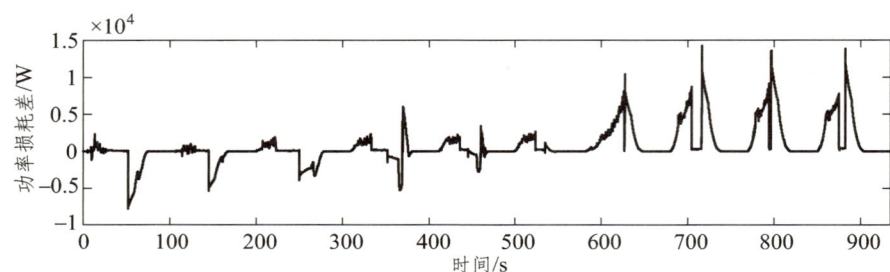

（b）模糊逻辑与凸优化功率损耗差

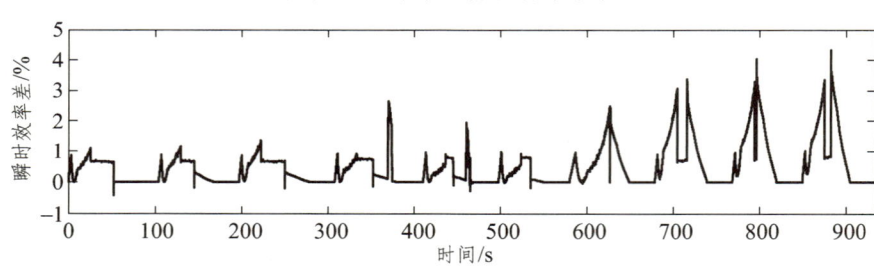

（c）凸优化与功率跟随瞬时效率差

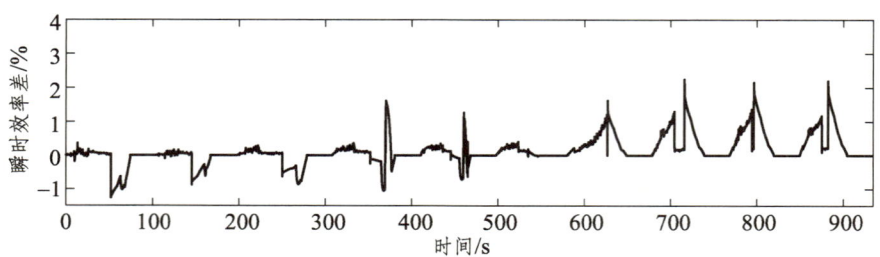

（d）凸优化与模拟逻辑瞬时效率差

图 3.18 三种策略系统功率损耗差与瞬时效率差

（1）若全车全年运行均采用基于动态混合度在线凸优化能量管理策略，相比于基于功率跟随控制的能量管理策略，可节省能量 $1.135×10^{11}$ kJ，折合约 $3.155×10^{4}$ kW·h。

（2）若全车全年运行均采用基于动态混合度在线凸优化能量管理策略，相比于基于模糊逻辑控制的能量管理策略，可节省能量 $3.716×10^{10}$ kJ，折合约 $1.032×10^{4}$ kW·h。

对比结果见表 3.2。

表 3.2 单程运行和全年运行节约能量

对比对象	瞬时效率最大提升/%	单程运行节省能量/kJ	全年运行节能能量//kJ
凸优化/功率跟随	4.34	$2.206×10^{6}$	$1.135×10^{11}$
凸优化/模糊逻辑	2.25	$7.218×10^{5}$	$3.716×10^{10}$

3.4.3 混合电源制动力分配策略

1. 制动特性

城轨车辆制动方式分为以下三类：

（1）电制动。

电制动是利用列车牵引电机制动性质的电磁转矩来使列车减速，现代轨道交通有轨电车一般都使用的是 VVVF（可变电压、可变频率）逆变器。电制动时逆变器的频率小于电机转子的频率，电机转差频率为负，电机工作在发电机状态，电机产生制动转矩，制动转矩的大小取决于转差的大小，转差频率的大小也决定了制动时电机发出功率的大小。

有轨电车制动过程中分为自然特性、恒功率、恒转矩 3 个区域。当电压和转差频率维持不变的前提下，制动力与电流基波频率的平方成反比，即制动力与列车运行速度平方的乘积为一常数，列车制动特性处于自然特性区域。

当电机电压维持不变而且转差频率与电流基波频率变化成正比时，制动力与电流基波频率成反比，电机电流为常数，此时功率为一常数，即制动力与有轨电车运行速度的乘积为一常数,此时有轨电车制动特性处于恒功率区域。

当电机电压与电流基波频率的比值和转差频率维持不变的情况下,此时列车制动特性处于恒转矩区域时具体关系如式(3.29)所示。

$$\begin{cases} T_e \times V^2 = C_1 & \text{自然特性} \\ T_e \times V = C_2 & \text{恒功率} \\ T_e = C_3 & \text{恒转矩} \end{cases} \quad (3.29)$$

式中 C_1,C_2,C_3 ——常数。

有轨电车常用制动一般分为7个等级,不同的制动等级所产生的制动转矩不同,其相对应电制动产生的功率不同。其本质为制动时转差频率的不同,7个常用制动对应的减速度值不同,其中制动等级7为最大常用制动,制动力矩最大,对应最大减速度 $a>1.2 \text{ m/s}^2$,制动响应时间 $T_s<1.5 \text{ s}$。制动等级越高,电制动产生的功率也越大。

根据制动时回馈能量的使用情况,电回馈制动可分为制动电阻制动和再生制动。再生制动时电能流向电网,当电网不能够再吸收能量时,或储能设备不能承受更大的制动功率时,就需要投入制动电阻消耗掉剩余能量。

再生制动:再生制动是一种节能型制动方式,它通过车载变流设备将再生制动能量回馈至储能装置,即通过电力电子设备和储能器件,变换为其他形式的能量。它减少了向外部环境散失的热量,能够实现再生制动能量的二次利用,达到节能环保的目的,具有较好的经济效益。

超级电容吸收电能:超级电容具有较大的充放电电流能力,能够吸收制动时较大的瞬时制动功率,但超级电容的能量密度不够大,放电时不能满足能量的需求,不能对制动时产生的电能完全吸收。超级电容的选取也要满足车辆工况的要求,满足车辆加速性能。

能耗制动:即使用制动电阻消耗电能以发热的方式将能量耗散于空气中。当超级电容吸收的功率不足以满足电制动发出的功率时,需要增加电阻制动消耗掉剩余的功率,制动电阻一般与IGBT(绝缘双极型晶体管）的斩波电路相结合，以母线电压为判断，采用 PID 控制调节 IGBT 栅极的占空比，占空比越大，流过电阻的电流有效值也就越大，通过电阻消耗保证母线电压在预定的安全范围值以内，对于电阻制动装置的选择，一般是按照国内的有轨电车线路的常用配置，额定电阻值一般是 1.8 Ω（812 kW），1.96 Ω（1 120 kW），2.8 Ω（1 157 kW），一个电阻与一套 IGBT 的斩波电路相结合组成一套制动电阻设备，其质量一般在 300~500 kg，因此有轨电车采用多少套制动电阻需要根据具体的工况来确定，需要满足其最大制动功率需求。制动电阻可按下式计算。

$$R \leqslant \frac{P_{\max} \times \eta_1 \times \eta_2 \times \eta_3}{U^2} \quad (3.30)$$

式中　$P_{\max}$——制动最大功率；

η_1——齿轮效率；

η_2——电机效率；

η_3——逆变器效率。

如果机车制动时使得牵引网电压超过母线电压设定值时制动电阻装置就会投入工作。

（2）机械制动。

机械制动有空气制动和液压制动之分，它们都是使用经过加压后的空气或液压油产生的压力，用一定的机械结构传递到夹钳和闸瓦，通过闸瓦和车辆车轮间的摩擦来达到制动的目的。机械制动虽然具有良好的制动效果，但是制动时不仅会产生较高的热量和机械粉尘，而且加剧了车轮的磨损，缩短了车轮使用寿命。因此，有轨电车速度较高时制动一般不加机械制动，而是首先考虑电制动，当有轨电车车速降到一定值后电制动的效果将减弱直至消失，此时再补加机械制动以弥补电制动能力的不足。

空气制动装置：空气制动由于空压机等的体积比较大，因此一般用在地板比较高的有轨电车上。空气制动主要由基础制动装置、防滑阀、BCU（制动控制单元）及风缸组成，可实现常用制动、紧急制动和停放制动功能。当列车气制动系统收到常用制动指令时，将根据制动级位和空气弹簧气压实时调整,压缩空气通过防滑阀进入基础制动装置的制动缸,制动缸活塞推动闸片贴靠轮对踏面实施制动防滑阀根据轮轨黏着滑行状态实时控制。

液压制动装置:由于低地板现代有轨电车底板与地面距离很小,造成车下部件安装空间十分狭小,因此制动盘的大小受到限制。为满足车辆的减速性能要求,低地板有轨电车一般采用液压制动装置。液压制动装置由液压油提供压力(压力可达 10 MPa),装置体积比较小,有利于在狭小的空间布置。液压制动原理与空气制动类似,即通过制动盘与闸片将车辆的动能转化为热能,使车辆安全停车。

液压制动系统因动车、拖车的布置及功能的不同而采用不同的液压制动形式,动车采用被动式液压制动系统。被动式液压制动是指制动夹钳单元采用充油缓解,泄油时由弹簧施加制动。动车液压制动系统由制动电子单元、液压单元、制动闸片、被动式夹钳单元、制动盘蓄能器等组成。动车液压制动制动盘固定在电机轴上,因电机轴较细且转速较高,所以不宜采用较大制动力及频繁使用,因此一般在常用制动时不启用。拖车液压制动采用的是主动夹钳,由于当停车时长时间使用可能会导致压力下降影响制动效果,所以停放制动时一般不启用。

(3)磁轨制动。

依据 EN13452 的规定,制动系统还应该包括一种非黏着的制动系统,通常采用磁轨制动。

磁轨制动一般有轨道涡流和轨道磁轨两种方式。磁轨制动通过与钢轨摩擦产生制动力,容易损伤钢轨。目前,应用比较多的是电磁型磁轨制动器,其原理与电磁铁类似,线圈是其关键部件。当线圈得电时,产生磁场,制动器由于电磁吸力的作用吸附到钢轨上,轨道靴在轨道上摩擦。一旦失电,在弹簧的作用下制动器与轨道分离,实现制动缓解。磁轨制动产生制动力的过程一直需要消耗电能,且制动力是一个定值不可调节,因此只在紧急制动、安全制动时启用,在常用制动时不启用。磁轨制动装置采用 24 V 供电压,电流为 42 A,轮轨正压力能够达到 40 kN,防护等级为 IP67,绝热等级为 F。

2. 机车制动力分配策略

机车制动到一定速度后,电制动力出现不足,需要补加机械制动保证制动减速度到达要求,因此制动末期机车制动力由机械制动力和电机制动力两部分共同组成,两种制动形式的切换点由驱动电机发电特性、速度以及制动距离共同确定。根据机车驱动电机的制动力特性,分析电制动力与机械制动力的分配方式,完成机车制动力分配,提高能量利用率,保证机车制动距离与制动时间满足要求。

电制动状态,制动力由电制动力和运行阻力组成:

$$F_{\text{ele}} + F_{\text{f}} = ma \quad (3.31)$$

机械制动状态,制动力由机械制动力和运行阻力组成:

$$F_{\text{mec}} + F_{\text{f}} = ma \quad (3.32)$$

混合制动状态,制动力由电制动力、机械制动力和运行阻力组成:

$$F_{\text{ele}} + F_{\text{mec}} + F_{\text{f}} = ma \quad (3.33)$$

制动状态切换点:寻找一个合理的速度切换点,使得到达该速度时由电制动状态转换为混合制动状态。

考虑到运行安全及乘客舒适度,减速度不宜过大,则对于确定线路,其最大减速度可确定:

$$a(t) < a_{\max}, \ t \in (t_0, t_{\text{end}}) \quad (3.34)$$

机械制动最优介入点速度求解:

计算制动阶段机车已运行距离 s_{zused},剩余距离 s_{zrest}。

$$s_{\text{zrest}}(t) = s_z - s_{\text{zused}}(t) \quad (3.35)$$

式中 s_z——参考速度中的制动距离。

根据能量流向,由于机械制动的施加必然会导致能量的损失,故在满足两个限制条件前提下,机械制动介入点速度值越小越好。

判断是否需要加入机械制动:

$$s_{zrest}(t) \leqslant \frac{v^2(t)}{2a_{max}(t)} \quad (3.36)$$

机车制动末期电制动力出现不足,式(3.36)说明如果按目前制动最大减速度减速,制动距离已不能满足要求,需要加入机械制动作为补充,且机车以最大减速度制动。

如果需要加入机械制动,求解加入机械制动的速度点,定义该点速度为$v_{switch}(t)$,则可计算得

$$v_{switch}(t) = \sqrt{2a_{max}s_{zrest}(t)} \quad (3.37)$$

机车制动力分配策略如图 3.19 所示。

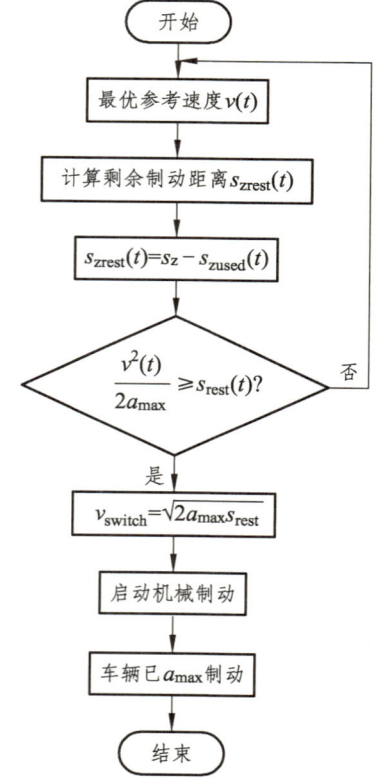

图 3.19 机车制动力分配策略

3.5　工程应用

蓄电池已经在电动汽车、电动自行车、电动摩托车、电动机车等领域得到广泛应用。

3.5.1　电动汽车

以蓄电池为动力的电动汽车，是通过大功率电动机提供动力的新型交通工具，它具有污染小、能量利用率高、使用维修方便等优点，被认为是21世纪汽车发展的方向。电动汽车一般分为纯电动汽车（Electric vehicle，EV）、混合式电动汽车（HEV）和燃料电池电动汽车（FCEV）三大类。EV是以各种蓄电池为动力源；HEV的动力来自两种或两种以上的不同能源，如蓄电池和汽油发动机或柴油发动机，这些动力源相互协作驱动汽车运动。按照电池相对于燃油发动机的功率比大小，HEV可以分为助力型（轻度混合）、双模式型（中度混合）和续驶里程延长型（高度混合）。动力电池和燃油的混合程度不同，对电池的要求也不同。轻度混合型仅在起停阶段进行有限的能量回收，要求动力电池是铅酸蓄电池或者再加上超级电容器，SOC范围在60%~80%，30万次的循环寿命。纯电动车的电池体系是锂离子电池，SOC范围在20%~100%，3 000次的深循环寿命[126]。

目前，电动汽车的动力电池大部分采用铅酸蓄电池、镍氢电池、锂离子电池。其中，铅酸蓄电池的技术最为成熟，因其能量密度和功率密度不高，不适合电动汽车的应用。镍氢电池的综合优势最为明显，国际上知名汽车制造厂家大部分选用镍氢动力电池作为HEV的动力电池，如日本丰田、美国通用和德国大众等。由于锂离子电池具有质量小、单体电池电压高等优点，已成为业内公认的动力汽车电池的新的发展方向。各大汽车企业均将锂离子电池作为未来的发展重点：松下、LG化学、NEC等日韩企业正在积极开发锰酸锂电池作为电动汽车的动力电池；而Asystem123和比亚迪等企业的发展方向是磷酸铁锂动力电池。

3.5.2 轨道交通

近年来，储能式有轨电车发展迅速，它一般是在超级电容、锂电池储能元件中选取一种或两种组成满足设备动力需求的能量系统，根据线路的实际需求，有的情况下也会辅以地面充电装置的支持，共同构成储能式有轨电车的供电系统。储能式有轨电车采用全线无网运行的供电方式，不仅保证了良好的供电性能，且规避了有网运行供电制式衍生容量性差、灵活性低等问题，在现代有轨电车领域已成为新的发展热点。

在国外，西门子公司 2009 年研制完成了基于超级电容加蓄电池混合动力技术的无接触网现代有轨电车 AVENIO，采用 100%低地板，车辆进站时对储能装置进行快速充电，运行线路区间无须架设接触网，实现了无接触网供电，但在站台仍需特殊的接触网。阿尔斯通公司的 APS 地面供电系统是一种特殊第三轨受流技术，第三轨铺设在路面，在列车完全覆盖条件下，通过受电靴从第三轨受流，为车上的储能设备充电，避免了传统第三轨对行人造成的安全问题。基于 APS 的 CITADIS 系列现代有轨电车已在莱茵地区得到应用。储能式现代有轨电车技术相对成熟，故在多个国家已有示范性或商业线路正在运营。例如，西班牙 CAF 公司将超级电容和锂电池应用于西班牙萨拉戈萨的电车，可以使电车在脱离输电线路电力供应时保持运行。当车辆停止时，超级电容储能系统将在 25 s 内实现满负荷充电，为机车提供充足的电力使其到达下一站。通过存储制动或机车加速时所产生的能量，超级电容可以帮助降低 30%以上的能源消耗。庞巴迪公司的 Primove 技术实现了有轨电车的无接触网供电。

在我国，中车株洲电力机车有限公司（简称株机公司）依托 100%低地板有轨电车和超级电容储能技术平台研发储能式有轨电车。2012 年 11 月其与广州市海珠区签订有轨电车供货合同，之后相继中标淮安、武汉大汉阳、深圳龙华区有轨电车合同。2014 年 5 月，为海珠区制造的首列储能式 100%低地板有轨电车下线。2015 年 10 月，海珠环岛示范线储能式有轨电车正式载客运营，这也是国内首批投入应用的储能式有轨电车（见图 3.20）。

图 3.20 海珠区有轨电车

2015 年 2 月,株机公司为淮安量身打造的超级电容低地板有轨电车下线。2015 年 12 月,淮安市有轨电车 1 号线正式载客试运营(见图 3.21)。目前,株机公司已向淮安提供了 26 列储能式有轨电车。此外,株机公司为深圳龙华区制造的 100%低地板车辆已于 2017 年 6 月完成载客试运营,为武汉大汉阳地区提供的 14 列储能式有轨电车也在 2017 年 7 月正式开通试运营。

图 3.21 淮安市有轨电车

广州环岛新型有轨电车试验段线路也投入运营,该线路结合超级电容和低地板,于 2014 年 5 月在株洲下线,于 2014 年 7 月运抵广州进行动态调试,2014 年 9 月上线联调。该车辆采用西门子 100%低地板有轨电车技术平台，区间无接触网，车辆利用储能装置实现无接触网运行，车站设有充电受流系统，充电时间不大于30 s。

全球铁道车辆和设备制造商CAF电力与自动化公司选用Maxwell科技公司的超级电容储能器件，运用在轨道车辆上。搭载Maxwell超级电容的轻轨车辆已经获得高雄捷运的订单，运行于台湾高雄。

3.5.3 特殊领域

由于高科技的广泛应用，现代战争已成为以数字化、信息化武器为主的高科技战争。这种战争模式使得高效、高比能量密度和可快速充填燃料的军用能源成为现代战场上的迫切需要。当今世界各国对高能动力电池的技术开发一直在紧张进行，如新型铅酸电池、锂离子电池和燃料电池。

铅酸蓄电池是常规潜艇水下动力电源及辅助电源，也是核潜艇的应急电源，具有技术成熟、性能可靠、制造成本低等优势。但是，传统的铅酸蓄电池已经不能满足新一代潜艇的要求，需要开发更加先进锂离子电池，以满足潜艇机动作战需求。

国外从事水下装备动力用锂离子电池研究的包括日本的索尼、三井造船和汤浅（YAUSA）、法国的SAFT、美国Yardney和Lithion等公司。日本索尼公司的高能型圆柱锂离子电池比能量达到了110 W·h/kg，80% DOD，比功率300 W/kg，充放电次数1 200次。三井造船公司生产的磷酸铁锂动力电池能以20 C倍率放电，10 C左右倍率进行快速充电，在3 C充放电条件下循环500次，容量保持90%以上。汤浅公司生产的锰酸锂电池，比能量达到铅酸电池的3倍。法国SAFT公司研制的潜艇动力用锂离子电池，电池模块能量为9 kW·h，平均电压为3.5 V，质量为120 kg，体积为60 L，质量比能量为75 W·h/kg，体积比能为150 W·h/L，单体容量为3 000 A·h级。美国Yardney公司已为水下军事装备研制了三款锂离子动力电池，包括① UUV电池系统，总能量为10 kW·h，共360只单体，单体容量为8 A·h；② 75 kW级电动鱼雷用锂离子电池，由 100 只正棱柱形单体电池串联，该电池组提供电流为 250 A，电池组最大质量比功率为 650 W/kg；③ 微型潜艇用高性能锂离子电池系统，2005 年首次安装于 ASDS-1 艇，锂离子电池总能量为 1.2 MW·h，单体电池质量比能为 170~200 W·h/kg。除此之外，Yardney 公司生产锂离子电池组已广泛应用到声呐浮标、声波发射器、深潜器等水下装备[133]。

第 4 章

燃料电池电动机车

4.1 燃料电池机车概述

随着社会经济的快速发展,轨道交通系统也在迅速发展。目前,在轨道运输过程中,除列车在车站的到达、出发、通过以及在区间内运行外,列车车辆在站场内往往还需要调车机车进行调车作业。这些调车机车,尤其是重载列车的站场调车机车,大量使用柴油内燃机。目前,大量的铁路检修作业车(如接触网检修车)、铁路养护机械(如铁路捣固机、轨道打磨机)等工程作业车,也大都采用柴油内燃机车。内燃机车由于采用柴油内燃机,尾气排放浓度高、空气污染大、噪声大,尤其在隧道等相对密闭空间作业时,造成工作环境十分恶劣,并严重影响工作人员身心健康。因此,研发清洁环保、高效可再生的新能源机车,已成为轨道交通迫切的需求。

氢燃料电池具有清洁、高效、安全和能源转化率高、比功率高等特点,已逐渐成为新能源机车最重要的一个发展方向,受到行业的高度重视并大力研发。

本章以我国自主研制的首辆氢燃料电池调车机车"蓝天号"为例,阐述燃料电池机车动力系统的构成、工作原理及关键技术。

西南交通大学自 2008 年开始设计、研发、构建了国内第一套 150 kW 大功率燃料电池动力系统研发平台。在此基础上,研发了 150 kW 大功率燃料电池动力系统,采用一套 150 kW 燃料电池系统作为牵引动力,2 台 120 kW 永磁同步电机作为牵引电机,设计速度为 65 km/h、持续牵引力为 36.5 kN、牵引质量为 200 000 kg，装满氢气可轻载连续运行 24 h。"蓝天号"燃料电池调车机车性能参数见表 4.1。

表 4.1 "蓝天号"燃料电池机车性能指标

参数名称	参数值
整车型号	XQG45-600P
空载质量/t	45±1.35
传动模式	DC/AC 传动
轮毂直径/mm	840
轮毂间距/mm	1 435
最小转弯半径/m	80
轴间距/mm	2 000
转向架中心间距/mm	6 180
物理尺寸（长×宽×高）/mm	13 500×2 600×3 600
持续时速/（km/h）	21
最大运行时速/（km/h）	65
连续牵引力/kN	36.5
启动牵引力/kN	50
主牵引电机	永磁同步电机
牵引电机功率/kW	2×120
制动类型	空气制动+驻车制动

4.2 整车动力系统

PEMFC 调车机车整车布局如图 4.1 所示。其结构设计综合考虑了车体平台和系统安全的装车空间限制，在具体实施过程中，首要考虑的因素是系统成本和硬件可靠性。"蓝天号"整车动力系统主要包括 5 个子系统模块，分别为 PEMFC 电堆及辅机子系统、高压储氢子系统、牵引供电子系统、整车配电子系统和整车辅助起动/制动子系统[140]。

第 4 章 燃料电池电动机车

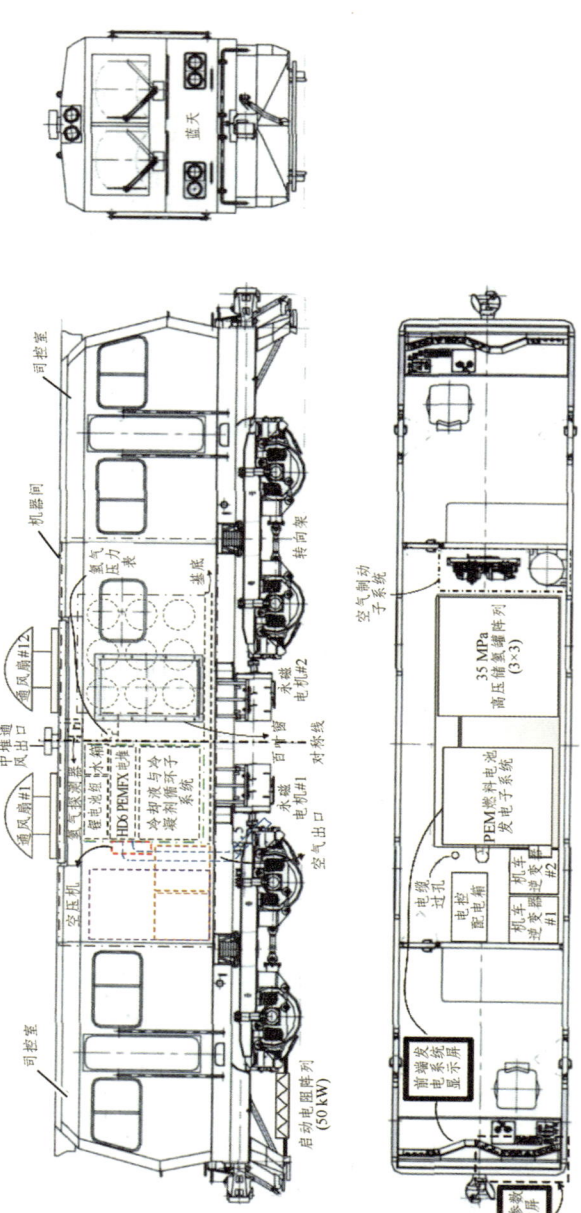

图 4.1 PEMFC 机车整车系统结构

4.2.1　PEMFC 电堆及其辅机子系统

该子系统是 PEMFC 机车的动力核心，由图 4.1 知 PEMFC 发电系统安装在机车中与高压储氢子系统相近的位置，由 3 个模块构成，分别为 PEMFC 电堆模块、冷却循环模块和空气供给模块。PEMFC 电堆及其辅机子系统集成结构如图 4.2 所示（图中包含了辅助供电系统相关设备）。该模块内部主要包括燃料电池电堆、空气加湿系统、氢气循环系统、防冻及冷启动系统等，除此之外，该模块也集成了电池控制系统 XBO 阵列控制器，可以通过 CAN 总线与燃料电池发电系统总控制器进行通信交互，实现整车的联合控制。

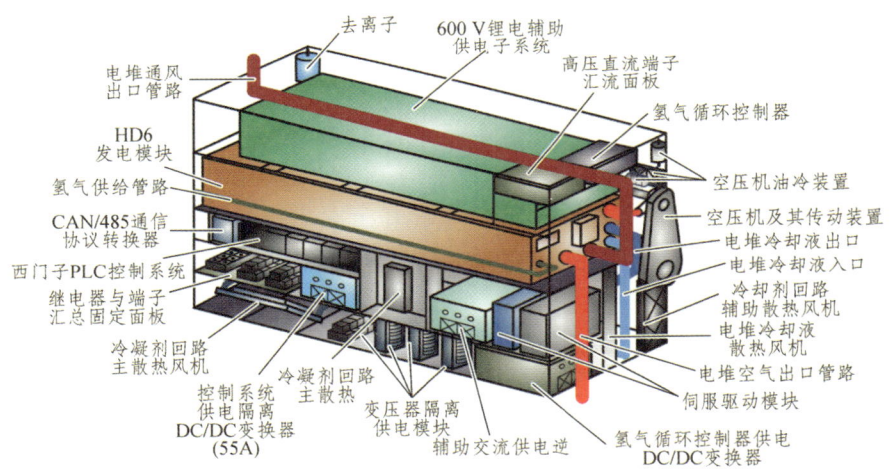

图 4.2　PEMFC 及其辅机子系统集成结构

1. PEMFC 电堆模块

PEMFC 调车机车"蓝天号"中使用的是 Ballard 公司车用大功率 PEMFC 电堆模块——HD6。HD6 内部的电堆包含 735 片单电池，电堆在额定输出电压 440～710 V 时的额定输出功率为 170 kW；处于开路状态时，电堆输出总电压大约在 710 V（单电池电压约 0.966 V）。自身包含空气加湿、生成水回收等功能，其额定供氢压力为 1.6 MPa，并且氢气循环和氢气压力调整均在模块内部完成。除此之外，该模块也集成了电池控制系统 XBO 阵列控制器，通过 CAN 总线与调车机车驱动控制系统进行交互通信,这样就实现了整车的联合控制。

2. 空气加湿系统

HD6 阴极空气系统提供了阴极空气加湿功能,并通过背压阀控制空气压力。它会凝结阴极废气,并去除液态水将其用于加湿。图 4.3 所示为 HD6 空气系统的简化原理图。

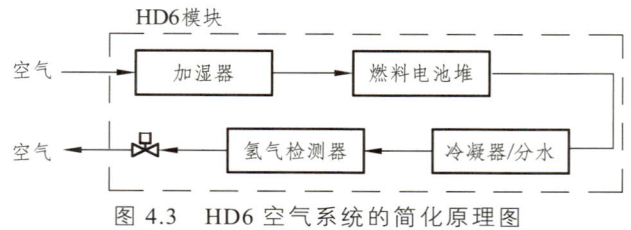

图 4.3　HD6 空气系统的简化原理图

3. 氢气循环系统

HD6 模块控制着通向燃料电池堆的氢气的流量和压力。氢气通过氢循环泵（HRB）实现循环,以提高氢气利用率。氢气系统包含一个主截止阀,并且被周期性打开向阴极排气。图 4.4 所示为氢气系统的简化原理示意图。

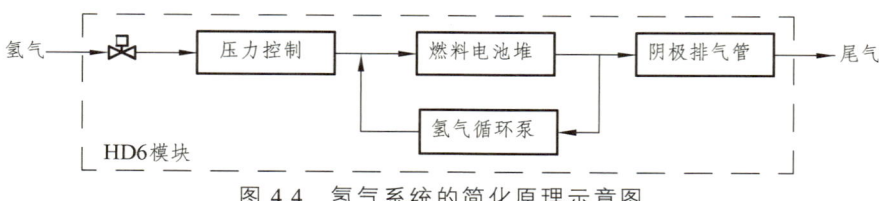

图 4.4　氢气系统的简化原理示意图

4. 防冻及冷启动系统

HD6 内部配备有一个防冻循环回路,在环境温度为零下时通过外部供电给 HD6 内部冷却液和加湿水进行加热,避免其结冰,造成燃料电池系统的损坏。此外,HD6 V2 模块含有一个冷启动系统,其结构如图 4.5 所示,与 HD6 V2 防冻系统共同作用,保证燃料电池堆不会暴露在过冷的温度下。冷启动系统和外部冷却泵协同作用,从燃料电池模块的外部逐渐混合冷却剂,从而保证燃料电池堆不会接触到冰冷的冷却剂。

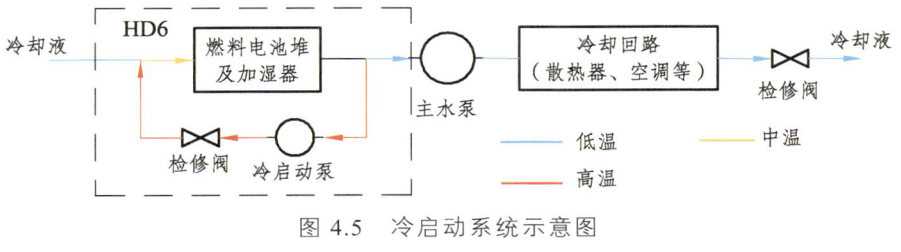

图 4.5 冷启动系统示意图

4.2.2 空气供应子系统

HD6 的空气入口最大压力约 125 kPa（表压），最大空气质量流量约 150 g/s（这是在寿命终结时的数据；寿命开始时，150 kW 时需要空气量约为 120 g/s）。与高压运行燃料电池相比，低压运行 PEMFC 的杂散损耗比重更小，对于 250~280 kPa 空压机系统约为 PEMFC 输出总功率的 10%，对于高压空气供给系统则高达 20%，并且，仅需单级增压便可满足 PEMFC 的运行需求。为了满足 HD6 的空气供给需求，系统采用 ROTREX™ 公司的 C30-94 系列涡轮压缩机作为空压机，用 10 kW 无刷伺服电机进行空压机驱动。控制器为 LUST 伺服驱动器，并以差分增量 PID 算法实现闭环控制，控制系统背压的同时，实现电堆入口压力抬升，促进电堆内部电化学反应的进行。PEMFC 电堆内部氢氧电化学反应产生的水，携带部分生成的热量，随残余空气通过空气出口管道排出。虽然 HD6 的电效率高达 45%，但在额定功率运行时，其反应产生热量仍高达 180 kW，因此需要冷却循环模块来维持电堆始终工作在最佳温度。

此外，当空气流量低于 30 g/s 时，燃料电池所需空气流量低于空压机稳定输出范围，会发生空压机的喘振。因此在本系统中增加了一个防喘振的旁路，将一部分空气回流到进气端。空压机泵头转速非常高，可以达到 2×10^5 r/min，需要配备一套润滑冷却系统。润滑油在泵正常工作时会在管路中循环流动。流经空压机泵头的油进入热交换器，通过冷却液将润滑油中的热量带走，冷却液与燃料电池冷却水系统相通。

4.2.3 冷却循环模块

冷却系统主要由主冷却水泵、主冷却液散热器、冷凝液循环水泵、冷凝液散热风机、冷却水泵变频器、散热风机变频器、燃料电池系统控制器、冷凝散热风机控制器及相关管道组成。

包含冷却散热系统的 PEMFC 发电系统简化工作原理如图 4.6 所示。其中，冷却液散热风机及其散热管道构成 PEMFC 电堆的主冷却回路。主冷却液回路中串联有混合床离子交换树脂结构的去离子水过滤器，以确保在去离子水置换间隔期内，冷却循环液的导电率保持在安全值以下（不大于 5 μS/cm）。

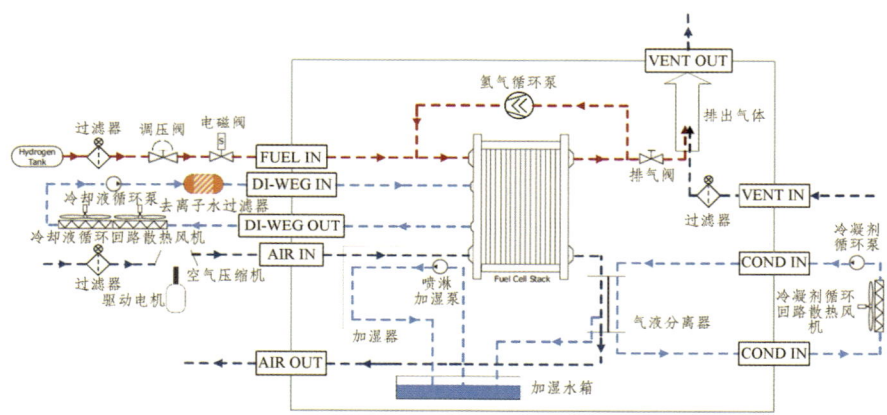

图 4.6　包含冷却散热模块的 PEMFC 发电系统简化工作原理

不管主冷却回路还是辅助冷却回路，为满足上述导电率指标，冷却循环液均需要进行钝化处理，减少在长期运行过程中金属离子降解或溶解进入冷却液和冷凝剂中。为了满足 HD6 的散热需求，"蓝天号"采用可提供最小流量为 10 L/min，最大流量为 330 L/min 的 LOWARA 离心水泵作为主冷却回路的循环泵，由 3×380 V 交流供电的 5 kW 伺服驱动器驱动。冷却水泵选用 2.35 kW 的离心水泵。

冷却系统采用差分增量 PID 控制策略，在满足 XBO 控制器发送的最小冷却液流量请求的同时，也要维持 HD6 运行在最佳温度。与传统增压内燃机系统高达 100 ℃ 以上的运行温度相比，PEMFC 水冷电堆的冷却液温度不能低于 5 ℃，不能超过 66 ℃（正常温度在 50～63 ℃）。散热风机选用两个 5.6 kW 的轴流风机，分别由独立的变频器来驱动，由燃料电池系统控制器通过对变频器控制进而实现对水泵和散热风机的控制。燃料电池系统释放出的热量会随着电池性能的衰减逐渐增多，在寿命开始时，150 kW 工作时，燃料电池释放出的热量为 114 kW，而寿命终结时，释放出的热量增大约 186 kW，燃料电池系统散热器热负荷增大。

辅助冷却回路——冷凝剂冷却回路由冷却环路和辅助冷却散热风机构成。如图 4.6 系统简化工作原理所示，其主要作用是通过气液分离对氢氧电化学反应生成的水进行回收，以确保水箱中有足够的水对电堆入口空气进行加湿，以提高电堆的工作性能。该冷凝剂回路的电堆入口温度一般需要维持在 63 ℃ 以内，以确保气液分离过程能正常有效地进行。因此，为了达到上述冷凝剂工作温度要求，为系统配置可提供 16 L/min 循环流速的 DC 24 V 直流隔膜泵，和独立的冷凝剂散热风机，确保在相对封闭的极端条件下，PEMFC 发电系统仍然能够正常运行。

因为散热风机的散热性能与环境空气和冷却循环液之间的温差成正比，所以为提高散热效率，系统采用扁椭圆形管头冷却器，以更小的气流压降和面积最大化的紧凑热交换管束结构实现了高效的散热目的。在"蓝天号"的设计中，主冷却热交换器尺寸大约为 900 mm × 1 600 mm。为了更有效地利用主冷却散热回路的散热能力，将辅助风机安装在主散热风机之前，增强冷凝剂散热回路的温度响应性能，提升系统空气增湿能力，确保 PEMFC 维持较高的电化学反应效率。

冷却系统采用变频启动，以减少对负载电机的冲击。系统在得到外部启动信号后开始变频启动，8 s 内电压频率达到额定值，同时输出一组正常的无源常开触点反馈信号给燃料电池箱的控制单元。启动信号撤除后，变频器停止输出。

当电源故障时，输出一组无源常开触点信号给燃料电池箱的控制单元。一路信号输出给水泵电机，供电的保护依靠变频器自身来保护。另外一个变频器输出两路信号给散热风机供电的每路负载，并有单独的电流保护器，可以单独对风机负载进行保护和切换。同时，该变频器有总的短路、缺相、过流等保护。

在燃料电池系统工作过程中，必须确保水箱中有足够的回收水进行电堆入口空气加湿，以增强电堆的工作性能。当电堆对外输出电流大于 20 A 时，该冷凝剂回路的电堆入口温度需维持在 55 °C 左右，以确保气液分离过程能够正常有效地进行。当电堆对外输出电流小于 20 A 时，该冷凝剂回路电堆入口温度应该小于 55 °C。在燃料电池发电系统启动过程中，由 S7-1200 PLC 控制冷凝循环水泵启动。该循环泵在选型时经过匹配，因此在燃料电池发电系统工作过程中它可以始终工作。冷凝散热风机为 24 V 电源供电，由 DC 600 V 转 DC 24 V 变换器转换得来，该 24 V 电源同时供给氢气循环泵和冷凝散热风机。当电堆开始工作时，冷凝散热风机开始工作，由专门的冷凝风扇控制器根据当前冷凝液温度对其进行控制。

在"蓝天号"的设计中，将主冷却回路散热风机放置在 PEMFC 电堆及其辅机子系统框架的中下部，能够通过机车两侧安装的百叶窗以独立的风道增强系统的散热性能。与此同时，主冷却回路散热风机前端的辅助供电设备也能够得益于散热风机的热量抽取，保证辅助供电设备不会因为过热而出现工作异常，增强系统的工作稳定性。

4.2.4　高压储氢子系统

PEMFC 动力系统主要包括 PEMFC 电堆、辅机子系统和高压储氢子系统。其中，高压储氢子系统是通过供氢管道为 PEMFC 电堆供给电化学反应所需的氢气，由于氢气分子量较小，又基于车载氢气量的考虑，即使经过了高压储氢后的氢气存储子系统仍是整个系统中体积最大的部分。高压储氢子系统一共包括 9 个（3×3）碳纤维铝制储氢罐，该罐的额定储氢压力为 35 MPa。和金属氢化物储氢相比，在储氢效率、系统体积以及质量上碳纤维等高分子化合物都具有明显的优势。考虑到安全性，将 PEMFC 电堆及辅机子系统与高压储氢子系统以安全间距对立放置，并分别为这两个子系统安装顶部通风扇。一方面，因为氢气常压密度非常低，所以上述配置为泄漏的氢气提供了上行通道，这样可避免氢气在局部封闭区域聚积，从而降低发生爆炸的风险；另一方面，设置安全间距综合考虑了可能出现的突发事件，例如车体碰撞等。此外，所有高压储氢罐均安装了独立的安防系统，额定工作压力为 50 MPa。如果出现碰撞等突发情况，使罐体压力达到或超过 80 MPa，安防系统就会通过泄放通路对氢气进行快速泄放，避免发生高压氢气爆炸。同时，上述配置方案也考虑到了均衡转向架系统的负荷分配，有助于调车机车的实际运行。

4.2.5 牵引驱动子系统

150 kW PEMFC 机车也是国内首次尝试将永磁同步电机应用于调车机车。其中，牵引逆变器输入电压为 DC 400～800 V。

在牵引驱动控制设计中，根据调车机车设计速度（65 km/h），将其速度平均分为 8 挡，用速度调制方式控制逆变器的运行。因为速度信号可以通过速度传感器获取，所以结合调车机车牵引特性测试曲线（见图 4.7）与轮轨物理特性，就可以对 PMSM 所需的功率进行估算。通过系统控制器向 HD6 的 XBO 控制器发送功率设定点请求。

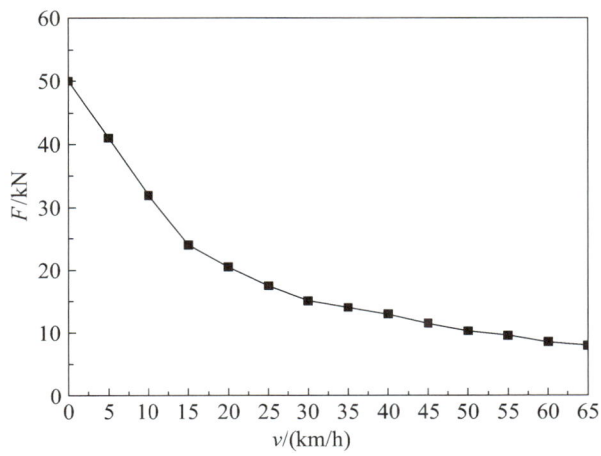

图 4.7 150 kW PEMFC 调车机车牵引特性曲线

4.2.6　整车配电子系统

HD6 PEMFC 电堆的额定工作电压为 DC 600 V，但是当 HD6 发电系统启动未完成之前，无法对外输电，因此需要辅助供电系统提供初始能量。在 HD6 发电系统启动完成后，由供电切换电路实现 DC 600 V 供电输出的切换。

上述的 600 V 高压直流总线在为调车机车提供牵引系统供电的同时，也为发电系统的辅助设备供电。发电系统自身的辅助设备功耗可以统称为系统的"杂散损耗"。根据燃料电池类型和工作环境的不同，辅机杂散损耗可达 20%~30%。杂散损耗设备的电压等级和设备选型相关，通常需要不同电压等级的供电总线和电压变换器。在"蓝天号"调车机车中，PEMFC 及其辅机子系统辅助供电模块提供以下 5 种电压母线：DC 600 V、DC 24 V、DC 12 V、3×AC 380 V 和 AC 220 V。其中，交流供电母线主要向通风系统和空气供给子系统的辅助冷却设备供电。DC 600 V 总线不仅为牵引逆变器供电，还要为空气供给子系统以及冷却循环泵供电。DC 24 V 总线配置继电器、传感器和执行器等控制系统部件以及冷凝剂散热回路的隔膜循环泵，同时，DC 24 V 总线也为调车机车空调和辅助照明等用电设备提供能量。DC 12 V 专用于为冷凝剂回路散热风机供电。尽管多个电压等级之间的变换一定会增加系统的额外损耗，但通常情况下，以统一电压等级进行设备选型是不切实际的，这会显著增加选型难度和系统成本。

此外，为确保调车机车整车控制系统的不间断运行，特别是当系统出现严重故障时，仍可通过司机室触摸屏实时显示故障信息，在控制系统设计中采用完全隔离的方式。同时，为控制系统额外配置了 24 V 蓄电池组，该蓄电池组会在系统出现停机故障时自动切入，实现调车机车控制系统的隔离供电。

4.2.7　辅助启动/制动子系统

在"蓝天号"调车机车的操作间内，除了集成高压储氢子系统、

PEMFC、辅机子系统和牵引电机逆变器外，还集成了辅助整车低速行驶制动的空气制动系统。该空气制动系统置于高压储氢系统旁侧，如图4.2系统的集成结构所示。当制动风缸工作压力低于400 kPa时，空气制动系统打风，空压机自动启动增压，直到工作压力达到850 kPa，确保有足够的空气用于低速行车时空气制动。

除此之外，在调车机车底部还配置了用于辅助PEMFC发电系统运行的辅助电阻阵列，DC 600 V时的功耗约为50 kW，该辅助电阻阵列用来克服低速时涡轮空压机的喘振现象。辅助电阻阵列分为三组，以近似匹配平坦路况时每挡约15~20 kW的挡位功耗，通过智能切换策略，维持启动电阻阵列的动态温升平衡。

4.3 控制系统

上述各结构系统中所有的状态和传感信息均由整车控制系统进行监测和控制。整车控制系统主要由可编程逻辑控制器（PLC）、机车驱动控制器、HD6 XBO控制器以及各自关联的执行机构组成。上述控制器之间的协同控制原理如图4.8所示。

机车正常运行时，PLC接收来自机车驱动控制器采集到的速度传感信号，并通过采集HD6输出电压和电流信号对整车系统的功率消耗进行实时计算，结合上述信息对整车功率需求进行估计，并转换为XBO控制可以识别的HD6输出电流设定点信号。同时，PLC将此设定点信息向所有的辅机控制器进行广播，以建立所需估计功率输出下对应的HD6工作条件。该系统工况建立过程是在有调车机车各控制器信息交互的基础上，通过差分增量PID算法自动完成的[141,142]。首先，XBO控制器计算请求电流所需的供给供气质量流量，并通过CAN总线定时发送到PLC，由PLC采集空气质量流量信号的同时，在差分增量PID控制算法作用下通过空压机伺服驱动器对空气流量进行闭环调整，上述交互过程如图4.6所示。实时测量的HD6输出电流用来估计HD6所需冷却液的流速，XBO控制器接收PLC发送的电流采样信号并向PLC发送所需的最小流量请求信息，然后，由 PLC 及外设控制系统自动完成冷却液流量调整。最后，在阴极空气流量充足的情况下，由 XBO 控制 HD6 内部电力电子设备完成阳极氢气压力的动态调整。

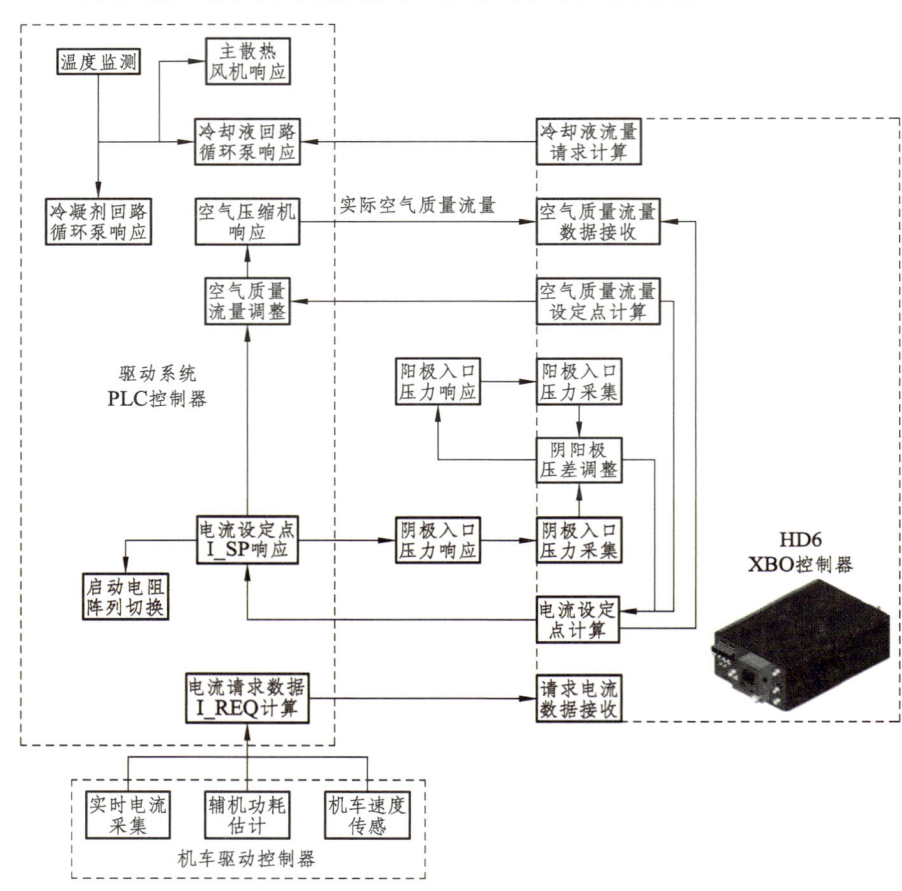

图 4.8　整车控制子系统协同控制原理图

此外，由 PLC 控制器对整车系统的所有传感器输入进行采样监测，并且 XBO 控制也会将 HD6 内部的故障信息通过 CAN 总线发送至 PLC 控制器，以便 PLC 控制器对所有的运行异常进行集中处理并快速响应。整车系统运行过程中的所有状态信息均会在司机室的人机界面上进行显示，以便操作人员进行相应的人工辅助处理。

4.3.1 燃料电池系统启动控制

"蓝天号"车载燃料电池发电系统的启动控制策略，如图 4.9 所示。燃料电池发电系统内部多套控制器协调依次完成 HD6 电堆初始化、辅机启动、电堆最后启动三个阶段。其中，辅机启动阶段，由于 HD6 无

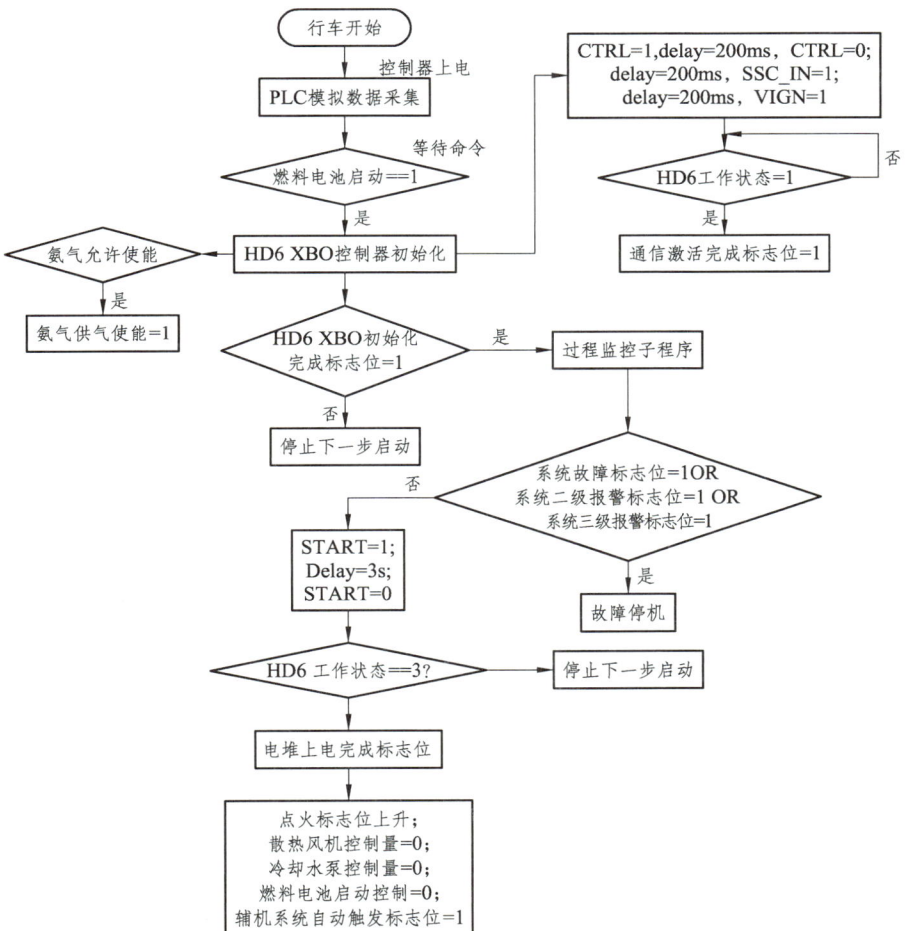

图 4.9 燃料电池发电系统启动控制策略流程

注：HD6 工作状态——1（INIT），2（PowerVUP），3（Standby），4（Starting），5（Runing）。

法对外输出供电，其辅机系统所需的电能由并联到单向 DC/DC 输出端（即高压总线）的蓄电池供给，当 HD6 完全启动之后，由燃料电池发电系统控制单元控制能量源的切换。为了实现该目的，在单向 DC/DC 斩波器模块中增加一个反向供电电路，该电路与 DC/DC 升压斩波器并联且互锁，由燃料电池系统 PLC 总控制器控制该反向供电电路和 DC/DC 升压斩波器的工作状态。

4.3.2 系统运行控制

"蓝天号"车载燃料电池发电系统正常运行的控制策略，如流程图 4.10 所示。

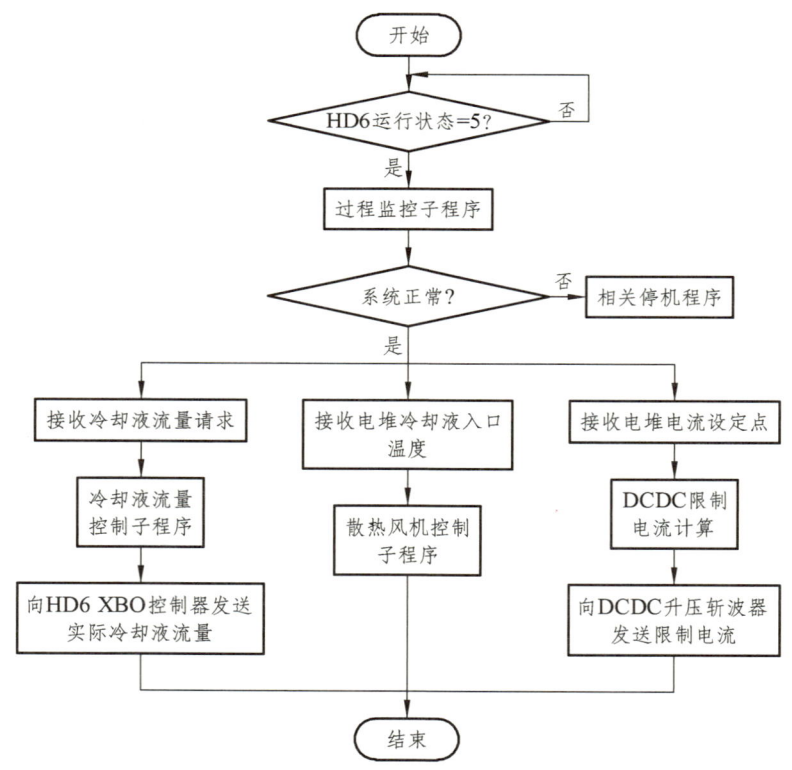

图 4.10 燃料电池发电系统正常运行控制策略流程

当燃料电池系统 PLC 总控制器接收到 HD6 内部 XBO 控制器发送过来的电堆工作状态为运行状态时,执行过程监控子程序,实时监测系统的状态。同时,PLC 控制器接收 XBO 控制器发送来的冷却液流量请求、冷却液电堆入口温度和当前电堆电流设定点用于内部控制。其中,冷却液流量请求用于冷却液流量控制子程序的目标控制量,实时调整冷却水泵的转速来跟踪目标冷却液流量;电堆冷却液入口温度用作散热风机控制子程序的反馈量,实时调整风机的转速,使冷却液电堆入口温度稳定在 60 ℃;当前电堆电流设定点用来计算 DC/DC 的限制电流,以此来避免由于负载突增对电堆产生不利的影响。当前 DC/DC 的限制电流为当前电堆电流设定点减去当前辅机电流。

4.3.3 系统停机控制

本系统中正常停机采用的控制策略如图 4.11 所示。当 PLC 控制器检测到系统正常停机指令之后,将单向 DC/DC 升压斩波器限制电流设置为 0,以停止发电系统对外输出。同时,将 PLC 控制器向 XBO 控制器发送的电堆请求电流由之前的 320 A 更改为 15 A,XBO 控制器控制 HD6 电堆从运行状态进入待机状态。此时等待,直到电堆电流设定点小于 20 A,电堆实际电流小于 20 A,电堆状态为待机时,开始执行外部辅助设备停机程序,在此之前保持外部系统正常工作,以便电堆内部能够正常停堆并消耗 HD6 在停堆过程中产生的电能。当检测到电堆内部已经进入待机状态时,首先停止供氢,关闭供氢电磁阀,延时 1 s 后,触发电堆内部控制电源延时断开信号,然后复位斩波器启动信号,VIGN、SSCIN 信号,依次停止单向 DC/DC 升压斩波器和电堆的控制供电,最后依次复位散热风机、冷却水泵和冷凝水泵使能信号。

故障停机程序:当检测到燃料电池发电系统内部存在故障或者二级报警时,执行该停机程序。

当 PLC 控制器检测到系统故障停机指令之后,将单向 DC/DC 升压斩波器限制电流设置为 0,以停止发电系统对外输出。同时,直接将 PLC

控制器向 XBO 控制器发送的电堆请求电流由之前的 320 A 更改为 0 A，来实现燃料电池模块的掉电，HD6 电堆从运行状态直接进入停机状态，此时等待，直到电堆电流设定点小于 20 A，电堆实际电流小于 20 A，电堆状态为不为运行状态时，开始执行外部辅助设备停机程序，外部辅助设备停机程序和正常停机策略一致，如图 4.11 所示。

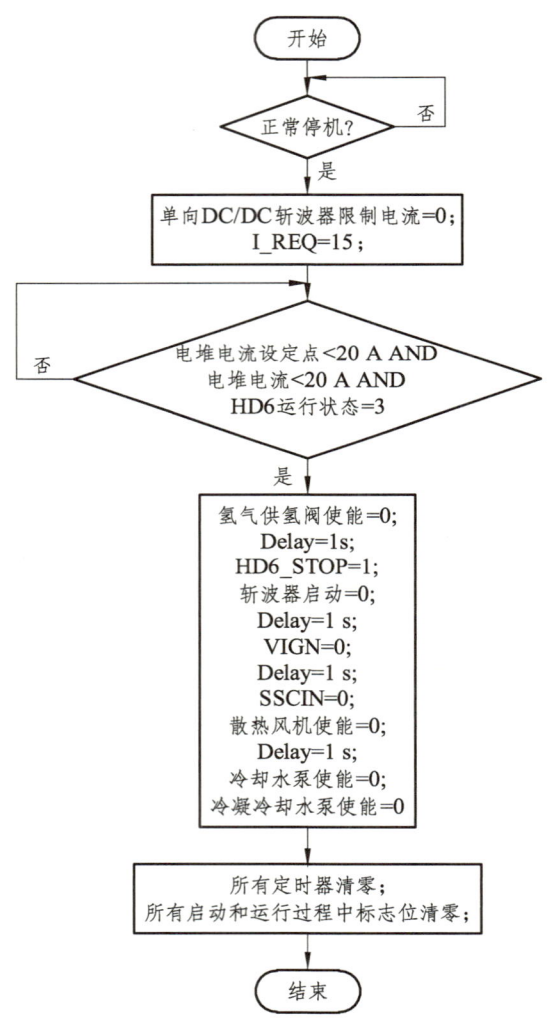

图 4.11 燃料电池发电系统正常停机控制流程

紧急停机程序：当检测到燃料电池发电系统外部存在故障或者紧急情况需要马上停机时，执行该停机程序。

当 PLC 控制器检测到系统紧急停机指令之后，复位氢气供应阀使能信号，停止向燃料电池发电系统供应燃料。同时，将单向 DC/DC 升压斩波器限制电流设置为 0，直接将 PLC 控制器向 XBO 控制器发送的电堆请求电流由之前的 320 A 更改为 0 A，并且断开 HD6 发电系统对外输出的急停断路器，以便在最短的时间停止发电系统对外输出，保障整个系统的安全。当检测到电堆状态为不为运行状态时，开始执行外部辅助设备停机程序，外部辅助设备其余部分停机程序和正常停机策略一致，如图 4.11 所示。

4.3.4　燃料电池冷却控制

在大功率水冷型 PEMFC 系统中，为了维持电堆安全、稳定、高效运行，其冷却系统一般由冷却液循环水泵、冷却液散热风机、冷凝液循环水泵、冷凝液散热风机等构成。通过改变冷却液循环水泵的转速，可以改变冷却回路中冷却液的流量、电堆冷却液出入口的温差和电堆入口冷却液的压力；通过改变散热风机的转速，可以改变散热量，进而改变电堆冷却液入口温度。此外，在电堆实际工作过程中，除保证电堆入口冷却液温度和电堆出入口温差在一个稳定的范围内之外，还应该保证电堆入口冷却液压力与电堆阴阳极压力平衡。

4.4　车载储氢系统及其安全性

氢气作为一种新能源，在现今资源日渐匮乏的情形下具有广阔的应用前景。虽然氢元素在自然界中含量最大，但由于它自身的化学性质与物理性质，单质氢气只占氢元素含量的 2%，而且不易储存和运输。这就导致氢气的储存成为氢气利用的障碍，因此找到一种高效的储氢设备成为氢气高效实用的关键所在。燃料电池机车系统主要包括供氢系统、供气系统等，而供氢系统一般又包含氢气罐、减压阀等设备，在这之中，氢气罐就是一种氢气储存设备。本节主要介绍车载储氢系统及其安全性问题。

4.4.1　车载储氢系统的要求

与内燃汽车的燃油箱类似，以燃料电池为动力的机车也需要相应的氢燃料箱，即车载储氢系统。由于受体积和质量的限制，对车载储氢系统的要求很多。简单地说，车载储氢系统的主要技术指标是能量储存密度，即单位质量储氢密度和体积储氢密度。

美国能源部对燃料电池汽车的车载储氢系统提出的中长期目标：2005—2010年的质量储氢密度达6.5%，体积储氢密度达62 kg/m^3；2015年的质量储氢密度达9%，体积储氢密度达到80 kg/m^3。

实际工况也给车载储氢系统提出了其他要求。氢燃料消耗与机车的行使状态有关。快速行驶时希望储氢系统能够快速地供氢，停车等待时则希望停止供氢，这就要求车载储氢系统应该有很好动态响应性能。补充氢燃料时，希望加氢过程在几分钟之内完成，这就要求充气的速度特别快；寒冷的季节，气温会下降到很低，此时要求储氢系统也能工作并及时供应氢气。储氢系统的安全性也相当重要，与之相关的应对和保障措施也应考虑，表4.2是美国能源部关于2005—2015年车载储氢系统的技术与经济指标[152]。

表 4.2　美国关于车载储氢系统的技术与经济指标

储氢系统参数	2005年	2010年	2015年
重量能量密度/(kW·h/kg)	1.5	2.0	3.0
系统重量/kg	111	85	55.6
质量储氢密度/(wt/%)	4.5	5.9	9.0
体积能量密度/(kW·h/L)	1.2	1.5	2.7
系统体积/L	139	111	62
系统能量成本/(USD/kW·h)	6	4	2
系统成本/USD	1 000	666	333
氢气加注速率/(kg/min)	0.5	1.5	2.0
氢气加注时间/min	10	3.3	2.5

需要强调的是,这些技术指标中并没有限定储氢方式,只要能满足要求,基于气态、液态和固态的三种储氢方式均可接受,各储氢方式的优缺点总结见表 4.3。

表 4.3 各储氢方式的优劣势比较

	高压气态储氢	液态储氢	固态储氢
优势	动态响应最好,能够瞬间提供足够的氢气,也能瞬间停止供气。高压氢气充气速度快	质量储氢密度要比高压气态储氢高,可以储存更多氢气	有较大的储氢容量,安全性最好
缺点	储氢密度不能达到美国能源部的要求,高压可能带来安全隐患	存在液氢蒸发损失和成本问题	储氢密度较低,低温特性不好,难以在汽/机车上应用

4.4.2 车载储氢系统

车载储氢系统包括从氢加注口至用氢装置入口,与氢的加注、储存、供给和控制相关的所有装置和零部件。在某些场合下,也可以将氢的泄漏监控装置等归入储氢系统的范畴。车载储氢系统的方案设计需满足安全至上、失效安全、简化、区域布置及氢电隔离等原则[152]。

1. 加注系统

加注系统包括加注接口、单向阀(或球阀)、过滤器、压力表以及必要的连接管路等零部件。其主要功用是完成与加氢站的加注对接,将洁净的高压氢气安全地注入车载高压氢气瓶中,如图 4.12 所示。加注模块安装在独立的舱体内。舱体内部不允许有容易产生电弧及火花的电气设备或影响安全的设施。舱体要与车辆内部密封,防止氢气泄漏到其他环境中;舱体与外部环境通风,保证氢气泄漏后能够及时地扩散到外部环境中而不聚集。

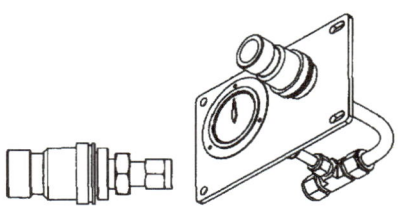

图 4.12 加注系统模块示意

2. 储存系统

储存系统主要包括高压氢气瓶、组合瓶阀、压力释放装置（一旦动作不可恢复）以及必要的连接管路等。其主要功用是将加氢站注入的氢气安全地储存在高压氢气瓶中。储存模块外部安装有遮阳罩，遮阳罩可以避免阳光直射到氢气瓶上。遮阳罩上设有通风孔或百叶窗，当氢气发生泄漏时，氢气可以通过通风孔或百叶窗及时扩散到大气中，避免氢气的聚集。为了方便系统检修，在遮阳罩上还设有检修门。

3. 供给系统

供给系统主要包括电磁阀、减压器、安全阀、过滤器、各种阀门、放散口及必要的连接管路等。其主要功能是安全地向燃料电池系统等用氢装置提供适用压力的氢气。

4. 泄漏监控系统

泄漏监控系统主要包括氢泄漏探头以及必需的控制、报警装置，也可以将预警信号输送给整车控制器，由整车控制器发出预警命令。其主要功用是监控氢的泄漏状况，当监测点浓度达到预设的报警值时发出预警信号。

4.4.3 机车氢安全措施

1. 车载储氢安全隐患

首先，氢气是无色、无味且无毒的气体，但一定浓度的氢气会导致窒息。并且，人在失去知觉之前没有任何警告性症状。

其次，氢气和氟、氯、氧、一氧化碳以及空气混合均存在爆炸的危险。其中，氢气在空气中爆炸极限为 4.0%～75%（体积）；氢与氟的混合物在低温和黑暗环境就能自发性发生爆炸；氢与氯的混合比为 1∶1 时，在光照下也可爆炸。

再次，氢分子比其他已知的任何气体分子都要小，这使得氢气很难存放。它可以从许多看似密封的材料中扩散出去，如燃料管路、无缝接头与非金属密封（如垫圈、O形圈）、管线混合结构及其封装等具有潜在的泄漏或渗透点的装置。此外，氢气的小分子性导致其具有高浮力和扩散率，因而泄漏的氢气将迅速扩散并稀释，造成氢气大量损失。

2. 氢安全措施

作为燃料而使用的高压氢气，从未应用于铁路车辆上，因此对其安全措施予以充分重视。东日本铁路公司对高压氢处理采用了地面和车辆两部分的安全措施。

地面部分主要是向车辆填充高压氢气时采取的措施。根据高压气体安全保护法，填充作业时采取了多种安全措施，如确保与火源的安全距离、通过手持的氢气检测传感器检测气体泄漏、设置灭火器、对操作人员进行安全教育等。

车辆部分是参考燃料电池汽车的安全措施，采取了高压氢气不泄漏对策以及万一泄漏时不发生火灾或爆炸的两种对策。高压氢气不泄漏对策考虑到氢气的脆弱性，选择高压管和存储槽，固定时也注意到高压管和存储槽的振动安全性，同时为了验证车辆行驶时的振动安全性，还对氢气槽单元进行了振动试验。高压氢气泄漏时的对策是在氢气槽单元和燃料电池仪器箱设置氢气检测传感器，当监测到泄漏时，设置从氢气槽截断氢气供应的功能，此外还采取了切断电弧发生源等措施。

在国内，"蓝天号"燃料电池机车为避免氢气泄漏对机车运行造成安全隐患，基于安全性分析设计，将高压储氢子系统与PEMFC电堆及辅机子系统以安全间距对立放置，并分别为上述两个子系统配置顶部通风扇。一方面，由于氢气常压密度很低，上述配置为泄漏的氢气提供了上行通道，可避免泄漏氢气在局部封闭区域堆积，降低产生爆炸的风险；另一方面，安全间距的设置综合考虑了可能出现的突发事件如车体碰撞等，此外每个高压储氢罐均配置了独立的安防系统，其额定最大工作压力为50 MPa。如果出现异常碰撞等使罐体压力达到或超过80 MPa时，安防系统将通过泄放通路对氢气进行快速泄放，避免高压氢气爆炸。

第 5 章

储能式电力机车

5.1 储能式有轨电车概述

近年来,新型的储能式轨道交通车辆发展迅速,它不仅解决了传统接触网式有轨电车建设难、不美观等问题,且车载储能元件因其自身的特性和优势,能够在保证列车正常运行的基础上,最大限度地节约能源,保护环境。因此,储能式供电已逐步成为目前国内城市有轨电车最具有发展潜力的供电制式。基于此,本章将具有高能量密度特性的锂电池与具有高功率密度特点的超级电容两种元件结合,作为有轨电车的动力系统。混合储能系统可以实现两种元件的特性互补,节约成本。

地面充电装置技术与车载储能系统结合供电是目前有轨电车供电制式的研究热点,在满足车辆运行要求的前提下,将有轨电车储能系统与地面充电装置进行合理的配置,共同协作实现能源的高效利用与车辆的正常运行,这是传统电动汽车供电技术在有轨电车领域的尝试和拓展,也是有轨电车供电制式新的发展模式。因此,建立地面充电装置与车辆储能系统协同配置形成车地一体化动力系统,基于车地一体化全寿命周期经济性,深入探讨车地一体化供电系统配置方案,提出一种实现列车运行经济性的联合车载混合储能系统与地面充电装置的优化配置方法,不仅具有良好的工程实践意义,也是无网式供电方式在有轨电车能量供给技术上的又一个革新与突破。

现代有轨电车有三种供电方式:全线有网运行模式、部分无网运行模式以及全线无网运行模式[153]。全线有网运行模式即传统接触网持续供能,在列车运行线路段设有多个牵引供电站,供电所输出 750 V/1 500 V 直流电压,通过行驶线路中架设的接触网为列车提供运行能源;部分有网模式是车载储能元件配合接触网进行能量输送的供能方式,即车辆在有网区段由架设好的接触网为列车进行能量补给，在驶入特定的路口、广场等区域时，由车载储能系统供能；全线无网运行是车辆运行全线路均无接触网，仅由车载储能元件或车载储能元件结合地面充电装置进行能量输送的供电方式。

近年来，全线无网运行的有轨电车发展迅速。全线无网运行模式规避了传统有网运行模式发车间隔受接触网容量限制、影响城市美观、灵活性较差等劣势，其安全性、灵活性较传统供电方式有较大优势。全线无网运行模式有两种供电方式，即车载储能元件供电和车载储能元件配合地面充电装置供电。车载储能元件供电模式是指仅由储能系统为车辆运行提供能量，其中，储能系统由蓄电池、超级电容、燃料电池、锂电池、飞轮、光伏阵列等储能元件中的一种或多种构成；车载储能系统配合地面充电装置供电是车辆进站时由地面充电装置为车载储能系统进行能量补给，储能系统与地面充电装置协同合作为车辆输送能量，目前有轨电车的充电方式主要包括站站充与首末站充两种方式。图 5.1 所示为有轨电车不同供电方式的工作模式详解。

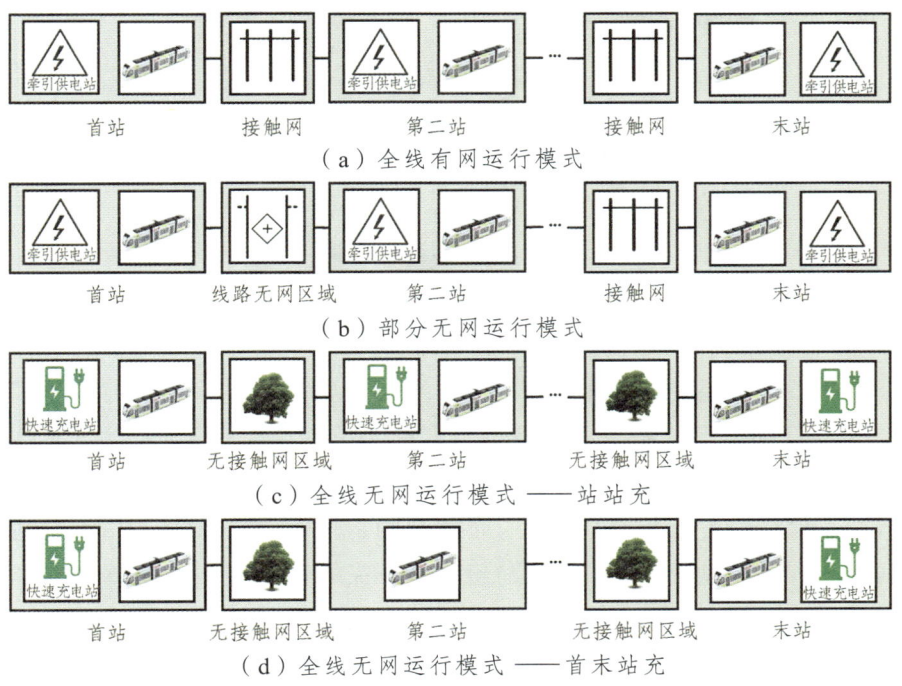

图 5.1　有轨电车不同供电方式

5.2 储能式有轨电车动力系统拓扑结构

本节以已投入运行的广州某线路有轨电车纯超级电容储能的"站站充"运行模式为例,说明储能式有轨电车动力系统拓扑结构。现有的纯超级电容"站站充"模式的典型系统拓扑结构如图 5.2 所示,超级电容通过 DC/DC 变换器与直流母线连接,动力系统中加入地面充电站,为超级电容进行能量补给。

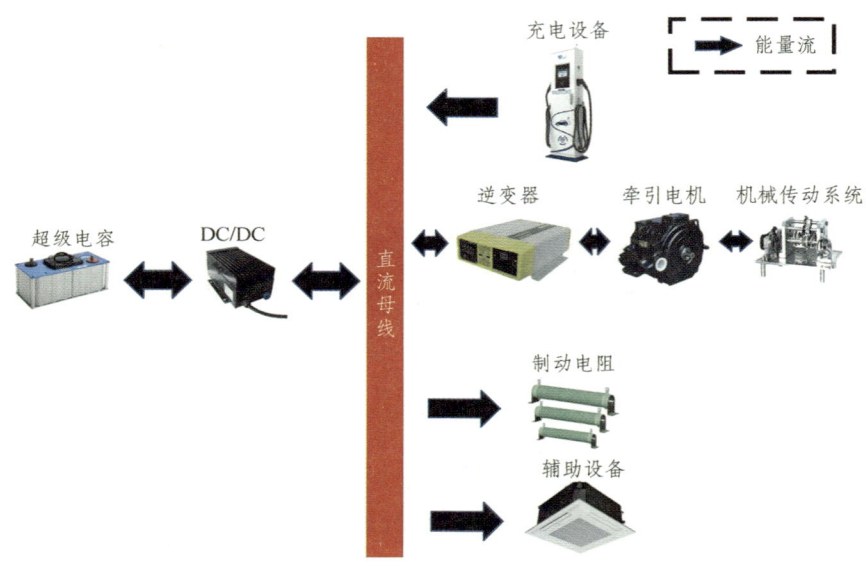

图 5.2 超级电容"站站充"模式系统拓扑结构

车载储能系统如果在现有的纯超级电容系统模式下,加入锂电池模组,就能构建锂电池-超级电容混合储能系统;对于地面充电站,在传统的"站站充"模式下,考虑改变地面充电站的数量及其匹配的充电功率,在保证列车运行需求功率的前提下,可进一步探讨储能系统联合地面充电站的车地一体化动力系统经济性最优的容量配置方案。车地一体化动力系统的工作模式为车载储能系统与地面充电站联合为车辆提供运行动力的协同供电模式。在有轨电车进站停车的 30 s 内,由地面充电站在此时间段内对车载混合储能系统中的超级电容模组进行快速充电。在车载储能系统中,超级电容与锂电池的输出比例由系统设置的能量管理策略进行合理分配。

基于车地一体化动力系统的工作模式,为了实现对超级电容与锂电池能量流的有效控制,本节采用完全主动型拓扑结构作为储能式有轨电车的动力系统结构,如图 5.3 所示,混合储能式有轨电车动力系统主要包括:超级电容、锂电池、双向 DC/DC 变换器、辅助变流器、牵引逆变器、牵引电机以及机械传动系统等,同时地面设置充电站,为储能系统进行实时能量补充。锂电池和超级电容通过 DC/DC 变换器并联在直流母线上,共同为列车正常运行提供能量,同时,超级电容还承担着吸收回馈制动能量的功能。

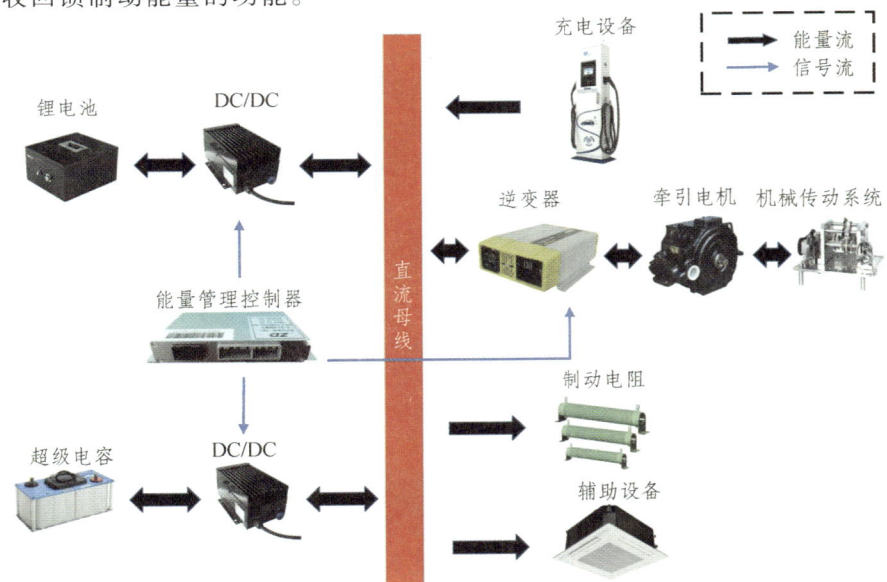

图 5.3 混合储能式有轨电车动力系统结构

5.3 车地一体化动力系统容量配置模型

本节围绕有轨电车储能系统与地面充电装置联合的车地一体化动力系统容量优化配置展开研究,首先,建立车载储能系统与地面充电站的经济性模型，包括储能系统初始购置成本、更换成本以及维护成本，地面充电站全寿命周期经济性模型包括充电站建设成本、运营成本以及维护成本；其次，以实现车地一体化动力系统在有轨电车全寿命周期下的经济性为优化配置目标建立目标函数；最后，为动力系统匹配相应的约束条件。

5.3.1 储能系统经济性建模

混合动力系统的全寿命周期成本指在车辆服役年限内，其储能系统所涉及的全部费用，主要包括车辆储能系统的初始购置成本、更换成本以及维护成本。系统初始购置成本包括锂电池、超级电容等储能装置的购置所需成本；更换成本是指储能系统在服役年限内其内部零部件进行更换所产生的费用；维护成本即储能系统在其全寿命周期过程中所需的保养、维护成本。储能系统全寿命周期成本表达式如下：

$$LCC_{ESS} = LCC_{bat} + LCC_{sc} = C_i + C_o + C_m \quad (5.1)$$

式中　LCC_{bat}，LCC_{sc}——锂电池模组经济性模型、超级电容模组经济性模型；

　　　C_i——系统购置成本；

　　　C_o——系统更换成本；

　　　C_m——系统维护成本。

5.3.2 锂电池模组经济性模型

锂电池模组的总运营成本如下：

$$LCC_{bat} = C_{i,b} + C_{o,b} + C_{m,b} \quad (5.2)$$

式中　$C_{i,b}$，$C_{o,b}$，$C_{m,b}$——锂电池模组的购置成本、更换成本以及维护成本。

1. 锂电池模组购置成本

锂电池模组的购置成本属于有轨电车项目的大额投资，有银行贷款的部分，因此锂电池模组的购置成本包括其购置本金以及投资贷款利息两部分。锂电池模组购置成本表达式如下：

$$C_{i,b} = C_{dc\_kw} \cdot P_{dc\_b} + C_{BT\_P} + C_{BT\_I} \tag{5.3}$$

式中 C_{dc_kw}——锂电池模组的DC/DC变换器的单位功率成本，元/kW；
P_{dc_b}——DC/DC变换器的转换功率；
C_{BT_P}——锂电池模组购置本金，元；
C_{BT_I}——锂电池模组投资贷款利息，元。

$$C_{BT\_P} = C_{kwh\_b} \cdot C_{BT} \tag{5.4}$$

式中 C_{kwh_b}——锂电池单位容量成本，元/kW·h；
C_{BT}——锂电池组容量，kW。

锂电池模组的投资贷款利息与贷款年限与年贷款利率有关，取年贷款利率 r 为5%，贷款年限20年。锂电池模组投资贷款利息具体表达式如下：

$$C_{BT\_I} = C_{BT\_P} \left\{ \left[\frac{20r(1+r)^{20}}{(1+r)^{20}-1} - 1 \right] - 1 \right\} \tag{5.5}$$

将式（5.4）与式（5.5）相加，可得锂电池模组总投资如下：

$$C_{BT\_T} = C_{BT\_P} \cdot \phi_{in} \tag{5.6}$$

式中 ϕ_{in}——资本回收系数，表达式为

$$\phi_{in} = \frac{20(1+r)^{20}}{(1+r)^{20}-1} \tag{5.7}$$

2. 锂电池模组更换成本

锂电池模组更换成本表达式为

$$C_{o,b} = \sum_{i=1}^{r_B} (1+r)^{-i \cdot Life\_B} \cdot C_{kwh\_b} \cdot C_{BT} \cdot \phi_{in} \tag{5.8}$$

式中 $Life\_B$——锂电池的寿命，即电池充放电循环次数；

r_B——在有轨电车服役期限内锂电池模组的更换次数。

计算锂电池模组的更换成本,需要知道在有轨电车服役年限之内锂电池模组的等效循环寿命,进而得到锂电池模组的更换次数。在有轨电车运行过程中,其储能元件的放电深度是随着运行工况的变化而实时变化的,因此,储能元件在服役过程中的充放电次数需要进行估算。

本章采用雨流法对锂电池寿命进行估计。雨流法通过分析系统储能元件 SOC 曲线配置出相应的等效循环次数。该算法将储能元件的放电深度进行分组,并分别对应了储能元件在该放电深度区间内的充放电循环次数。对于雨流法而言,储能元件 DOD 区间的数量以及每个区间内寿命周期的精度决定了对其进行老化分析的准确性。

雨流法计算过程如下[154]:

(1)从 SOC 峰值开始分析其曲线路径,从高到低计算放电周期。通过分析储能元件的充放电曲线,找到沿曲线最高峰连续下降路径段的 SOC 低谷值。紧接着从下一个 SOC 峰值开始,重复上一个过程,直到到达下一个低谷值,且保证路径不重复。多次重复上述步骤,直到分析完储能元件 SOC 曲线的所有波谷。如图 5.4(a)中红色标注路径所示。

(2)从放电曲线的 SOC 最低值开始,沿着一条连续路径向上攀升至 SOC 最高值。重复上述过程,直至分析完 SOC 曲线中的所有峰值。如图 5.4(b)中蓝色路径所示,描绘了电荷分析。

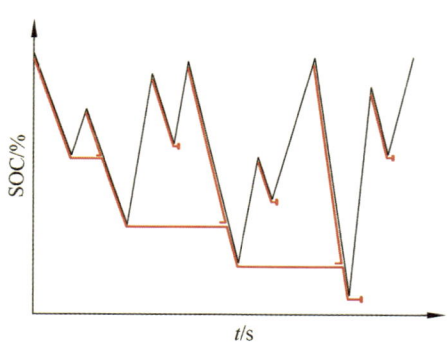

(a)放电过程荷电分析

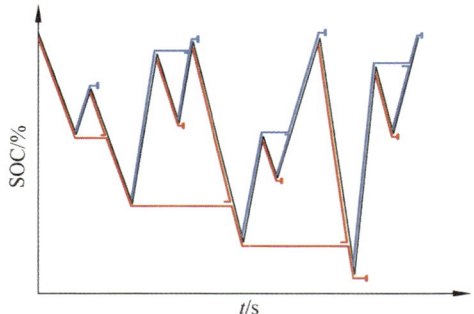

（b）充电过程荷电分析

图 5.4　放电/充电过程荷电分析

（3）完成上述两个过程后，将储能元件的放电半周期与其对应的充电半周期进行匹配，最终得到不同放电深度（DOD）下储能元件的充放电循环次数。图 5.5 所示为匹配过程。

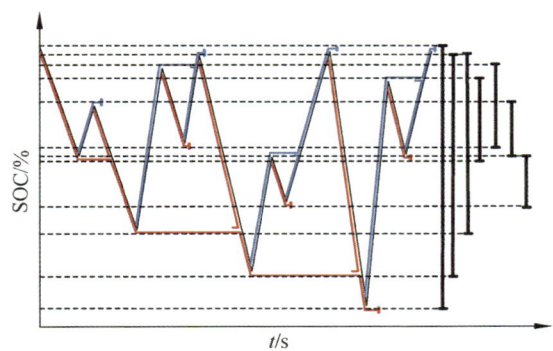

图 5.5　放电/充电匹配过程

（4）最后，将储能元件的等效循环次数与其放电深度的区间对应：

$$DOD(i) = SOC_{max}(i) - SOC(i) \tag{5.9}$$

锂电池在每个 DOD 区间内，都有与其对应的充放电循环次数，如表 5.1 所示。

表 5.1 锂电池放电深度与充放电循环次数关系[155]

DOD 参数	充放电循环次数	DOD 参数	充放电循环次数
DOD_1（5%）	74 928	DOD_4（50%）	3 886
DOD_2（10%）	14 925	DOD_5（60%）	2 538
DOD_3（30%）	6 742	DOD_6（100%）	2 331

锂电池寿命表达为

$$Life\_B = \frac{1}{\sum_{i=1}^{N_{b,DOD}} \frac{1}{N_{b,L}(i)}} \tag{5.10}$$

式中 $N_{b,DOD}$——锂电池通过雨流法得到的 DOD 总区间数；

$N_{b,L}(i)$——锂电池对应在 $DOD_b(i)$ 下的循环寿命。

通过计算锂电池模组的等效循环寿命，可得到在有轨电车服役期间锂电池组的更换次数 r_b：

$$r_b = ceil\left(\frac{30}{Life\_B} - 1\right) \tag{5.11}$$

式中 $ceil(x)$——数学函数，是对 x 取最高整数值。

3. 锂电池模组维护成本

锂电池模组维护成本表达式为

$$C_{m,b} = N \cdot C_{B\_my} \tag{5.12}$$

式中 N——有轨电车的使用年限；

C_{B_my}——锂电池模组每年的维护成本。

5.3.3 超级电容模组经济性模型

超级电容模组的总运营成本如下：

$$LCC_{sc} = C_{i,s} + C_{o,s} + C_{m,s} \tag{5.13}$$

式中 $C_{i,s}$，$C_{o,s}$，$C_{m,s}$——锂电池模组的购置成本、更换成本以及维护成本。

1. 超级电容模组购置成本

超级电容模组的购置成本也包括两部分，即购置本金与投资贷款利息。超级电容模组购置成本表达式如下：

$$C_{i,b} = C_{dc\_kw} \cdot P_{dc\_s} + C_{kwh\_s} \cdot C_{ST} \cdot \phi_{in} \quad (5.14)$$

式中 C_{dc_kw}——超级电容模组的 DC/DC 变换器的单位功率成本，元/kW；

P_{dc_s}——DC/DC 变换器的转换功率，kW；

C_{kwh_s}——超级电容单位容量成本，元/kW·h；

C_{ST}——超级电容模组容，kW·h。

2. 超级电容模组更换成本

超级电容模组更换成本表达式为

$$C_{o,b} = \sum_{i=1}^{r_s} (1+r)^{-i \cdot Life\_S} \cdot C_{kwh\_s} \cdot C_{ST} \cdot \phi_{in} \quad (5.15)$$

式中 $Life\_S$——超级电容的寿命；

r_S——在有轨电车服役期限内超级电容模组的更换次数。

对于超级电容

$$Life\_S = \frac{1}{\sum_{i=1}^{N_{s,DOD}} \frac{1}{N_{s,L}(i)}} \quad (5.16)$$

式中，$N_{S,L}(i)$ 表示锂电池对应在 $DOD_s(i)$ 下的循环寿命。

超级电容的充放电循环次数一般为上百万次，相比锂电池高得多，因此，将超级电容的充放电循环次数设置为恒定值 $10^{6[155]}$。

在有轨电车服役期间超级电容模组的更换次数 r_s 为

$$r_{\mathrm{s}} = ceil\left(\frac{30}{Life\_S} - 1\right) \quad (5.17)$$

3. 超级电容模组维护成本

超级电容模组的维护成本表达式为

$$C_{\mathrm{m,s}} = N \cdot C_{\mathrm{S\_my}} \quad (5.18)$$

式中 $C_{\mathrm{S\_my}}$ ——超级电容模组每年的维护成本。

5.3.4 地面充电站经济性模型

地面充电站的全寿命周期成本由三部分组成，即地面充电站的建设成本、运营成本以及维护成本。充电站的建设成本是指初始设计建造充电站所需投资；运营成本是在充电站服役期间，其为运行车辆进行能量补给的电价成本；维护成本是指地面充电站在全寿命期间进行保养、维护所需成本。

$$LCC_{\mathrm{ch}} = C_{\mathrm{j}} + C_{\mathrm{e}} + C_{\mathrm{w}} \quad (5.19)$$

式中 C_{j} ——充电站建设成本；
C_{e} ——充电站运营成本；
C_{w} ——充电站的维护成本。

1. 充电站建设成本

地面充电站建设成本包含两个部分：固定成本和与充电机功率等级有关的可变成本。

$$C_{\mathrm{j}} = M(C_{\mathrm{ch,s}} + C_{\mathrm{j,va}})\left[1 + \frac{r(1+r)^{30}}{(1+r)^{30}+1}\right] \quad (5.20)$$

式中 M ——充电桩数量，个；
$C_{\mathrm{ch,s}}$ ——地面充电站的固定成本，万元/个；
$C_{\mathrm{j,va}}$ ——充电站可变成本，其表达式为

$$C_{j,va} = M \cdot C_{ch,se} \cdot P_{tc} \quad (5.21)$$

式中 $C_{ch,se}$——地面充电站单位充电功率成本；

P_{tc}——地面充电站配置的充电功率等级。

2. 充电站运营成本

充电站运营成本由两部分组成，即在有轨电车服役期间进行能量补给所消耗的电费以及电网的基础容量费。

$$C_e = C_f + C_{ch} \quad (5.22)$$

式中 C_f——基础容量费；

C_{ch}——充电电费。

$$C_f = N \times 12 \times C_{ba} \times \frac{P_{ch,out}}{\eta_c \cos\varphi} \quad (5.23)$$

式中 N——有轨电车服役年限；

C_{ba}——基础容量费，元/（月·kW）；

$P_{ch,out}$——地面供电系统输出功率，kW；

η_c——充电机效率。

对于地面充电站的充电成本，其与有轨电车日运行趟数以及各个时间段内的电价有关。

分时电价可用矩阵表示为：

$$\boldsymbol{C}_{TS} = \begin{bmatrix} C_{TS,1}, C_{TS,2}, C_{TS,3} \cdots C_{TS,n} \end{bmatrix}^T \quad (5.24)$$

式中 $C_{TS,n}$——在第 n 个时间段内电价情况，一天 24 小时有 n 个电价时段。

表 5.2 给出了一般工商业 10 kV 用电的分段电价数据。

表 5.2 分段电价表[156]

用电分类	峰段	平段	谷段
时段	10:00—15:00 18:00—21:00	7:00—10:00 15:00—18:00 21:00—23:00	0:00—7:00 23:00—24:00
电价/（元/kW·h）	1.268 2	0.875 4	0.379 8

根据列车的发车时刻表，统计出在各电价时段内的运行趟数，矩阵如下：

$$\boldsymbol{T}_{\mathrm{TS}} = \begin{bmatrix} T_{1,1} & T_{1,2} & \cdots & T_{1,k} \\ T_{2,1} & T_{2,2} & \cdots & T_{2,k} \\ \vdots & \vdots & & \vdots \\ T_{n,1} & T_{n,2} & \cdots & T_{n,k} \end{bmatrix} \tag{5.25}$$

式中　k——有轨电车的运行车辆数。

充电成本表达式为

$$C_{\mathrm{ch}} = \frac{\left(\sum \boldsymbol{T}_{\mathrm{TS}} \cdot \boldsymbol{C}_{\mathrm{TS}}\right) \times E_{\mathrm{ch}}}{\eta_1 \cdot \eta_2 \cdot \eta_3 \cdot \eta_4} \tag{5.26}$$

式中　E_{ch}——车辆储能元件的需求补给能量；

　　　η_1——电网传递效率；

　　　η_2——变压器效率；

　　　η_3——整流器传递效率；

　　　η_4——地面 DC/DC 传递效率。

3. 充电站维护成本

地面充电站维护成本表达式为

$$C_{\mathrm{w}} = N \times x_1 \times C_{\mathrm{w\_s}} \tag{5.27}$$

式中　x_1——充电站个数；

　　　$C_{\mathrm{w\_s}}$——充电站的年维护成本，元/（个×年）。

5.3.5　目标函数

本节基于现有的广州市某线路有轨电车采用的纯超级电容"站站充"模式，通过改变地面充电站数量及其匹配充电功率、超级电容锂电池储能模组的配置容量，对混合储能系统"站站充"运行模式与混合储能系统"间隔 m 站充"运行模式展开研究，探寻混合储能系统与地面充电站联合配置的经济性最优的容量配置方案。需要注意的是,对于有轨电车而言,其运行工况比较固定,且站点分布平均,若采用不均匀分布的充电站站点分布,由于充电时间和充电功率的限制,储能系统需要根据最大站点间隔进行配置,势必导致储能系统容量配置方面存在"浪费"的现象,车地整体经济性难以保证最优。因此本节提出均匀分布的"间隔 m 站充"的能量补给模式,其中 m 为间隔站点数量,图 5.6 为能量补给模式的示意图。

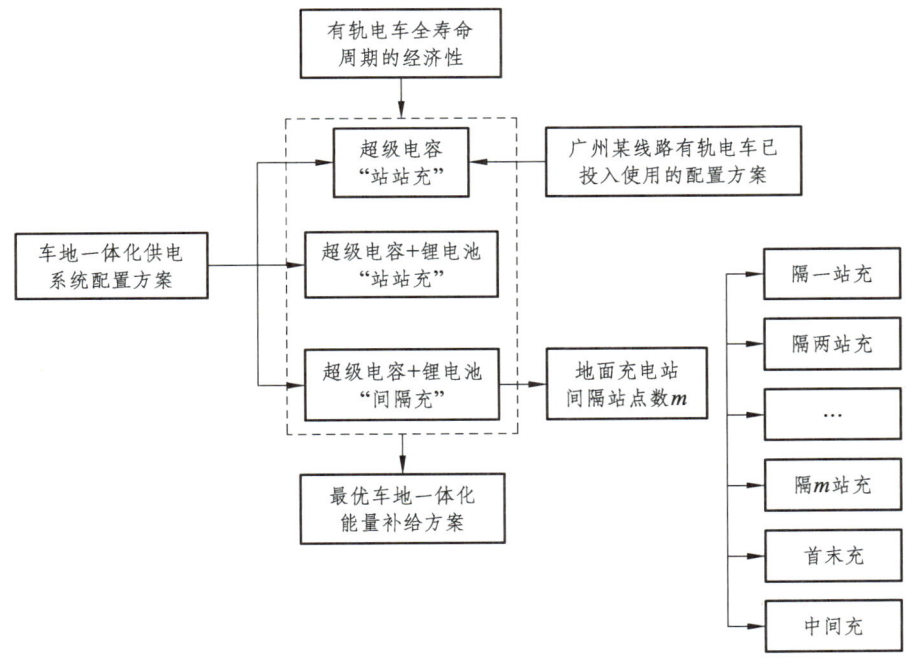

图 5.6　能量补给方案

对于车载储能系统联合地面充电装置的车地一体化能量补给系统,系统中的锂电池模组容量、超级电容模组容量、地面充电站数量及其匹配的充电功率,四者之间的配置存在着相互耦合相互制约的关系:充电站数量减少,为了满足车辆运行需求;相应配置的充电功率会增加,同时需要增配锂电池模组,以弥补超级电容对地面充电站高功率补给的需求；超级电容受其安全工作区间限制，其模组配置也会随之改变。充电站配置与储能系统容量的改变，进而会影响到车地一体化动力系统的全寿命周期成本。基于上述分析，针对全寿命周期经济性最优的有轨电车车地一体化优化配置，以地面充电桩数量、超级电容数量、锂电池数量、地面充电站配置功率 P_{tc} 作为系统优化变量，分别建立超级电容"站站充"、超级电容+锂电池"站站充"与"间隔充"的车地一体化动力系统的优化配置模型。

（1）超级电容"站站充"优化配置模式。

$$C_1(x) = \min\left[LCC_{\text{ch\_1}}(x_1) + LCC_{\text{sc\_1}}(x_2)\right]_{life} \tag{5.28}$$

（2）超级电容+锂电池"站站充"优化配置模型。

$$C_2(x) = \min\left[LCC_{\text{ch\_2}}(x_1) + LCC_{\text{sc\_2}}(x_2) + LCC_{\text{bat\_2}}(x_3)\right]_{life} \tag{5.29}$$

（3）超级电容+锂电池"间隔充"优化配置模型

$$C_3(x) = \min\left[LCC_{\text{ch\_3}}(x_1) + LCC_{\text{sc\_3}}(x_2) + LCC_{\text{bat\_3}}(x_3)\right]_{life} \tag{5.30}$$

式中　$C_1(x)$，$C_2(x)$，$C_3(x)$——超级电容"站站充"、超级电容+锂电池"站站充"与"间隔充"优化配置模型在有轨电车整个全寿命周期下，地面供电系统与储能装置的全寿命周期总成本；

　　　x_1，x_2，x_3——地面充电桩数量、超级电容数量以及锂电池数量；

　　　$LCC_{\text{ch\_1}}(x_1)$，$LCC_{\text{sc\_1}}(x_2)$——超级电容"站站充"模式地面充电桩和超级电容全寿命周期成本；

　　　$LCC_{\text{ch\_2}}(x_1)$，$LCC_{\text{sc\_2}}(x_2)$，$LCC_{\text{bat\_2}}(x_3)$——超级电容+锂电池"站站充"模型下地面充电桩、超级电容以及锂电池全寿命周期成本；

　　　$LCC_{\text{ch\_3}}(x_1)$，$LCC_{\text{sc\_3}}(x_2)$，$LCC_{\text{bat\_3}}(x_3)$——"间隔充"模式下地面充电桩、超级电容以及

将上述三个模型全寿命周期成本函数作为独立目标函数,定义车地一体化优化配置模型表达式如下:

$$\min_{x \in \Omega} F_{\text{cost}}(x) = [C_1(x) \quad C_2(x) \quad C_3(x)] \tag{5.31}$$

式中　Ω——供电系统约束条件。

5.3.6　约束条件

实现车地一体化的最优配置,须满足系统整体的安全性和动力性的要求。考虑到上述三种模式中,超级电容"站站充"模式与其他两种模式不同,采用了单动力源+地面充电站的能量供给模式,确定该模式下的约束条件。

超级电容"站站充"模式中车载储能元件仅有超级电容,超级电容通过 DC/DC 连接至母线,DC/DC 可以对超级电容输出电压进行升压,一方面保证母线电压的平稳,另一方面极大地提高了超级电容的能量利用率。考虑到 DC/DC 转换器存在一定的电压变换范围,其低压侧电压工作范围一般为 200~600 V[157],因此超级电容串联模组数应设置 6~13 个。除母线电压的约束,还需要考虑系统最大能量和最大功率,以及超级电容 SOC、系统重量体积等方面的约束,具体的表达式如下:

$$\begin{cases} \text{SOC}_{\text{sc,min}} \leqslant \text{SOC}_{\text{sc}} \leqslant \text{SOC}_{\text{sc,max}} \\ U_{\text{sc,min}} \leqslant U_{\text{sc}} \leqslant U_{\text{sc,max}} \\ P_{\max} \leqslant \eta_{\text{sc}} \cdot x_2 \cdot P_{\text{sc,max}} \\ E_{\max} \leqslant \omega_1 \int_0^t P_{\text{re}} \mathrm{d}t = \omega_1 \cdot \eta_{\text{sc}} \cdot x_2 \cdot E_{\text{sc}} \\ V_{\max} \geqslant \lambda_s \cdot x_2 \cdot v_s \\ W_{\max} \geqslant \mu_s \cdot x_2 \cdot w_s \end{cases} \tag{5.32}$$

式中　$\text{SOC}_{\text{sc,min}}$,$\text{SOC}_{\text{sc,max}}$——超级电容的最小荷电状态与最大荷电状态;
　　　$U_{\text{sc,min}}$,$U_{\text{sc,max}}$——超级电容电压的下限值和上限值;
　　　$P_{\max}$——有轨电车循环工况的最大需求功率;

η_{sc} —— 超级电容效率;

$P_{sc,max}$ —— 单体超级电容模组最大功率;

E_{max} —— 有轨电车运行工况的站间最大需求能量;

E_{sc} —— 单体超级电容模组的能量;

ω_1 —— 工程裕量;

V_{max} —— 有轨电车储能系统最大容纳体积;

W_{max} —— 有轨电车储能系统最大承受质量;

λ_s, μ_s —— 反映单位量与系统之间比例关系的比例常数;

v_s —— 单个超级电容模组体积;

w_s —— 单个超级电容模组质量。

同样针对于超级电容+锂电池"站站充"模式和超级电容+锂电池"间隔充"模式,由于加入锂电池,动力源变成两种。超级电容+锂电池"站站充"和超级电容+锂电池"间隔充"两种模式采用改进的全主动型拓扑结构,锂电池和超级电容分别通过各自的 DC/DC 连接母线。同样考虑到 DC/DC 转换器存在一定的电压变换范围,其低压侧电压工作范围一般 200~600 V[157],因此设置单体锂电池串联数应为 109~261 个,设置超级电容模组串联数应为 6~13 个。

$$\begin{cases} SOC_{b,min} \leqslant SOC_b \leqslant SOC_{b,max} \\ C_b \leqslant C_{b,dismax} \\ P_{max} \leqslant \eta_{sc} \cdot x_2 \cdot P_{sc,max} + \eta_b \cdot x_3 \cdot P_{b,max} \\ E_{max} \leqslant \omega_1 \int_0^t P_{re} dt = w_1(\eta_{sc} \cdot x_2 \cdot E_{sc} + \eta_b \cdot x_3 \cdot E_b) \\ V_{max} \geqslant \lambda_s \cdot x_2 \cdot v_s + \lambda_b \cdot x_3 \cdot v_b \\ W_{max} \geqslant \mu_s \cdot x_2 \cdot w_s + \mu_b \cdot x_3 \cdot w_b \end{cases} \quad (5.33)$$

式中 $SOC_{b,min}, SOC_{b,max}$ —— 上述两种模式下表示锂电池的最小荷电状态与最大荷电状态;

$C_{b,dismax}$ —— 锂电池最大放电倍率;

η_b —— 锂电池效率;

$P_{b,max}$ —— 单体锂电池模组最大功率;

E_b —— 单体锂电池模组的能量；

λ_b, μ_b —— 反映单位量与系统之间比例关系的比例常数；

v_b —— 单体锂电池的体积；

w_b —— 单体锂电池的质量。

除了需要满足式（5.32）和（5.33）中超级电容与锂电池的电压和 SOC 约束外，对于混合储能系统而言还要考虑混合储能系统最大能量和最大功率约束，电池的充电倍率及 SOC 约束，混合储能系统质量体积等方面的约束，参数取值见表 5.3。

表 5.3 约束条件的参数取值

参数名称	取值	参数名称	取值
$SOC_{sc,min}/\%$	40	$C_{b,dismax}/C$	8
$SOC_{sc,max}/\%$	95	P_{max}/kW	900
$SOC_{b,min}/\%$	40	$E_{max}/(kW \cdot h)$	50.86
$SOC_{b,max}/\%$	95	ω_1	1.3
$U_{sc,min}/V$	250	V_{max}/m^3	10
$U_{sc,min}/V$	600	W_{max}/kg	8 000

5.4 车地一体化动力系统容量配置方案

本节首先介绍车地一体化动力系统优化配置原理；其次介绍采用的模糊逻辑能量管理策略的工作原理，并依据控制原理，结合混合储能系统与充电站的供电工作特点，进行隶属度函数与模糊逻辑规则设置；再次，基于某线路有轨电车运行需求功率曲线与工况信息，结合目标函数与约束条件，利用粒子群算法构建一种新型的车地一体化动力系统容量配置方案；最后以有轨电车实际运行工况为依据进行算例分析，仿真验证所提的新型混合储能系统联合地面充电站的车地一体化动力系统容量配置方案的有效性与合理性。

5.4.1 优化配置原理

对于车载储能元件,考虑在纯超级电容车载储能系统中加入锂电池模组,构成超级电容+锂电池混合储能的车载动力系统,采用模糊逻辑控制能量管理策略对混合储能系统进行功率分配,以实现高功率型元件与高能量型元件的配合,实现系统高能效与低成本的运转。对于地面充电站,考虑改变地面充电站的数量及其匹配的充电功率,在保证列车运行需求功率的前提下,对车地一体化动力系统探讨经济性最优的容量配置方案。

具体的优化配置方法是将列车运行需求功率曲线作为车地一体化动力系统的整体需求,将车辆运行实时工况信息、混合储能系统能量分配参数作为输入条件,以车载储能系统的寿命模型和地面充电站的系统效率模型作为输入量,建立包括超级电容模组的全寿命周期成本、锂电池模组的全寿命周期成本以及地面充电站的全寿命周期成本的目标函数并求取约束条件。利用粒子群优化算法,基于目标函数与约束条件,对种群中的粒子进行优化迭代,不断更新新的种群并输入车地一体化动力系统仿真中,不断循环迭代,直至获得车地一体化动力系统全寿命经济性最优的优化配置方案。优化变量包括超级电容模组数量、锂电池数量、地面充电站个数及其配置的充电功率,优化配置流程如图5.7所示。

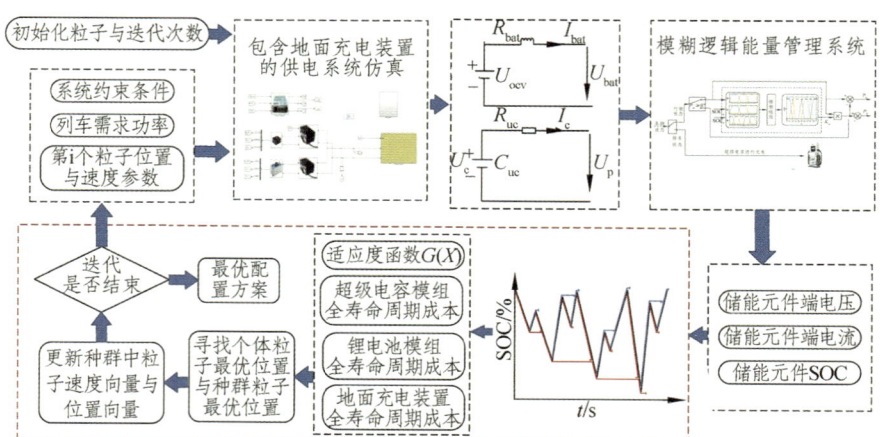

图 5.7 配置优化流程

对于车地一体化动力系统的容量优化配置，超级电容+锂电池联合地面充电站的车地一体化动力系统配置方案的所有可能组合方式包括：纯超级电容"站站充"（广州某有轨电车线路已投入使用），超级电容+锂电池"站站充"以及超级电容+锂电池"间隔充"。其中，超级电容+锂电池"间隔充"方案又可划分为超级电容+锂电池"首末充"，超级电容+锂电池"中间充"，超级电容+锂电池"隔 m 站充"。为了对比这几种配置方案，选取的线路全长共 12 个站，需要注意的是，各运行模式中首末均设充电站，不同能量补给模式下充电站设置如图 5.8 所示。充电站站点间隔数与充电站数量的关系见表 5.4。地面充电站充电功率地面充电站设置的充电功率范围为 $n\times 100$ kW，$n\in[1,9]$。

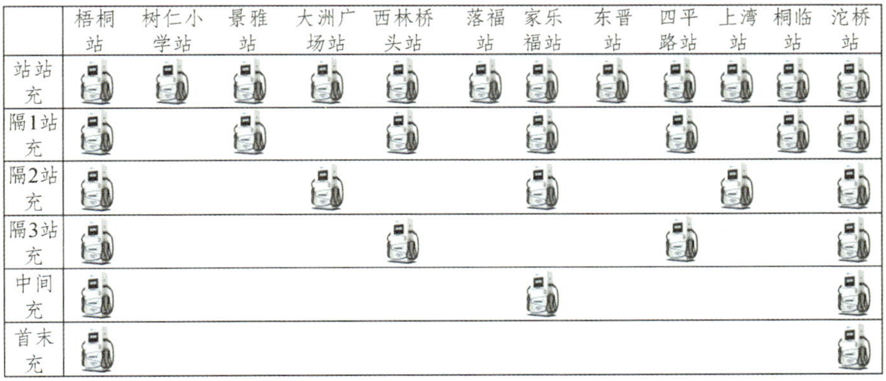

图 5.8 不同能量补给模式下充电站设置

表 5.4 站点间隔数与充电站数量关系

间隔站点数	充电站数量	备 注
1	7	—
2	5	—
3	4	—
$4\leqslant m\leqslant 10$	3	当 $m=6$ 时，为超级电容+锂电池"中间充"
$m>10$	2	超级电容+锂电池"首末充"

5.4.2 能量管理策略

能量管理策略是混合动力系统控制的重要环节，相比于其他控制方法，模糊逻辑控制能够实现对非线性系统荷电状态（SOC）的实时性和适应性的有效保证，实现负载需求功率在锂电池和超级电容之间的合理分配，推进储能系统的性能指标和经济性指标的提升，在各个领域已得到广泛应用[158]。基于此，本节考虑采用基于模糊逻辑控制的能量管理策略作为锂电池超级电容混合储能系统的能量管理方法。

本节采用 Mamdani 推理模型，基于模糊逻辑的能量管理系统如图 5.9 所示。

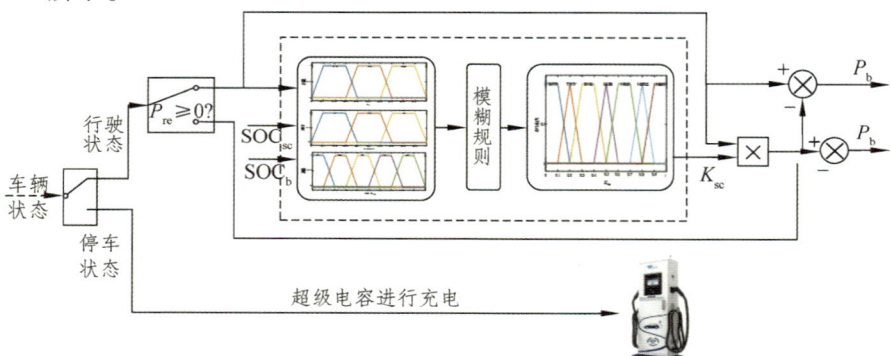

图 5.9 基于模糊逻辑的能量管理系统

在模糊逻辑输入量与输出量定义中，选取机车牵引需求功率 P_{re}、锂电池荷电状态 SOC_b 以及超级电容荷电状态 SOC_s 作为模糊逻辑控制器的输入变量，选取超级电容模组的输出功率在机车牵引需求功率中承担的比重 K_{sc} 作为模糊逻辑控制器的输出。根据混合储能式有轨电车各部件计数参数，输入变量的论域分别为 $P_{re} \in [-6.0 \times 10^6, 6.0 \times 10^6]$、$SOC_b \in [0, 1]$、$SOC_{sc} \in [0, 1]$。在模糊控制中，变量论域为 $SOC_{sc} \in [0, 1]$，$SOC_b \in [0, 1]$，考虑到列车运行中的回馈制动能量被超级电容吸收，因此机车牵引需求功率输入变量论域无负向区间，论域为 $P_{re} \in [0, 1]$，输出变量论域为 $K_{sc} \in [0, 1]$。根据有轨电车启动、牵引、惰行、制动等不同的运行状态，机车需求功率 P_{re} 的模糊子集划分为小、中以及大，对应符号{PT, PS, PM}；锂电池 SOC_b 模糊子集划分为低、中、高，对应符号{S, M, L}；超级电容 SOC_{sc} 模糊子集划分为微、少、较少、中、高 5 个等级状态，对应符号{SS, SM, SL, SF, ST}；超级电容输出功率在系统需求功率中承担比重 K_{sc} 的模糊子集划分为极微、微、少、较少、中、较多、多等 7 个状态，对应符号{EXTI, TINY, SMA, LESS, MED, MORE, MAX}。依据模糊逻辑输出量，可获取超级电容输出功率 P_{sc}，用机车需求牵引功率 P_{re} 减去超级电容输出功率 P_{sc}，即可得到锂电池输出功率 P_{bat}，系统能量分配完成。相应的隶属度函数变量集合见表 5.5。

表 5.5 隶属度函数变量集合

	变量名称	变量论域	变量集合
输入变量	P_{re}	[0, 1]	{PT, PS, PM}
	SOC_b	[0, 1]	{S, M, L}
	SOC_c	[0, 1]	{SS, SM, SL, SF, ST}
输出变量	K_{sc}	[0, 1]	{EXTI, TINY, SMA, LESS, MED, MORE, MAX}

选取三角形隶属度与矩形隶属度函数作为隶属度函数，为保护储能元件，避免超级电容与锂电池过流过载，将超级电容模糊子集 SL 范围规定在{0.3, 0.6}，SF 范围规定在{0.5, 0.8}，定义锂电池模糊子集 M 范围规定在{0.3, 0.7}。系统模糊逻辑控制相应的输入输出变量隶属度函数如图 5.10 所示。

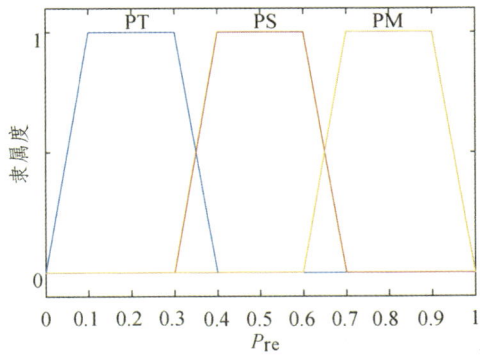

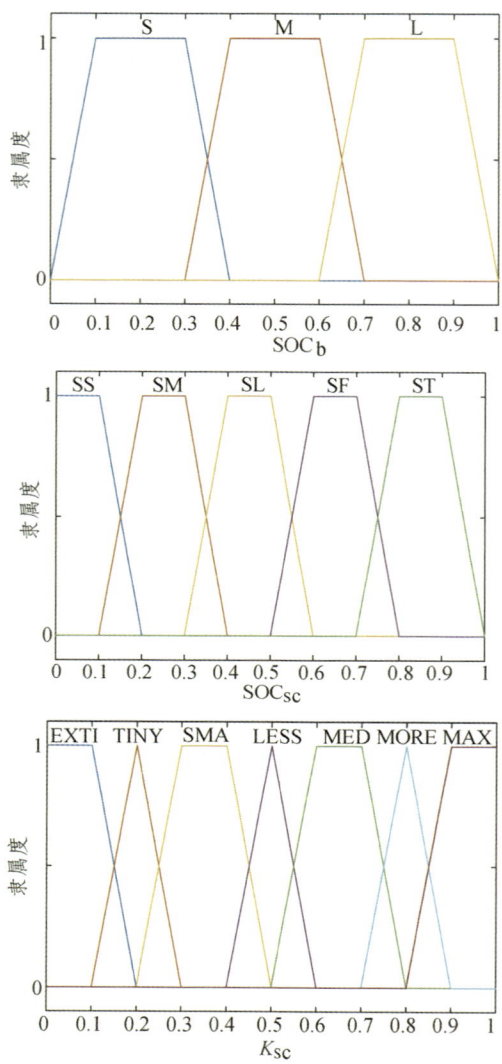

图 5.10 隶属度函数曲线

依据模糊逻辑控制原理,结合实际工程经验,遵循以下几个原则来制订模糊逻辑规则表:

(1) 充放电平衡原则:根据系统约束要求,超级电容 SOC 工作范围在 40%～95%,锂电池工作 SOC 工作范围也在 40%～95%,因此在绝大多数情况下超级系统应处在 SL、SF 模糊子集下，锂电池应处在 M 模糊子集下。

（2）制动能量回收原则：当机车进行制动工况产生制动能量时，在锂电池超级电容混合储能系统中，一般由超级电容将回馈制动能量全部吸收，若超级电容容量满载时，多余的制动能量由制动电阻吸纳。

（3）混合储能系统供电原则：若超级电容与锂电池 SOC 均处于健康状态下，系统需求功率由超级电容与锂电池共同补给。

具体的模糊逻辑规则见表 5.6。

表 5.6　模糊逻辑规则

P_{re}=PT		SOC_{sc}				
		SS	SM	SL	SF	ST
SOC_b	S	TINY	SMA	SMA	MORE	MAX
	M	EXTI	SMA	SMA	MORE	MAX
	L	EXTI	TINY	SMA	MORE	MAX
P_{re}=PS		SOC_{sc}				
		SS	SM	SL	SF	ST
SOC_b	S	TINY	LESS	LESS	MAX	MAX
	M	TINY	SMA	LESS	MAX	MAX
	L	EXTI	TINY	LESS	MORE	MAX
P_{re}=PM		SOC_{sc}				
		SS	SM	SL	SF	ST
SOC_b	S	SMA	LESS	MED	MAX	MAX
	M	TINY	LESS	MED	MAX	MAX
	L	EXTI	SMA	MED	MAX	MAX

5.4.3　优化配置结果

针对锂电池超级电容混合储能系统联合地面充电站形成的车地一体化动力系统的容量配置问题，基于求解问题的非线性、解域需要取整以及存在较多约束条件等特点,选择具有收敛速度快、精度高等特性的粒子群算法进行问题求解。

车地一体化配置中的车载储能系统、地面充电站以及有轨电车相关仿真参数见表 5.7。

表 5.7 仿真参数

参数名称	参数值	参数名称	参数值
超级电容单位容量成本 C_{kwh_s}/[元/(kW·h)]	50 000	功率因数 $\cos\psi$/%	90
锂电池单位容量成本 C_{kwh_b}/[元/(kW·h)]	8 000	变压器效率 η_2/%	90
锂电池模组维护成本 C_{b_my}/(元/年)	800	充电机效率 η_c/%	95
超级电容模组维护成本 C_{s_my}/(元/年)	800	充电站充电功率单价 $C_{ch,se}$/(元/kW)	1 000
DC/DC 功率单价 C_{dc_kw}/(元/kW)	400	有轨电车服役年限 T/年	20
充电站年维护成本 C_{w_s}/[元/(个×年)]	3 000	有轨电车数量 N_{tram}/辆	8
充电站固定建设成本 $C_{ch,s}$/(万元/个)	150	有轨电车单日运行趟数 N_{tang}/趟	132
基础容量费 C_{ba}/(元/月·kW)	32		

注:表 5.7 中锂电池与超级电容价格来自合作单位报价,基础容量费参考中国南方电网《粤发改价格〔2018〕213 号文》,地面充电站、DC/DC 价格参数来自某国家重点研发项目参考价格。

根据选取的有轨电车线路的具体参数,线路全线共有 12 个站点,此线路下车地一体化动力系统运行模式共存在 7 种方案,分别是超级电容"站站充",混合储能"站站充",混合储能"隔 1 站充",混合储能"隔 2 站充",混合储能"隔 3 站充",混合储能"首末充"以及混合储能"中间充"。分别对这 7 种车载储能系统与地面充电站的联合运行模式求取满足车辆运行需求与约束条件的所有配置方案,并对其展开全寿命周期经济性分析,得到如图 5.11 所示的车地一体化优化配置方案经济性分布图。

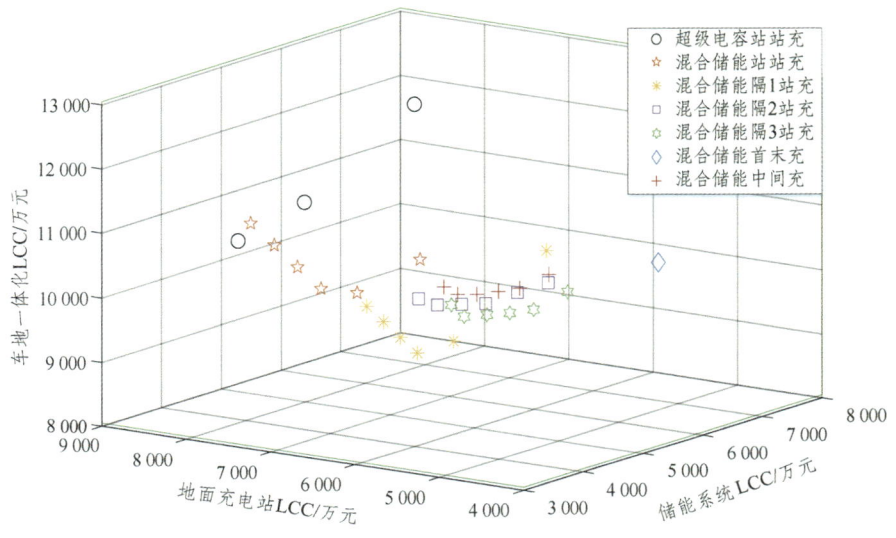

图 5.11 车地一体化优化配置方案经济性分布图

在图 5.11 中,各个方案分布的最低点就是该车地一体化能量补给模式的经济性最优的容量配置方案。从图中可以看出,与纯超级电容储能相比,加入锂电池的混合储能模组与地面充电站联合的车地一体化动力系统总体上经济性优于纯超级电容+地面充电站模式。而混合储能+地面充电站模式中,并不是简单地减少地面充电站的数量就能实现系统经济性,储能系统成本与地面充电站成本是相互制约相互耦合的。当地面充电站数量减小时,为了满足车辆运行功率的需求,需要增大地面充电站配置的充电功率,这使得地面充电站的建设成本需要在充电站数量及其配置充电功率之间权衡。同时,充电站数量的减少,车载储能系统能量需要满足车辆的站间行驶能量需求,并保证车辆在行驶到下一个充电站进行能量补给时,储能系统 SOC 不能低于 40%,母线电压需维持在 750 V,基于此,车载储能系统的容量配置会相对增加。若车载储能系统的全寿命周期成本过高也会影响车地一体化动力系统的经济性。当地面充电站数量增加时,相应的配置充电功率会有所降低,充电站建设成本存在权衡过程,同时超级电容配置可相对降低,但由于储能系统能量必须满足车辆站间行驶能量需求并服从系统安全工作区间制衡,可能存在超级电容配置与地面充电站能量补给的差值过剩情况,对系统经济性造成负面影响。锂电池模组的增加能够降低超级电容的配置,减小对地面充电站容量的诉求,但锂电池模组容量配置过大,其购置成本与更换成本也有可能对系统经济性优化带来影响。

根据车地一体化优化配置方案的经济性分布图,可得超级电容"站站充",混合储能"站站充",混合储能"隔1站充",混合储能"隔2站充",混合储能"隔3站充",混合储能"首末充"以及混合储能"中间充"7种模式各自的一个经济性最优的配置方案,如图5.12所示。

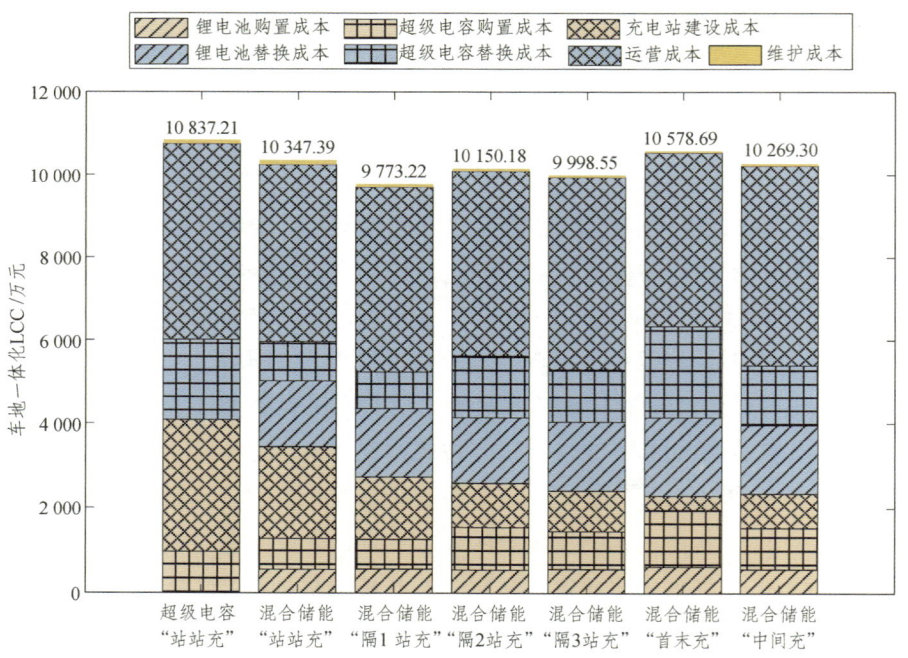

图 5.12 不同模式下的成本分布

通过图 5.12 可以看出,在 7 种车地一体化供电模式中,混合储能"隔 1 站充"经济性是最优的。总体来说,纯超级电容+地面充电站模式的经济性比不上混合储能系统+地面充电站模式的经济性。虽然混合储能"隔 1 站充"配置的储能容量高于混合储能"站站充",但由于地面充电站的成本得到了降低，综合车地一体化成本后，混合储能"隔1站充"配置的经济性要优于混合储能"站站充"。此外，混合储能"隔2站充"、混合储能"隔3站充"、混合储能"首末充"以及混合储能"中间充"为混合储能"隔1站充"的扩容模式，可以看到在减少充电站数量，增加充电机功率，增大储能系统容量配置等举措下，储能系统成本与地面充电站成本权衡后得到的综合成本，其经济性未优于混合储能系统"隔1站充"模式。

与传统的纯超级电容储能相比，储能系统中加入锂电池模组后，分担了部分车辆需求功率，超级电容系统的配置容量与放电深度释放了部分压力，同时超级电容对于地面充电站的能量补给诉求也有所减缓，地面充电站配置的充电功率可进一步降低，充电站成本减小，进而实现了车地一体化系统总成本的下降。另外，由于锂电池的充放电次数要远低于超级电容，其循环寿命相对较短，若过多减少地面充电站数量，弱化地面能量补给的作用，车载混合储能系统的容量配置将会倾斜于纯超级电容配置，结果显示，没有达到理想优化车地一体化系统经济性的目的。混合储能"隔1站充"模式兼顾了车载储能系统全寿命周期成本与地面充电站全寿命周期成本，其配置结果表明，该模式实现了车地一体化供电系统的全寿命周期的最优经济性。表 5.8 给出了混合储能+地面充电站模式与现有的纯超级电容+地面充电站模式的经济性对比结果。

表 5.8 配置方案经济性对比

车地一体化供电模式	节约成本/万元	降低比率/%
混合储能"中间充"	567.91	5.24
混合储能"首末充"	258.52	2.39
混合储能"站站充"	489.82	4.52
混合储能"隔1站充"	1 063.99	9.82
混合储能"隔2站充"	687.07	6.34
混合储能"隔3站充"	838.66	7.74

基于以上优化结果,提出一种新型的车地一体化全寿命周期经济性最优的能量补给模式,即超级电容锂电池"隔1站充"模式,该模式的具体优化配置参数见表5.9。

表5.9 混合储能"隔1站充"模式优化配置参数

锂电池配置情况		超级电容配置情况		充电站配置情况	
锂电池数量/个	1 540	超级电容模组数量/个	208	充电站数量/个	7
串联数	220	串联数/串	13	充电站配置功率/kW	400
并联数	7	并联数/并	16	—	—
日均成本/(万元/天)	0.30	日均成本/(万元/天)	0.22	日均成本/(万元/天)	0.82
车地一体化系统总成本/万元		9773.22	车地一体化系统日均成本/(万元/天)		1.34

混合储能"隔 1 站充"运行模式下,超级电容模组优化配置为 624 V/203 F,日均成本为 0.22 万元;锂电池模组为 506 V/140 A·h,日均成本为0.30万元;地面充电站配置参数为 7 个/400 kW,日均成本 0.82 万元。与现有的纯超级电容"站站充"模式相比,混合储能"隔1站充"模式在日均成本上降低了 9.8%,综合总成本节省了 1 063.99 万元,对地面充电站充电功率需求降低了 66.67%,进一步验证了所提新型车地一体化动力系统模式的经济性。

5.5 工程应用

近年来,储能式有轨电车发展迅速,储能式有轨电车一般是在超级电容、锂电池、燃料电池等储能元件中选取一种或多种组成满足设备动力需求的能量系统。根据线路的实际需求,有的情况下也会辅以地面充电装置的支持,共同构成储能式有轨电车的供电系统。储能式有轨电车采用的全线无网运行的供电方式,不仅保证了良好的供电性能,且规避了有网运行供电制式衍生容量性差、灵活性低等问题,已成为现代有轨电车领域新的发展热点。

5.5.1 动力电池模式

以动力电池作为储能系统的有轨电车中也在现代轨道交通中得到大力发展。2007 年 12 月,法国尼斯有轨电车 1 号线投入使用。这条线路,需要通过两个重要的广场,这两地无架空接触线(见图 5.13)。为此,阿尔斯通公司在 Citadis 车辆上装载了 DC 540 V/200 kW 的蓄电池组,该蓄电池能以 80 A·h 供电 27 kW·h,不仅提供给车辆运行,还能给车上的空调设备等使用[159]。

图 5.13 阿尔斯通公司 Citadis 型有轨电车

东日本旅客铁道公司 2009 年 10 月在 NE 列车(New Energy train)上搭载储能装置见图 5.14,使车辆在接触网区间与无接触网区间之间运行试验。在接触网区间,由接触网为车辆行驶供电,储能装置仅作为再生制动能量存储设备;在无接触网区间,由储能系统为车辆行驶供能。试验验证了车辆在各区间通行顺畅,验证了锂电池储能系统可以作为车辆动力源[160]。

图 5.14　东日本旅客铁道公司 NE 列车

劳尔公司为意大利帕多瓦设计的 Translohr 胶轮导轨式有轨电车，要经过著名的河谷草地广场。劳尔公司也是通过在车上装载蓄电池的方式，在广场段线路取消了架空接触网，如图 5.15 所示。我国天津滨海和上海张江有轨电车线路采用的就是劳尔公司的 Transloh 胶轮导轨式有轨电车。

图 5.15　劳尔公司 Translohr 胶轮导轨式有轨电车

5.5.2　超级电容模式

超级电容作为储能元件在有轨电车中的应用已较为广泛。在德国，庞巴迪公司于 2003 年设计了一款以超级电容作为储能装置的有轨电车（见图 5.16），在曼海姆投入使用，其高效节能的优势得到验证[159]。西班牙 CAF 公司设计的以超级电容作为储能装置的有轨电车，已在萨拉戈萨市与塞尔维亚市投入使用[161]。

图 5.16　Urbos 3 轻轨车辆

我国目前也在大力发展超级电容有轨电车，图 5.17 为中车株机公司自主研发的储能式电力牵引轨车辆。车辆靠站时，在人员上下的间隙，只需 30 s 车辆就能完成充电，一次充电可连续运行 3 km。

图 5.17　中车株机公司储能式电力牵引轨车辆

5.5.3 动力电池+超级电容模式

Sitras HES 是 Siemens 公司开发的有轨电车混合储能装置，它由 Maxwell 超大容量双电层电容器外加一组 SAFT Ni-MH 蓄电池组成，提供混合动力的供电模式。Siemens 公司在其 Avenio 有轨电车上安装了这种系统，并在葡萄牙里斯本南部 Almada-Seixal 的线路开始运营，在不使用架空电缆的情况下，最远可行驶 2.5 km。

我国唐山客车与德国 LogoMotive 公司合作推出了一款"祥龙号"有轨电车，车辆采用超级电容与蓄电池配合受电弓的供电制式，该型号有轨电车已在土耳其萨姆松、泉州、南平市武夷新区等地投入使用[162]。青岛四方车辆研究所、广州国电南瑞科技股份有限公司等独立研发的超级电容储能装置也实现突破，进入调试阶段。武汉东湖也紧随广州步伐，将无接触网式的超级电容配合地面充电装置协作供电模式的有轨电车投入使用[163]。在南京河西，以锂电池作为储能系统的有轨电车已投入使用，同时配备地面充电装置。相较于超级电容，锂电池拥有更好的续航能力，但不能实现快速充电，需预留较长充电时间。

第 6 章

燃料电池混合动力机车

6.1 燃料电池混合动力机车概述

与目前的有轨电车技术相比,燃料电池有轨电车虽然需要在车上配备燃料电池发电系统、储氢系统、储能系统等设备,还需建设地面制氢、加氢站点,这将会使每列车的一次采购成本增加,但燃料电池有轨电车取消了地面牵引供电系统,将大大节约线路建设成本,从而使系统综合投资成本与有网有轨电车系统相当或略低,而比第三轨、感应式以及储能式有轨电车的综合投资成本都更低,因而具有很好的市场竞争优势。

燃料电池有轨电车不仅可以为城市轨道交通提供一种节能环保的新型交通工具[164],其成果的推广应用,更将推动制氢、储氢、燃料电池、超级电容等相关产业链的发展,对抢占本领域技术制高点,促进本行业技术进步,具有十分重要的意义。

本章主要介绍燃料电池/超级电容混合动力系统拓扑结构、能量管理策略、有轨电车运行控制和混合动力整车试验。

6.2 燃料电池混合动力系统拓扑

纯燃料电池动力系统的拓扑结构比较简单,如图 6.1 所示。由于燃料电池输出特性较软,输出电压随输出功率的波动较大。为了克服燃料电池存在的这个问题,一般在燃料电池输出后级连接一个 DC/DC 变换器或者 DC/AC 逆变器,使其输出电压稳定在负载额定电压范围内。该拓扑结构简单,能量利用效率高,但存在系统配置燃料电池电堆功率大、动态响应慢、燃料电池寿命受负荷波动影响大等缺点[165-167]。

图 6.1　纯燃料电池动力系统拓扑结构

为克服纯燃料电池动力系统以上存在的不足,提出了燃料电池混合动力系统。燃料电池混合动力系统属于电-电混合动力系统,根据燃料电池是否带后级 DC/DC 变换器、辅助动力源连接方式的不同,其主要拓扑结构如图 6.2 和图 6.3 所示。

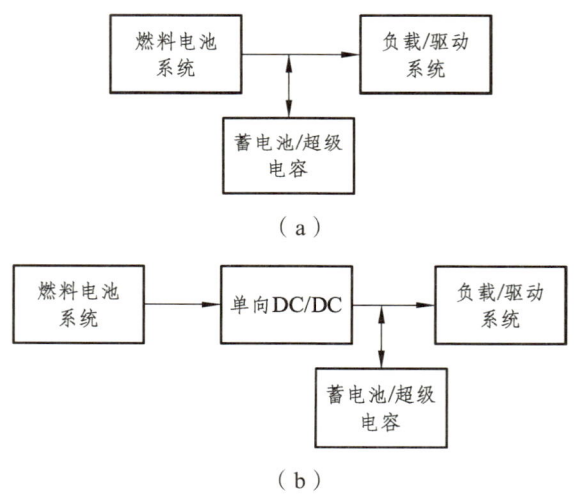

图 6.2　辅助动力源直接并联混合动力系统拓扑结构

图 6.2（a）是比较简单的混合动力系统拓扑结构,燃料电池与蓄电池直接和负载或者驱动系统连接。该结构中负载或者后级驱动系统的额定电压,决定了燃料电池、蓄电池的电压等级。只有燃料电池、蓄电池并联母线电压等级与负载或者后级驱动系统相匹配时,系统能量效率最高、系统最经济。该拓扑虽结构简单,但控制策略单一,不能对燃料电池、蓄电池的能量进行管理、分配。当负载或者驱动系统负荷功率发生变化时,母线电压将直接受到影响。辅助能量储存系统（蓄电池）和燃

料电池，需要分别调整其输出电压来保证负载的正常运行。

另外，该拓扑结构中蓄电池直接与母线连接，中间无 DC/DC 变换器，母线电压将由蓄电池端电压决定。根据燃料电池极化曲线可知，燃料电池输出电压随输出电流而变化，类似一电流源。燃料电池输出特性偏软，动态响应慢。在负载发生变化时，在大多情况下燃料电池输出电压低于直流母线所要求的电压，这使得该燃料电池混合动力系统的能量管理非常困难，也降低了系统的效率和可靠性。同时，燃料电池输出电压不能与负载直接匹配，不能实现能量管理，存在一定的不足。

图 6.2（b）中在燃料电池输出后串联一单向 DC/DC 变换器，通过控制 DC/DC 变换器来控制、稳定、变换燃料电池的输出电压，解决了图 6.2（a）拓扑结构中存在的不足。在该拓扑结构中，通过对 DC/DC 变换器的控制，能间接实现对燃料电池输出电压、电流、功率的控制，从而实现混合能量管理与分配。该拓扑结构能够较好地实现燃料电池输出电压与负载或者驱动系统所需电压的匹配。虽然通过调整 2 个 DC/DC 变换器，该拓扑结构可以实现对燃料电池输出功率的控制，以及实现对蓄电池的充电管理，从而实现混合动力系统的能量管理；但辅助动力蓄电池直接与直流母线并联，其电压等级要求比较严格，须与负载直流总线电压相匹配，与图 6.2（a）中辅助蓄电池的要求一致。该结构简单，同时可实现能量管理调整，易于实现。

由于辅助动力源蓄电池或者超级电容直接与负载直流母线连接，必须要求端电压等级与负载匹配。为解决对辅助动力源电压等级要求的限制，提出了辅助动力源经一个双向 DC/DC 变换器后与直流母线连接，其混合动力系统拓扑如图 6.3 所示。

图 6.3（a）中辅助动力源通过双向 DC/DC 变换器与直母线连接，该结构与图 6.2（a）的拓扑结构相比，解决了辅助动力源端电压的限制，并可对辅助动为源的 SOC 进行管理。通过对动力源放电电流及输出电压的控制，可间接对燃料电池输出功率进行控制，但该结构中燃料电池输出电压也即直流总线电压随输出电流变化而变化。

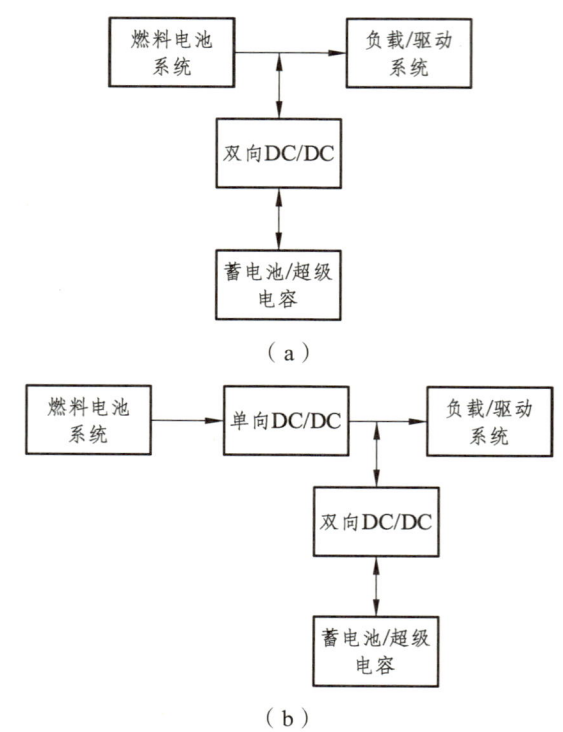

图 6.3 辅助动力源经 DC/DC 变换后并联混合动力系统拓扑结构

图 6.3（b）的拓扑结构是在图 6.2（b）的基础上，在辅助动力源与直流总线之间增加了双向 DC/DC 变换器。该拓扑结构可以稳定直流母线电压在负载或者驱动系统规定范围内，同时还能对辅助动力源进行充放电管理。该拓扑结构不仅能够实现燃料电池输出电压和功率的控制，而且能够通过控制双向 DC/DC 变换器对辅助动力源进行充放电管理，同时可以回收再生制动能量，能较好地实现燃料电池、辅助动力源混合动力系统能量控制及管理。

从蓄电池及超级电容本身特征看：蓄电池具有能量高的优点，但充放电时间较长；超级电容具有功率密度高、充放电时间非常短、循环寿命长的优点，但维持时间较短，不能长时间提供能量。如果混合动力系统单独采用蓄电池或者超级电容作为辅助动力源，都存在一定的不足。

因此可将蓄电池和超级电容相结合,充分利用各自的优点构成双辅助动力源的混合动力系统,拓扑结构如图6.4所示。

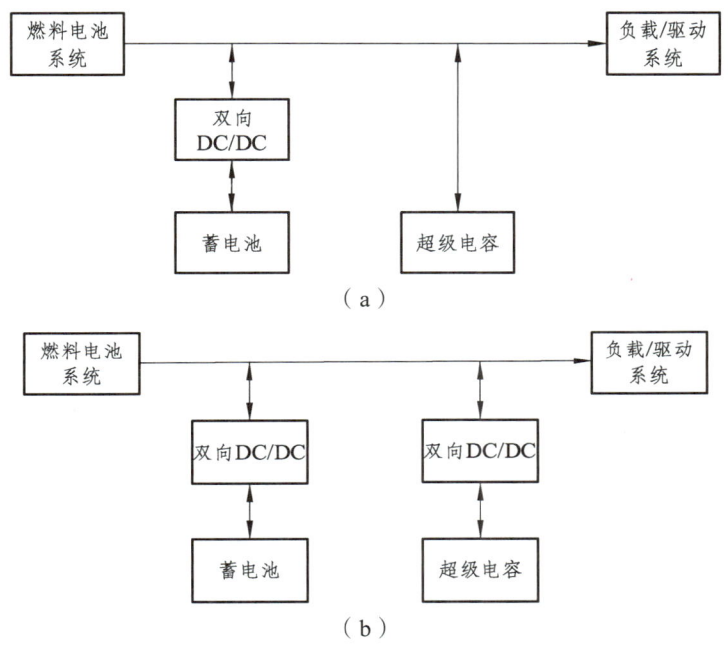

图 6.4 双辅助动力源混合动力系统拓扑结构

在图6.4所示的拓扑结构中蓄电池用于主辅助动力源,补偿负载变化时燃料电池输出功率的不足。超级电容由于可以快速充放电,在加速时可快速提供能量,在制动时可快速回收再生制动能量。图6.4(a)所示的拓扑中超级电容直接与直流总线连接,可以快速释放或者回收能量,但该方式要求超级电容的标称电压必须与直流总线电压一致,否则容易导致超级电容电解液分解,缩短使用寿命。为了弥补超级电容直接连接直流总线的缺点,可以串联双向DC/DC变换器后并入直流总线,构成如图6.4(b)所示的拓扑结构。在该拓扑结构中超级电容通过双向DC/DC变换器,在放电时可将超级电容端电压升压到直流总线电压等级,制动能量回收时可通过双向DC/DC变换器降压,避免了图6.4(a)所示拓扑中对超级电容的标称电压限制。这两种拓扑结构构成的混合动力系统较为完善,但系统结构复杂,成本较高。

在实际的应用过程中,可以根据不同的系统需求以及经济性等相关要求选择适合的燃料电池混合动力系统拓扑结构。

6.3 机车用燃料电池混合动力系统

本章所介绍的燃料电池混合动力机车为采用 2 动 1 拖 3 辆编组结构的有轨电车,最大载客量 336 人,最高运行速度 70 km/h,如图 6.5 所示。该车由西南交通大学和中车唐山机车车辆有限公司联合开发,于 2016 年 4 月 27 日成功下线。

图 6.5 燃料电池/超级电容混合动力 100%低地板有轨电车

在上述燃料电池/超级电容混合动力有轨电车中,其动力由一个燃料电池、超级电容和锂电池组成的混合动力系统提供。该系统由 2 套质子交换膜燃料电池发电系统、2 套锂电池系统、2 套超级电容系统、2 套单向 DC/DC 变换器、4 套双向 DC/DC 变换器、辅机系统、制动电阻以及能量管理系统组成,其母线电压为 750 V,其系统结构如图 6.6 所示。根据其结构建立如图 6.7 所示的燃料电池混合动力系统,其详细设备参数见表 6.1。

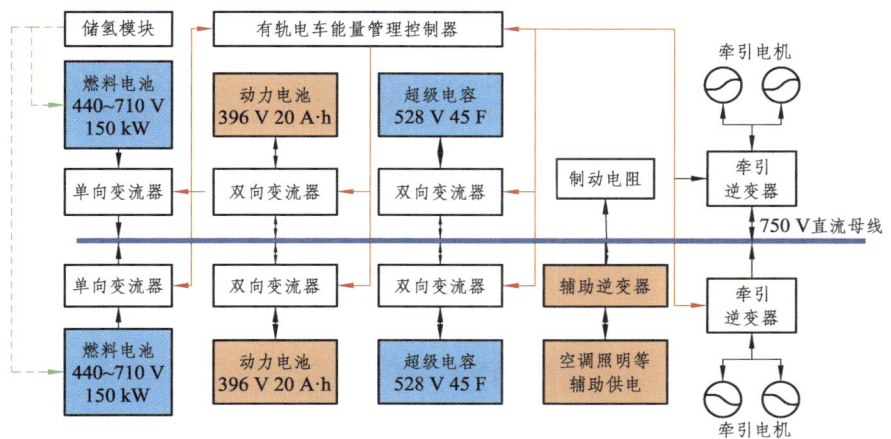

图 6.6　燃料电池混合动力系统结构

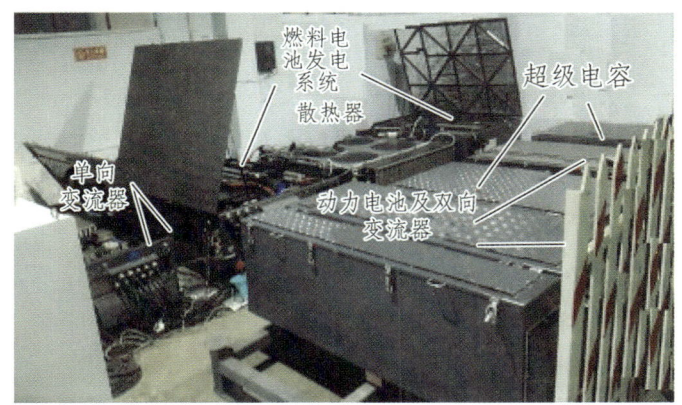

图 6.7　有轨电车用燃料电池混合动力系统

表 6.1　混合动力有轨电车车载直流微电网主要参数

燃料电池发电系统			
型号	Ballard 电堆模组-HD6		
额定功率/kW	150	工作电压范围/V	440~710
工作温度/℃	50~63	质量/kg	710
最大工作电流/A	320	设备组数	2 套并联

续表

锂电池系统			
型号	\multicolumn{3}{c}{MV06203127NTPCA}
容量/(A·h)	40	额定电压/V	24×14
最大放电倍率/C	5	最大充电电流/A	240
质量/kg	280	设备组数	2套并联
超级电容系统			
型号	\multicolumn{3}{c}{Maxwell BMOD0615}
容量/F	45	额定电压/V	48×11
最大充电电流/A	1 400	功率密度/(W/kg)	3300
设备组数	11串3并为1套 2套并联	质量/kg	670

为满足车辆重心、轴重以及100%低地板等性能要求,燃料电池/超级电容混合动力100%低地板有轨电车车载直流微电网中的各子系统均衡分布在有轨电车3辆编组的顶部,如图6.8所示。其中,2套PEMFC发电系统(No.1和No.2)以及2套单向升压DC/DC变换器放置于拖车车顶;蓄电池组(No.1和No.2)和超级电容组(No.1和No.2)和2套双向DC/DC变换器组成的混合储能系统分别置于动车车顶。2套燃料电池发电作为直流微电网的主电源经单向DC/DC变换器并入直流母线,为车辆牵引系统以及车载辅助设备提供主要能量;2套蓄电池组和超级电容系统分别经过双向DC/DC变换器接入直流母线,在车辆加速过程中提供能量并在减速制动期间吸收制动功率,通过控制储能单元充放电保持直流微电网系统功率平衡。

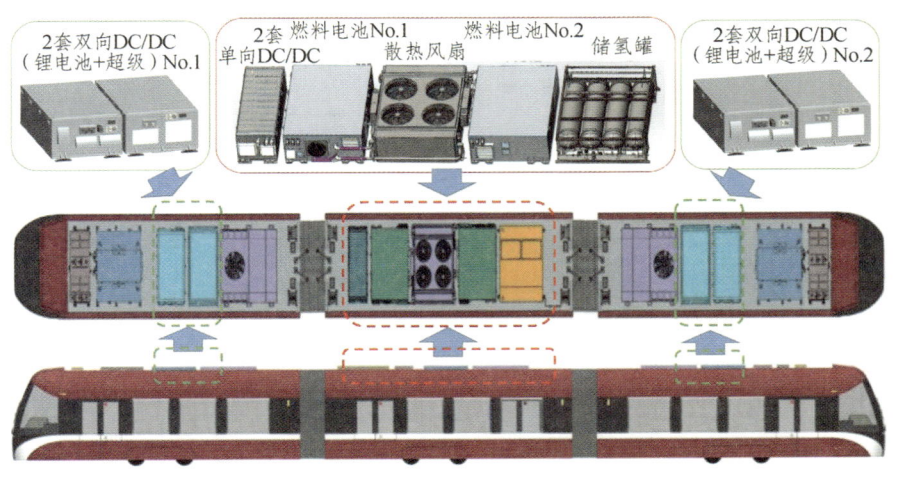

图 6.8　燃料电池混合动力有轨电车动力系统布局

6.4　混合动力能量管理策略

燃料电池混合动力机车拥有主、辅能量单元,因此在运行过程中有必要对功率进行合理分配[168]。在满足系统的功率需求下,使各能量单元尽可能工作在最优状态,不仅降低了燃料的消耗,同时也延长了燃料电池和储能装置的服役周期。燃料电池混合动力能量管理策略已经取得了丰硕的成果[169-171],本节主要介绍有功率跟随策略和等效最小氢耗能量管理策略。

6.4.1　功率跟随能量管理策略

牵引供电系统主要由燃料电池、超级电容、单向 DC/DC 变换器、双向 DC/DC 变换器、能量管理控制器、三相逆变器以及牵引电机组成,如图 6.9 所示。

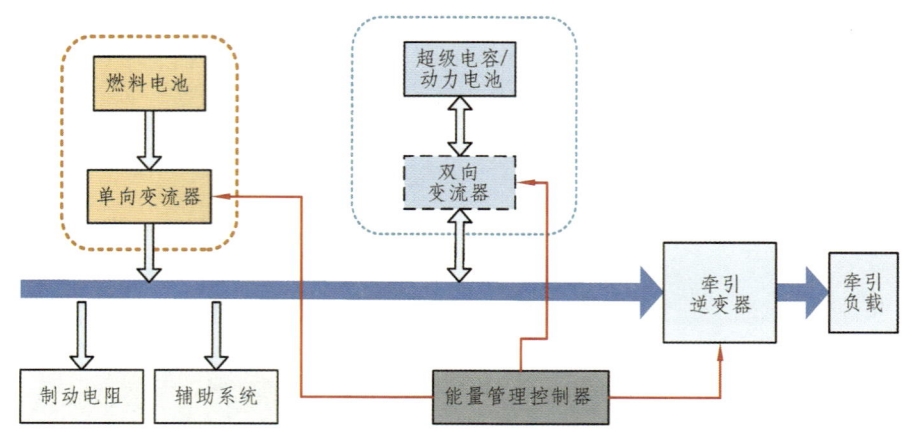

图 6.9 燃料电池+动力电池+超级电容模式拓扑

该系统采用单向 DC/DC 变换器对燃料电池进行控制，采用双向 DC/DC 变换器对超级电容或动力电池进行控制，双向 DC/DC 跟踪检测整车的运行状态以及超级电容 SOC 水平，以调控超级电容的端电压使三者匹配工作。

本系统采用的功率跟随式控制法是一种经典的基于规则控制的优化方法，控制的核心在于尽可能地保持超级电容的荷电状态在预设的区间内波动。当超级电容的荷电状态小于预设值时，储能系统能量不足，需要进行充电，这时燃料电池的输出功率需要大于牵引系统的需求功率；而当超级电容荷电状态大于设定的预设值时，这时超级电容系统输出功率与燃料电池一起为机车供电。

功率跟随式优化控制分为功率分配和模式切换两部分内容。

1. 模式切换

在燃料电池混合动力机车中，功率跟随控制策略分为运行（RUN）、保持（HOLD）和停滞（STAND）三种模式。

（1）运行模式。

当机车所需牵引功率 $P_{load}>1.2\times P_{fcmin}$ 或者超级电容 SOC 满足 $SOC<SOC_{low}$ 时，混合动力系统工作在运行模式。在该模式下，当有轨

电车牵引系统需求功率较大时,由燃料电池和超级电容同时输出功率供给有轨电车牵引系统;当有轨电车牵引系统需求功率很小或电车制动时,需要对超级电容系统进行充电,且不能超过最大的充电功率,因此由燃料电池提供混合动力系统所有的需求功率,保持超级电容的 SOC 在参考值附近。有轨电车动力系统功率平衡关系为

$$P_{load} = P_{fc} + P_{uc} \quad (6.1)$$

式中　P_{load}——有轨电车消耗的牵引功率;

　　　P_{fc}——燃料电池通过 DC/DC 变换器的输出功率;

　　　P_{uc}——超级电容系统的输出功率。

(2)停滞模式。

当机车所需牵引功率 P_{load} 为负或者机车所需牵引功率满足 $P_{load} < P_{fcmin}$ 且超级电容 SOC 满足 SOC > SOC_{up} 时,燃料电池混合动力系统处于停滞模式。由于燃料电池启动时间较长,所以在此工作状态下,燃料电池处于怠速运行状态,为了能够保持随时响应系统,仅输出最小功率值,超级电容大多处于充电状态。动力系统功率平衡关系为

$$P_{load} = P_{fcmin} + P_{uc} \quad (6.2)$$

式中　P_{fcmin}——燃料电池的最小输出功率。

(3)保持模式。

在此工作状态下,燃料电池混合动力系统应该保持上一时刻的状态。HOLD 模式作为 RUN 模式和 STAND 模式的过渡,主要是防止燃料电池频繁进入怠速运行状态,影响燃料电池的使用寿命。

功率跟随能量管理策略是一种基于规则控制的策略,由此系统的工作模式切换主要根据以下 4 个参数:超级电容荷电状态上限值 SOC_{up},超级电容荷电状态下限值 SOC_{low},燃料电池的最大输出功率 P_{fcmax},燃料电池的最小输出功率 P_{fcmin}。

系统的运行模式由超级电容荷电状态和机车所需的牵引功率确定工作模式,如图 6.10 所示。

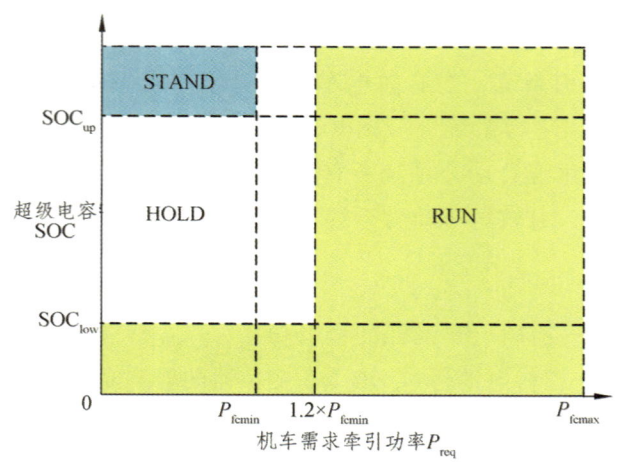

图 6.10 功率跟随模式切换示意图

2. 功率分配

当燃料电池混合动力系统处于运行模式时,燃料电池混合动力机车按下式进行不同能量单元的功率分配:

$$P_{ref} = P_{load} - P_{uc}^* \tag{6.3}$$

$$P_{uc}^* = P_{uc\_rate} \frac{SOC - SOC^*}{\Delta SOC} \tag{6.4}$$

$$SOC^* = \frac{1}{2}(SOC_{up} + SOC_{low}) \tag{6.5}$$

$$\Delta SOC = \frac{1}{2}(SOC_{up} - SOC_{low}) \tag{6.6}$$

式中　P_{ref}——燃料电池前端 DC/DC 变换器的参考功率;

P_{uc_rate}——超级电容的额定功率;

P_{uc}^*——超级电容的计算输出功率;

SOC_{up}——超级电容安全荷电状态上限值;

SOC_{low}——超级电容荷电状态安全下限值。

此外,需要对燃料电池的参考功率和参考功率变化率进行限制,从而保证燃料电池输出功率与变化功率处于正常工作范围内:

$$P_{\text{fcmin}} \leqslant P_{\text{ref}} \leqslant P_{\text{fcmax}} \tag{6.7}$$

$$-P_{\text{fcscope}} \leqslant \frac{\mathrm{d}P_{\text{ref}}}{\mathrm{d}t} \leqslant P_{\text{fcscope}} \tag{6.8}$$

式中 P_{fcscope}——燃料电池系统的输出功率最大动态变化率。

为了验证上述优化控制方法的有效性，使用 CCS 编译器对功率跟随方法进行了编程，基于搭建的 RT-LAB 半实物平台，根据燃料电池/超级电容混合动力 100%低地板有轨电车的实测工况数据对功率跟随策略进行了实验测试。

图 6.11 中的测试工况由牵引功率和整车辅助功率组成，整车辅助功率 P_{aux} 约为 20 kW。动力系统直流 750 V 母线侧的需求功率需要满足式（6.9）。

$$P_{\text{load}} = P_{\text{traction}} + P_{\text{aux}} \tag{6.9}$$

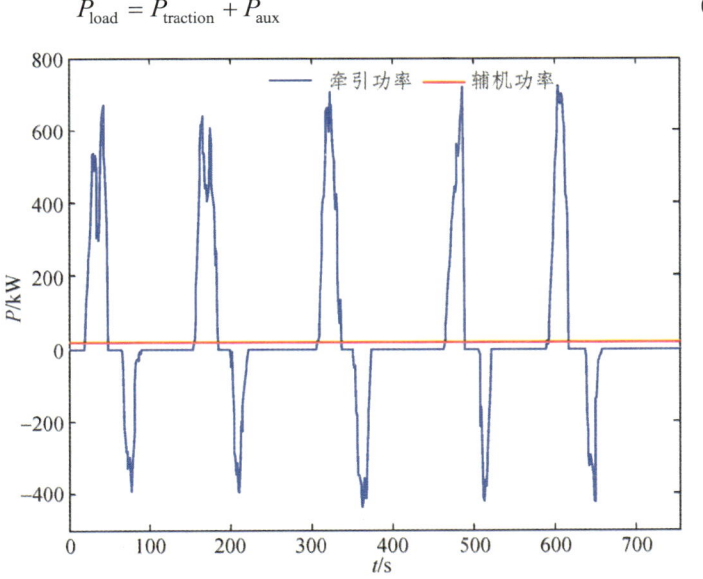

图 6.11 有轨电车实际牵引工况

根据测试工况，设置燃料电池系统最小输出功率 P_{fcmin}=20 kW，燃料电池系统最大输出功率 P_{fcmax}=250 kW，燃料电池系统输出功率最大变化率 P_{fcscope}=80 kW/s，超级电容初始 SOC 为 80%，超级电容荷电状

态上限值 $SOC_{up}=90\%$，超级电容荷电状态下限值 $SOC_{low}=70\%$，系统仿真结果如图 6.12 所示。

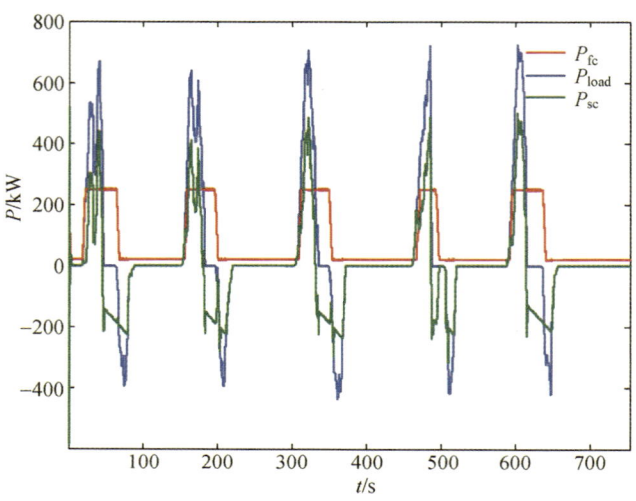

（a）功率分析

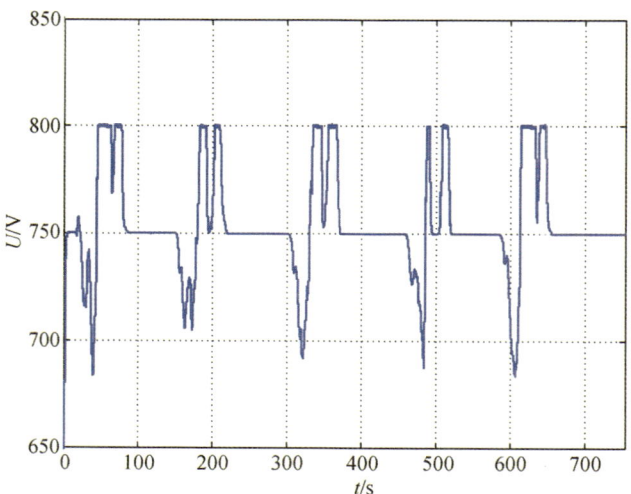

（b）母线电压

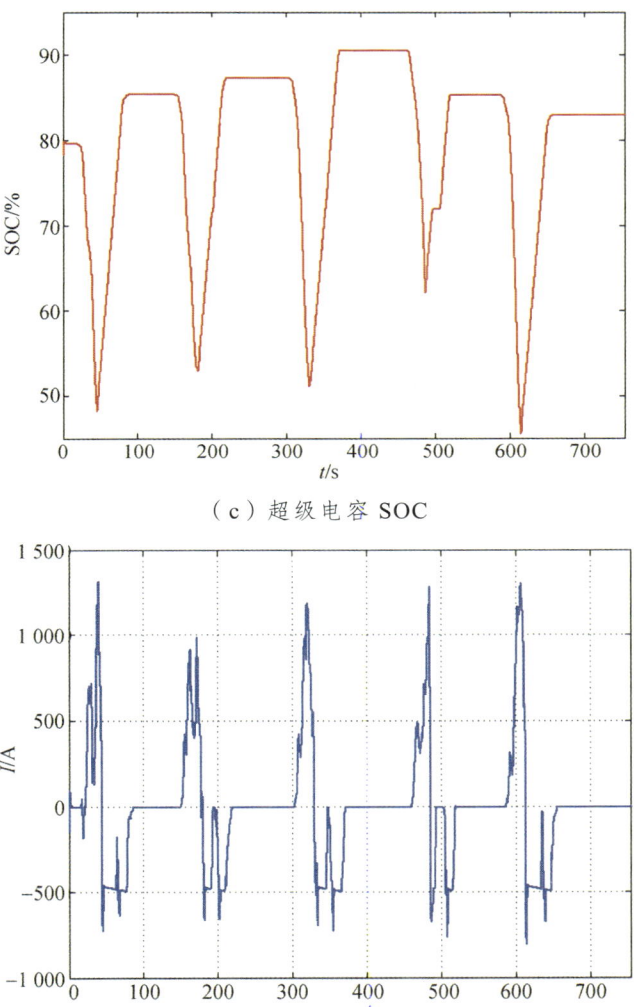

(c) 超级电容 SOC

(d) 超级电容电流

图 6.12 功率跟随式控制方法半实物实验结果

如图 6.12（a）所示，可以看出功率跟随策略满足燃料电池混合动力有轨电车在实际行驶工况下的功率需求，使各能量源得到合理的分配。其中，燃料电池系统不仅一直提供电能给整车辅助功率，还要向牵引负载和超级电容提供能量。超级电容系统主要填补牵引过程中的功率缺额和回收制动能量,提高系统整体效率。制动过程中,由于双向DC/DC对超级电容的充放电电流限制,因此部分制动回收功率由制动电阻消耗。图6.12(b)、(c)、(d)分别为动力系统直流侧母线电压、超级电容SOC变化曲线与超级电容电流曲线。从上述仿真结果可知,超级电容的SOC与电流波动均满足设备安全运行要求,母线电压也保持在合理水平内。在整个工况周期内超级电容SOC从初始的80%变化为83.1%,对动力系统进行氢耗计算,功率跟随策略总氢气消耗为875.5 g。虽然功率跟随式的控制方法可以实现系统的安全运行,但是无法最大限度地利用超级电容系统进行合理的能量回收,导致有轨电车整体能量利用率较低,未能凸显多能源供电系统的优势。

6.4.2 基于等效最小氢耗的优化控制方法

等效最小氢耗算法是一种将系统储能单元（如动力电池和超级电容）中的电能等效为氢气,对系统总体的燃料消耗进行优化的方法。目前,该方法在油电混动系统和燃料电池/动力电池混合系统中有了深入的研究,但是对于燃料电池/超级电容混合动力系统等效氢耗建模,并没有开展相关研究[172-174]。本节根据搭建的燃料电池/超级电容混合动力有轨电车模型,对含有超级电容的等效最小氢耗优化方法进行推导。

1. 瞬时等效氢耗模型

有轨电车主要由燃料电池系统和超级电容系统进行供电,系统总瞬时氢耗C由燃料电池瞬时氢耗C_{fc}和超级电容瞬时氢耗C_{uc}组成[173]:

$$C = C_{fc} + kC_{uc} \tag{6.10}$$

$$k = 1 - 2\mu(S - 0.5S_E)/(S_H - S_L) \tag{6.11}$$

式中　k——修正系数;

　　　μ——SOC平衡修正系数;

　　　S_E——超级电容的平衡点;

　　　S_H——超级电容SOC下限值;

S_L —— 超级电容 SOC 上限值。

其中燃料电池瞬时氢耗计算式为

$$C_{fc} = \frac{P_{fc}}{LHV_{H2}\eta_{fc}} \quad (6.12)$$

式中　C_{fc} —— 燃料电池在输出功率为 P_{fc} 时的氢耗量，g/s；

　　　LHV_{H2} —— 氢气的低热值，取 119.64×10^6 J/kg。

根据实验测定的燃料电池电堆效率数据，得到燃料电池系统的瞬时氢耗速率曲线，如图 6.13 所示。由图 6.13 对氢耗曲线进行最小二乘拟合，其拟合公式为

$$C_{fc} = aP_{fc} + b \quad (6.13)$$

式中　a，b —— 常数。

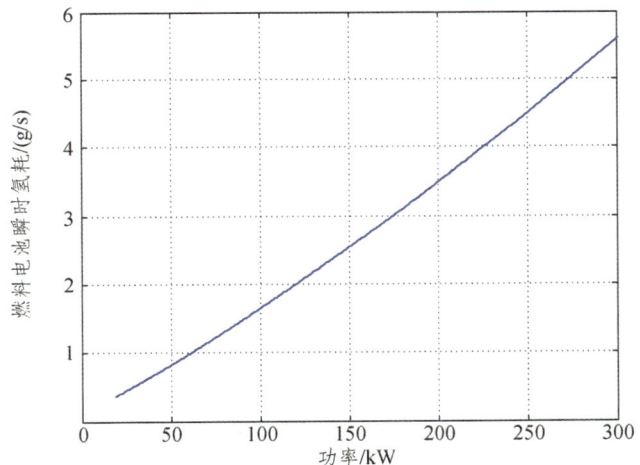

图 6.13　燃料电池系统氢耗曲线

由等效氢耗理论，超级电容的瞬时氢耗计算为

$$C_{uc} = \begin{cases} \dfrac{P_{uc}C_{fc\_avg}}{\eta_{dis}\bar{\eta}_{chg}P_{fc\_avg}}, & P_{uc} \geqslant 0 \\ P_{uc}\,\eta_{chg}\bar{\eta}_{dis}\dfrac{C_{fc\_avg}}{P_{fc\_avg}}, & P_{uc} < 0 \end{cases} \quad (6.14)$$

式中 P_{uc}——超级电容功率；

C_{fc_avg}——燃料电池平均瞬时氢耗；

η_{dis}——超级电容放电效率；

η_{chg}——锂电池充电效率；

$\bar{\eta}_{dis}$——超级电容的平均放电效率；

$\bar{\eta}_{chg}$——超级电容的平均充电效率；

P_{fc_avg}——燃料电池平均输出功率。

为了简化计算过程，由式（6.13）得

$$C_{fc\_avg} \approx aP_{fc\_avg} \tag{6.15}$$

针对超级电容系统的效率模型，由于本章采用了一阶 RC 模型，可以与动力电池的 Rint 模型做类比。式（6.16）为动力电池的 Rint 效率模型。

$$\begin{cases} \eta_{chg} = 2 \Big/ \left(1 + \sqrt{1 - \dfrac{4R_{chg}P_{bat}}{U_{ocv}^2}}\right), & P_{bat} < 0 \\ \eta_{dis} = \dfrac{1}{2}\left(1 + \sqrt{1 - \dfrac{4R_{dis}P_{bat}}{U_{ocv}^2}}\right), & P_{bat} \geqslant 0 \end{cases} \tag{6.16}$$

式中 R_{chg}, R_{dis}——动力电池充电状态和放电状态的等效电阻；

P_{bat}——电池充放电功率。

而在超级电容的一阶 RC 模型中，由于超级电容的内阻很小，本章将超级电容内阻等效为常数，故超级电容的充放电效率模型可被进一步简化为

$$\begin{cases} \eta_{chg} = 2 \Big/ \left(1 + \sqrt{1 - \dfrac{4RP_{uc}}{U_{ocv}^2}}\right), & P_{uc} < 0 \\ \eta_{dis} = \dfrac{1}{2}\left(1 + \sqrt{1 - \dfrac{4RP_{uc}}{U_{ocv}^2}}\right), & P_{uc} \geqslant 0 \end{cases} \tag{6.17}$$

式中 P_{uc}——超级电容的充放电功率，kW；

R —— 超级电容的内阻，Ω；

U_{ocv} —— 超级电容的端电压，V。

则通过计算可以得到 SC 的效率模型如图 6.14 所示。

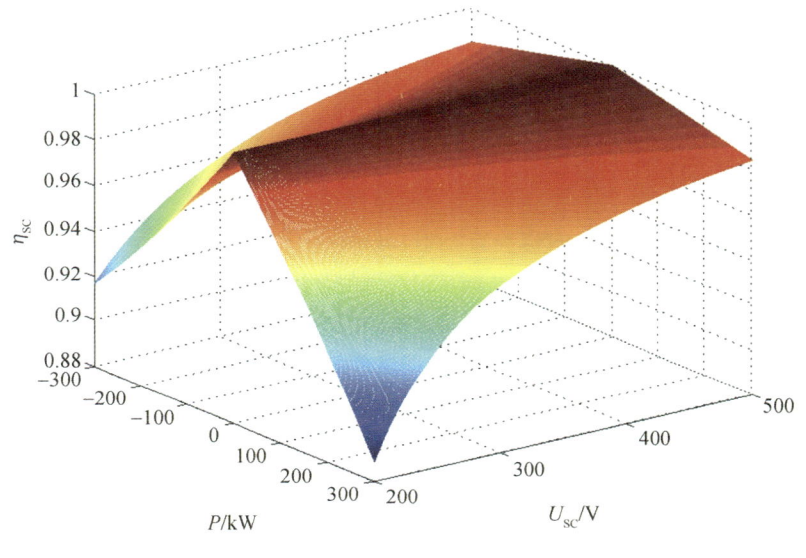

图 6.14　超级电容充放电效率

2. 优化问题求解

瞬时等效最小氢耗方法是以系统瞬时氢耗最小为目标，则优化问题如式（6.18）。

$$\min_{P_{fc}} C = \min_{P_{fc}}(C_{fc} + kC_{uc}) \tag{6.18}$$

约束条件：

$$\begin{cases} S_L \leqslant \text{SOC} \leqslant S_H \\ I_{ucmin} \leqslant I_{uc} \leqslant I_{ucmax} \\ 0 \leqslant P_{fc} \leqslant P_{fcmax} \\ -\Delta P_{fc} \leqslant \dfrac{dP_{fc}}{dt} \leqslant \Delta P_{fc} \end{cases} \tag{6.19}$$

式中 P_{fcmax}——燃料电池输出功率最大值；

ΔP_{fc}——燃料电池的波动，kW/s；

I_{ucmax}，I_{ucmin}——超级电容的充放电的最大限值。

其中，负载功率 P_{load}、系统附属功率 P_{aux}、负载效率 η_{load}、燃料电池输出功率 P_{fc} 和超级电容功率 P_{uc} 之间的关系可表示为

$$P_{fc} = P_{load}/\eta_{load} + P_{aux} - P_{uc} \qquad (6.20)$$

将式（6.13）、（6.14）、（6.20）代入式（6.18）可得

$$\min C = \begin{cases} \min\left[P_{uc}\left(\dfrac{k}{\overline{\eta}_{dis}\overline{\eta}_{chg}} - 1\right)\right], & P_{uc} \geqslant 0 \\ \min\left[P_{uc}(k\overline{\eta}_{chg}\overline{\eta}_{dis} - 1)\right], & P_{uc} < 0 \end{cases} \qquad (6.21)$$

记

$$\begin{cases} K_1 = \dfrac{kC_{fc.avg}}{\overline{\eta}_{chg}P_{fc.avg}} \\ K_2 = k\overline{\eta}_{dis}\dfrac{C_{fc.avg}}{P_{fc.avg}} \\ x = \sqrt{1 - \dfrac{4RP_{uc}}{U_{ocv}^2}} \\ x_{min} = \sqrt{1 - \dfrac{4RI_{ucmax}}{U_{ocv}}} \\ x_{max} = \sqrt{1 - \dfrac{4RI_{ucmin}}{U_{ocv}}} \end{cases} \qquad (6.22)$$

由式（6.15），（6.22）简化得

$$\min C = \begin{cases} \min\left[P_{uc}\left(\dfrac{K_1}{a\eta_{dis}} - 1\right)\right], & P_{uc} \geqslant 0 \\ \min\left[P_{uc}\left(\dfrac{K_2\eta_{chg}}{a} - 1\right)\right], & P_{uc} < 0 \end{cases} \qquad (6.23)$$

根据一阶 RC 模型的超级电容效率与开路电压、内阻和充放电效率的关系可得

$$\begin{cases} P_{uc} = \dfrac{U_{ocv}^2(1-\eta_{dis})\eta_{dis}}{R}, & P_{uc} \geqslant 0 \\ P_{uc} = \dfrac{U_{ocv}^2(1-\eta_{chg})}{R\eta_{chg}^2}, & P_{uc} < 0 \end{cases} \quad (6.24)$$

$$\begin{cases} \eta_{chg} = 2 \Big/ \left(1+\sqrt{1-\dfrac{4R_{dis}P_{uc}}{U_{ocv}^2}}\right) = 2/(1+x_{chg}) \\ \eta_{dis} = \dfrac{1}{2}\left(1+\sqrt{1-\dfrac{4R_{dis}P_{uc}}{U_{ocv}^2}}\right) = (1+x_{dis})/2 \end{cases} \quad (6.25)$$

将式（6.24）、（6.25）代入式（6.23）得

$$\min C \begin{cases} \min \left[\dfrac{aU_{ocv}^2}{4R}x_{dis}^2 - \dfrac{K_1 U_{ocv}^2}{2R}x_{dis} + \dfrac{(2K_1-a)U_{ocv}^2}{4R}\right], x_{dis} \in [x_{min},1] \\ \min \left[\dfrac{aU_{ocv}^2}{4R}x_{chg}^2 - \dfrac{K_2 U_{ocv}^2}{2R}x_{chg} + \dfrac{(2K_2-a)U_{ocv}^2}{4R}\right], x_{chg} \in [1,x_{max}] \end{cases} \quad (6.26)$$

对该分段函数求一元二次方程极值，解得

$$P_{uc\_opt} = \begin{cases} U_{ocv}I_{ucmax}, & K_1 \leqslant x_{min} \\ \dfrac{U_{ocv}^2}{4R_{dis}}(1-K_1^2), & x_{min} \leqslant K_1 \leqslant 1 \\ 0, & 1 < K_1 \leqslant \dfrac{1}{\overline{\eta}_{chg}\overline{\eta}_{dis}} \\ \dfrac{U_{ocv}^2}{4R_{chg}}[1-(K_1\overline{\eta}_{chg}\overline{\eta}_{dis})^2], & \dfrac{1}{\overline{\eta}_{chg}\overline{\eta}_{dis}} < K_1 \leqslant \dfrac{x_{max}}{\overline{\eta}_{chg}\overline{\eta}_{dis}} \\ U_{ocv}I_{ucmin}, & K_1 \geqslant \dfrac{x_{max}}{\overline{\eta}_{chg}\overline{\eta}_{dis}} \end{cases} \quad (6.27)$$

其算法流程如图 6.15 所示。

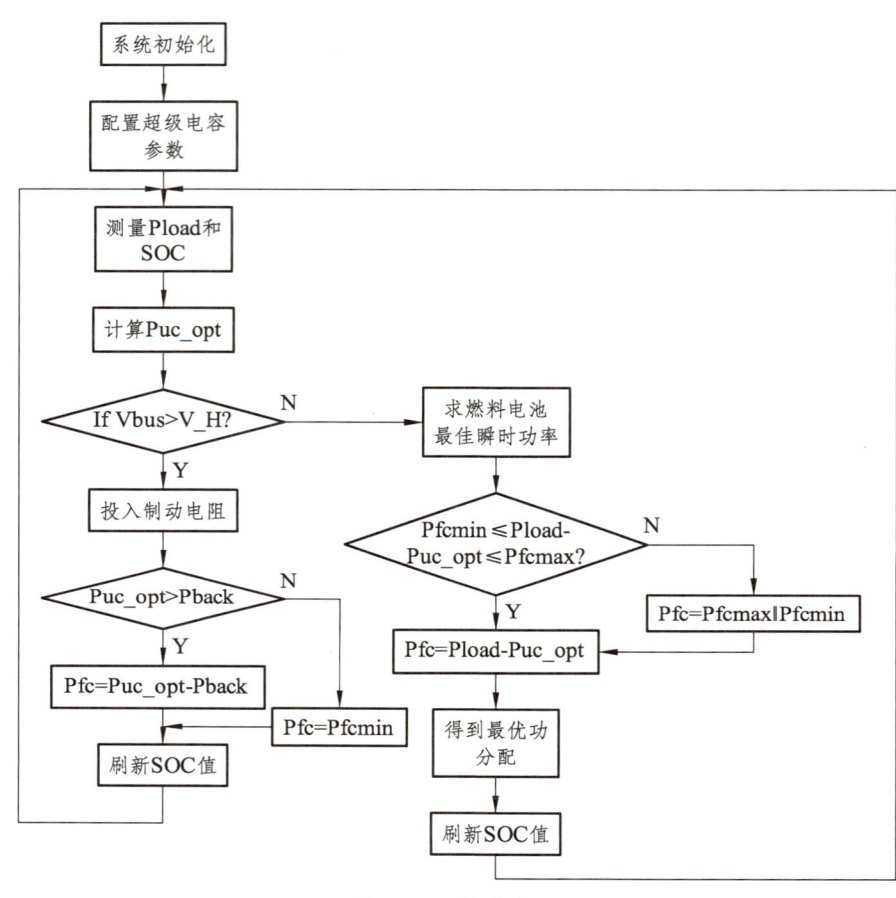

图 6.15 算法流程

3. 实验验证及分析

为了验证等效最小氢耗优化方法的有效性，使用 CCS 编译器对瞬时等效最小氢耗优化方法进行编程，基于搭建的 RT-LAB 半实物平台，根据燃料电池/超级电容混合动力 100%低地板有轨电车的实测工况数据对等效最小氢耗算法进行了实验验证与分析。设置燃料电池系统最小输出功率 $P_{fcmin}=20$ kW，燃料电池系统最大输出功率 $P_{fcmax}=250$ kW，燃料电池系统输出功率最大变化率 $P_{fcscope}=80$ kW/s，超级电容初始电压为 $U_{uc}=425$ V（SOC=80%），超级电容荷电状态上限值 $SOC_H=90\%$，超级电容荷电状态下限值 $SOC_L=40\%$，为满足在运行过程中超级电容有足够的裕量实现制动回收和提供牵引功率，目标平衡点设置为 $SOC_E=80\%$，系统仿真结果分别如图 6.16 所示。

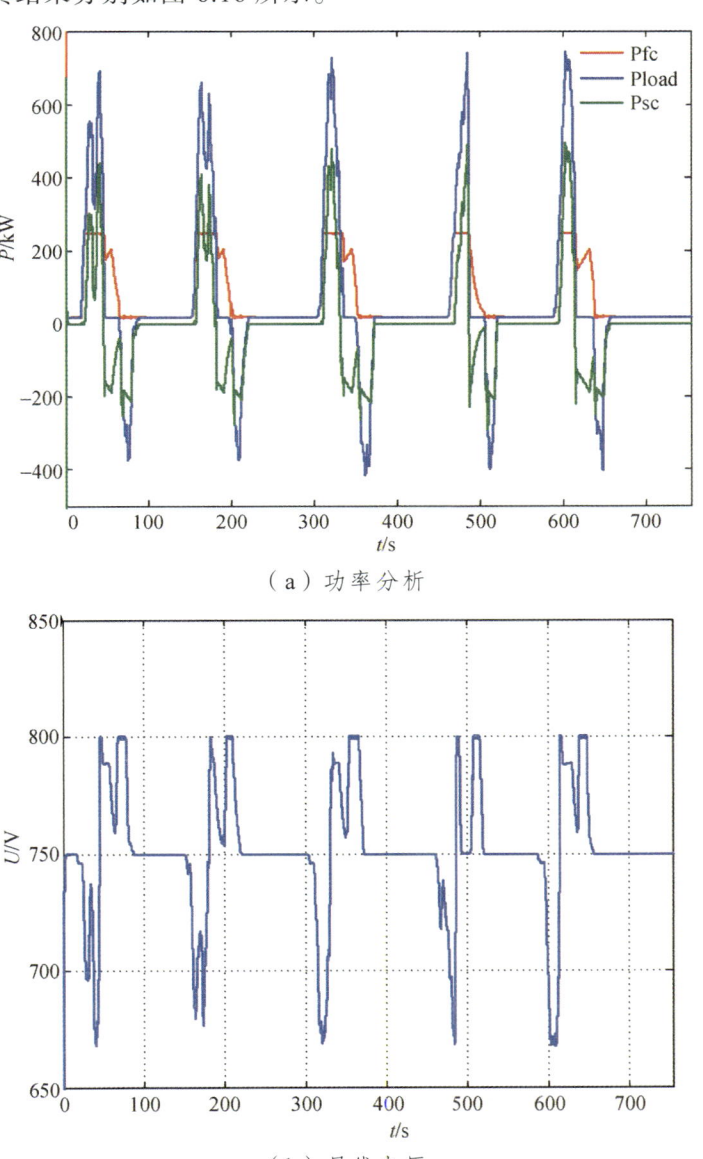

（a）功率分析

（b）母线电压

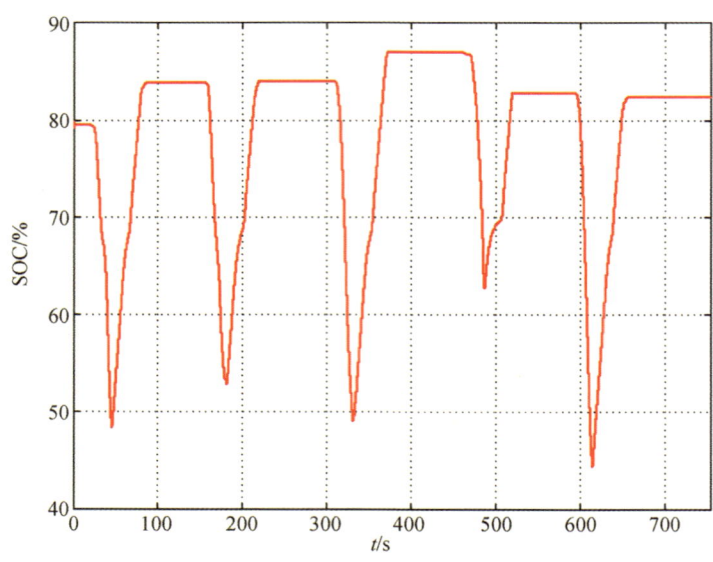

（c）超级电容 SOC

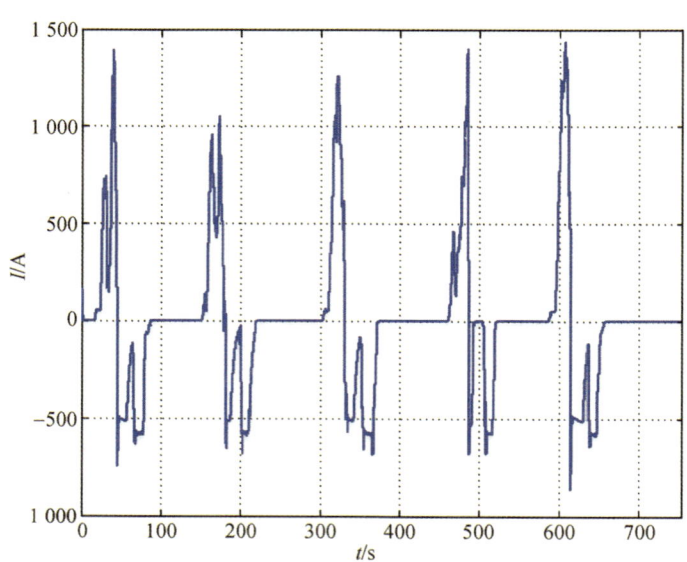

（d）超级电容电流

图 6.16 等效最小氢耗优化方法半实物实验结果

从图 6.16（a）中可以看出等效最小氢耗方法可以满足燃料电池混合动力有轨电车在实际行驶工况下的功率需求，使各能量源得到合理的分配。从图中可知，在等效最小氢耗算法的控制下，超级电容的电流和 SOC 都在限制范围内，超级电容系统电流限制为 $I_{ucmin}=-600$ A，$I_{ucmax}=1\ 500$ A。当超级电容超过电流限制时，由于 DC/DC 电流限制，导致系统母线电压会产生抬升。当母线电压超过 800 V，接入制动电阻进行消耗。通过与基于规则的控制方法对比，等效最小氢耗控制方法对超级电容的 SOC 约束控制更为明显，保持 SOC 在合适范围内并向超级电容最优输出曲线的平衡区域靠近，且更加合理地使用超级电容来减少氢耗量。而基于规则的控制方法仅能维持超级电容 SOC 在限制范围内，对 SOC 约束控制能力较弱，并且当超级电容 SOC 较低时，燃料电池对超级电容充电的功率过大，导致燃料的浪费。

在同一测试工况条件下，超级电容 SOC 从初始的 80% 变为 82.94%，等效最小氢耗算法总氢气消耗为 809.64 g，与传统的基于规则的控制方法相比，本节推导的燃料电池/超级电容混合动力系统等效最小氢耗算法在氢耗和超级电容 SOC 的控制上具有明显的优势。

6.5 有轨电车运行控制

本节所设计的有轨电车动力系统主要包括：燃料电池系统、单向 DC/DC 变换器、超级电容、蓄电池、双向 DC/DC 变换器、制动电阻、能量管理控制器、燃料电池辅助系统，其中燃料电池辅助系统包括空气供应模块、散热模块等部分。系统拓扑结构如图 6.17 所示。

在不同工况下燃料电池系统与储能系统的协调控制的基本思路为采用燃料电池作为主动力源，超级电容和蓄电池作为辅助动力源，可实现有轨电车全线无接触网运行。列车起动加速阶段功率需求大，超级电容作为功率补充，补足燃料电池输出功率缺口；超级电容放电终止时，蓄电池补充部分需求功率继续加速。列车制动阶段，制动能量回馈进入超级电容和蓄电池，燃料电池输出功率辅助为超级电容和蓄电池充电。列车进站上下客时，燃料电池输出功率为蓄电池和超级电容充电。超级电容和蓄电池处于满电状态无法接受回馈能量时，切入制动电阻消耗制动能量。

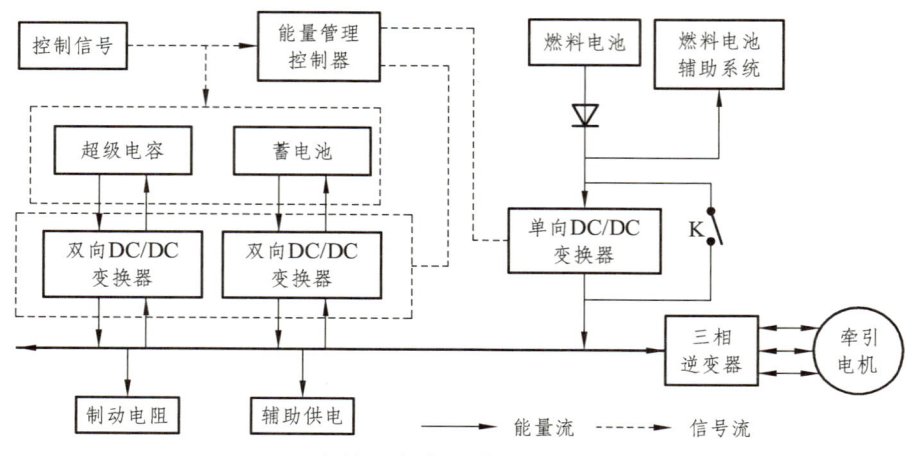

图6.17 有轨电车牵引供电系统拓扑示意图

在燃料电池系统中，启动和停机时，各个辅机的工作时序会影响燃料电池寿命。根据其特点和有轨电车实际运行状况，将其工作模式分为燃料电池启动、起动/加速、均匀、减速/制动、停车、燃料电池紧急停车。在每种工作模式中，各部件依次按时序进入指定工作状态，基于多运行模式的能量管理实现各种功能，保证有轨电车的正常运行。

6.5.1 燃料电池启动模式

机车启动开始，由司机室启动钥匙旋转发出启动信号，HD6启动程序被触发。此时，开关K处于闭合状态，蓄电池组通过双向DC/DC变换器开始向燃料电池辅助系统供电，燃料电池辅助供电系统完成冷却循环驱动系统、HD6燃料电池系统内部辅机系统以及空压机驱动系统的三段逐级启动，燃料电池电压逐级提升，但燃料电池系统并未接入母线。同时，对燃料电池工作状态进行检查，若燃料电池工作不正常，则对燃料电池请求电流降为 0,燃料电池辅机逐级关闭,依次切除对空压机驱动系统供电、HD6 内部辅机系统供电、冷却循环驱动系统供电,并发出故障信号。

HD6 燃料电池系统出电正常后,通过开关 K 对动力源进行切换,将燃料电池系统切入母线进行工作,根据需求向燃料电池请求电流。

6.5.2　电车起动/加速运行模式

起动/加速运行模式中,在收到司机室发出的多级加速命令后,向燃料电池发出电流请求,并逐级提升请求电流至功率需求大小,这一过程中燃料电池输出功率逐级提升,并达到需求功率大小。

由于燃料电池启动速度较慢,从启动到达到需求输出功率时间较长,因此同时利用双向 DC/DC 将超级电容和锂电池投入系统,对车辆进行加速。

当负载电流小于锂电池/超级电容的切换设定电流,且蓄电池的 SOC 值大于期望值 SOC_{lo} 时,锂电池先进行放电;当负载电流大于锂电池/超级电容的切换设定电流,且超级电容的 SOC 值大于期望值 SOC_{lo} 时,锂电池维持已切换设定电流进行放电,超级电容补充剩余需求负载电流,直到燃料电池达到请求电流。

当超级电容和锂电池电量降低到保护电量,即超级电容和锂电池 SOC 值降低到保护值 SOC_{min} 时,控制双向 DC/DC 变换器将超级电容和锂电池切出系统。

达到目标速度后,控制双向 DC/DC 变换器将锂电池/超级电容切出母线,仅由燃料电池完成供电,启动/加速运行模式完成。

6.5.3　电车匀速运行模式

当加速度手柄不发出加速信号,有轨电车正常以匀速行驶在轨道上。此时,燃料电池单独为牵引母线提供功率。此时,若超级电容和锂电池的 SOC 值小于期望值 SOC_{lo},逐级提升燃料电池请求电流的大小,使燃料电池的输出功率大于实际电机需求功率，使燃料电池同时为电机、辅助供电系统提供能量并通过双向 DC/DC 变换器将超级电容和蓄电池切入母线，利用燃料电池为超级电容和锂离子电池充电。

当超级电容/蓄电池 SOC 达到期望值上限后，逐级降低对燃料电池的请求电流大小，使燃料电池功率逐级下降至运行需求功率，同时控制双向 DC/DC 变换器分别将超级电容/蓄电池逐级切出母线。

6.5.4　电车减速/制动模式

减速/制动运行模式中，在收到司机室发出的多级制动命令后，向燃料电池发出电流请求，并逐级降低请求电流至最小功率，过程中燃料电池输出功率逐级降低，并降至最小功率，维持机车辅助供电需要。

在收到多级制动命令的同时，电机由电动机转为发电机，控制双向 DC/DC 变换器将超级电容/锂电池逐级投入系统，回收母线电能。具体流程如下：

在制动挡位级位增加信号发出后，能量管理控制器判断超级电容 SOC 值是否小于期望最大值 SOC_{up}。若 $SOC < SOC_{up}$，控制双向 DC/DC 变换器将超级电容投入系统中，使用超级电容回收车辆制动能；若 $SOC > SOC_{up}$，则转到下一步。

若此时制动挡位依然增加，即制动能输出功率大于目前的最大吸收功率，判断锂电池 SOC 值是否小于期望最大值 SOC_{up}。若 $SOC < SOC_{up}$，控制双向 DC/DC 变换器将锂电池投入系统中，使用锂电池回收车辆制动能；若 $SOC > SOC_{up}$，则转到下一步。

若此时制动挡位依然增加，即制动能输出功率依旧大于目前的最大吸收功率，则控制制动电阻投入。当母线电压高于 1 270 V 时，制动电阻投入工作；低于 1 000 V 时，制动电阻停止工作。

6.5.5　电车停车模式

在接收到司机室停机按钮发出的信号后，行车结束，双向 DC/DC

变换器将超级电容和锂电池切出母线,同时对燃料电池系统的请求电流归零。当检测到燃料电池实际输出电流小于电流设定后,检测燃料电池系统是否处于空闲状态,通过单向 DC/DC 变换器将燃料电池系统切出母线,闭合开关 K,由蓄电池为燃料电池辅助供电系统供电。

当燃料电池处于空闲状态,燃料电池停机序列启动,依次切除对空压机驱动系统供电、HD6 内部辅机系统供电、冷却循环驱动系统供电,并执行停机吹扫。检测到系统正常停机完成后,系统停止。

6.5.6 燃料电池紧急停机模式

HD6 燃料电池系统提供一个数字输出用来指示 HD6 是否处于故障状态。通过 CAN 总线报告系统当前激活的故障及其相应的严重性。

当系统参数超过允许/安全运行范围,燃料电池模块必须关断时,系统立即通过通信总线报告故障类别及故障严重性,这时系统无视请求电流输入,将请求电流强制设定为 0,同时燃料电池进入故障态,输出归零。同时,通过 DC/DC 变换器将燃料电池切出母线,不再为母线提供电能;关闭开关 K,由蓄电池为燃料电池辅机进行供电,启动停机负载消耗剩余电能;控制电磁阀,关断氢气/空气输入。

6.6 混合动力系统整车试验

燃料电池混合动力有轨电车列车的车辆技术参数见表 6.2。

表 6.2 车辆主要技术参数

项目	参数
车辆自重/t	47
转向架质量/kg	动车:5618;拖车:3 389
轴重/t	≤10.5
最小曲线半径/m	19
载客能力 (乘客人均质量按 60 kg/人)/人	AW0:0; AW1:61; AW2:217; AW3:270

作为一辆机车,其加速性能必须达到一定的指标,才能够满足在实际运行中的各种需求。本试验的目的是检验有轨电车的车辆牵引能力是否满足标准要求。

6.6.1 起动加速度试验

为了说明普遍性,以空载 AW0 和满载 AW2 两种通用工况来进行测试,以验证整车的牵引性能是否达标。

其他方面的要求有 700 m 以上平直轨道(如受线路条件限制,无法找到符合条件线路,也可在坡道已知的直道上进行,通过理论计算扣除坡道影响);变电站提供额定电压;试验不能在有低黏着危险或对试验结果有较大影响条件下进行,如恶劣天气、大风(风速大于 5 m/s)等。

在 AW2 的工况下测试波形如图 6.18 和图 6.19 所示。

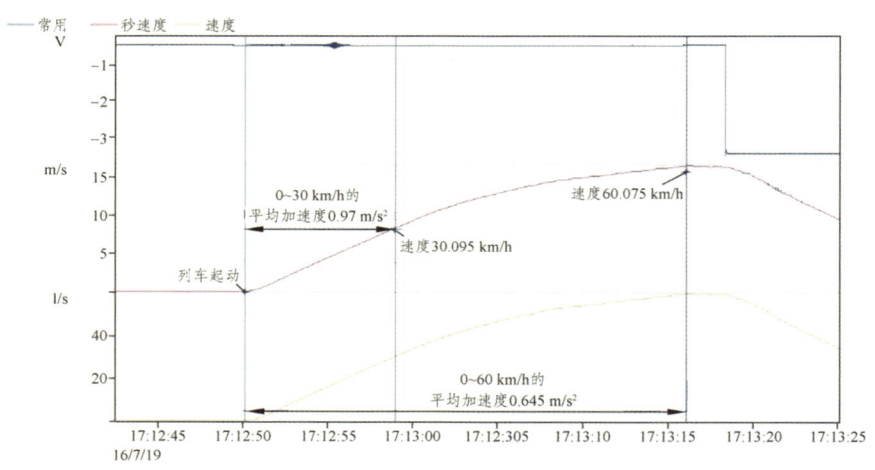

图 6.18　0~60 km/h 牵引启动加速度(AW2)

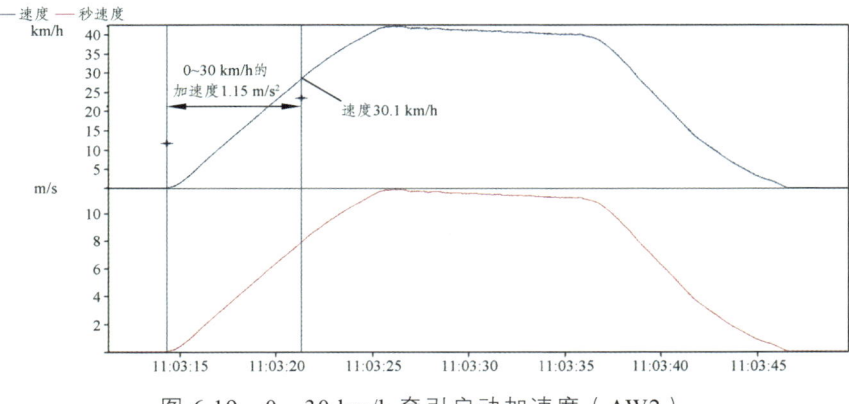

图 6.19　0～30 km/h 牵引启动加速度（AW2）

6.5.2　运行模式试验

限速向前、限速向后是机车的几种常见运行模式，通过对这几种模式的实际测量，了解机车的状况。

实际的试验结果如下：

1. 限速向前

由图 6.20 可知，限速向前时，牵引指令由低电平变为高电平，车辆施加牵引，车速上升，三次限速向前的速度分别为 30.0 km/h、30.4 km/h、30.4 km/h。

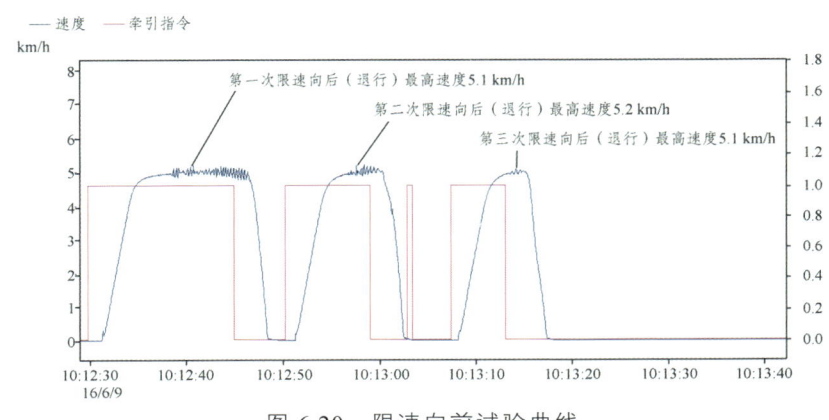

图 6.20　限速向前试验曲线

车辆设置为限速向前模式后,由图 6.21 可知,当车速达到 30.4 km/h 时,车辆牵引虽继续施加,但车速下降,说明车辆检测到车速大于 30 km/h,车辆开始限速;当车辆速度降至 29.3 km/h 后,车辆速度上升;说明车辆检测到车速小于 30 km/h,车速在牵引状态下又继续上升,当车速大于 30 km/h 时,再次进行限速,反复进行,实现车辆限速向前的运行过程。整个限速过程中,车辆最高速度均不大于 30.4 km/h。

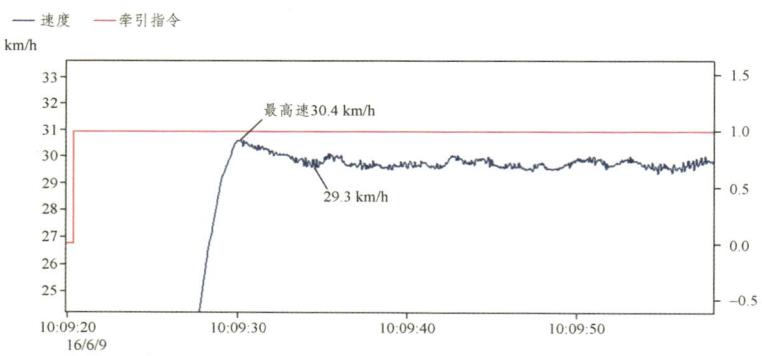

图 6.21　限速向前(第三次试验)试验限速部分曲线

2. 限速向后

由图 6.22 可知,限速向后时,牵引指令由低电平变为高电平,车辆施加牵引,车速上升,三次限速向前的速度分别为 5.1 km/h、5.2 km/h、5.1 km/h。

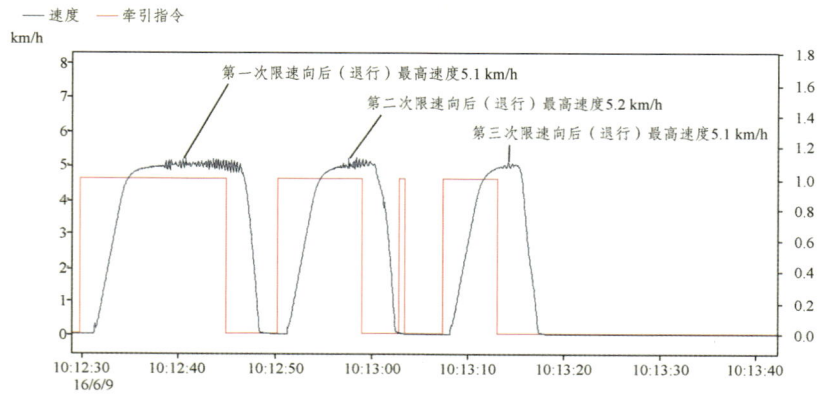

图 6.22　限速向后(退行)试验曲线

车辆设置为限速向后（退行）模式后，由图 6.23 可知，当车速达到 5.1 km/h 后，车辆牵引虽继续施加，但车速下降，说明车辆检测到车速大于 5 km/h，车辆开始限速；当车辆速度降至 4.85 km/h 后，车辆速度上升，说明车辆检测到车速小于 5 km/h，车速在牵引状态下又继续上升；当车速大于 5 km/h 时，再次进行限速，反复进行，实现车辆限速向前的运行过程。整个限速过程中，车辆最高速度均不大于 5.3 km/h。

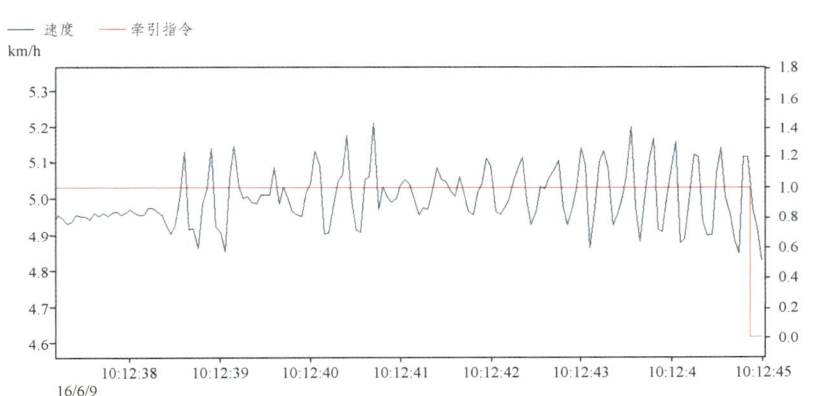

图 6.23　限速向后（退行第一次）试验限速部分曲线

6.6.3　电制动能力试验

本试验的目的是检验有轨电车在 AW0、AW2、AW3 载荷下列车的电制动能力。主要是测试各个制动级位的电制动发挥功能，逐级晋级、逐级退级、惰行再制动功能。在运行中测定逆变器输出电压、电流波形，确认各部分工作正常。

试验在唐山公司进行；载荷状态有 AW0、AW2、AW3 三种工况要求。其他试验的要求有列车在露天地面区段、碎石道床、水平直线轨道停放；地面轮对踏面及轨面没有明显的缺陷（如扁疤）；轨面黏着条件良好；试验不能在有低黏着危险或对试验结果有较大影响条件下进行，如雨天，风速大于 5 m/s。试验结果见表 6.3。

表 6.3　电制动能力试验

速度级 /(km/h)	载荷	上下坡	测量次数	实测数据		计算数值				
				制动初速度 (km/h)	制动距离 (m)	修正减速度 /(m/s²)	验收值 /(m/s²)	结论	制动冲击率 /(m/s³)	验收值 /(m/s³)	结论
60	AW0	平直道	1	59.8	120.4	1.15	不小于 1.1	合格	0.52	供参考	
			2	59.8	120	1.16			0.54		
			3	59.5	119.3	1.16			0.52		
60	AW2	平直道	1	58.1	107.16	1.19	不小于 1.1	合格	0.61	供参考	
			2	59.2	117.2	1.15			0.63		
			3	58.7	118.9	1.12			0.64		
60	AW3	平直道	1	57.5	106.2	1.20	不小于 1.1		0.58	供参考	
			2	58.4	110.3	1.19			0.62		
			3	57.8	110.6	1.17			0.64		

6.7　混合动力机车应用前景

作为未来城市轨道交通体系中重要的组成部分,燃料电池有轨电车是国内外正在研究的最新有轨电车技术,具有安全可靠、环保舒适等优点,是对地铁、轻轨、公交系统的有效补充。燃料电池利用氢气和空气通过电化学反应来发电,产物是水,无其他尾气排放,实现了真正意义的零排放。因此,为促进我国轨道交通的持续自主创新和有效支撑国家发展战略的全面实现,本章围绕新一代清洁、环保、高效的燃料电池有轨电车关键技术开展了系列研究工作,所取得的研究成果不仅可为城市轨道交通提供一种节能环保的新型交通工具,其应用更将推动制氢、储氢、燃料电池、超级电容等相关产业的发展,对抢占本领域技术制高点,促进本行业技术进步,具有重要意义。

燃料电池混合动力机车还存在一些问题有待进一步优化和改进。燃料电池系统轻量化及体积、结构的燃料电池系统的质量、体积及结构设计对于整车轴重、空间布局及内部散热有着重要影响，还需进行优化。燃料电池系统控制、混合动力系统能量管理和热管理等关键技术对于整车能量利用率和寄生功耗有着重要影响，要进一步研究燃料电池系统控制策略优化、混合动力能量管理策略优化及余热利用等，使整车能效进一步提升。

第 7 章

太阳能技术在轨道交通中的应用

7.1 太阳能技术在轨道交通中的应用概述

7.1.1 铁路节能技术

2019 年 12 月 30 日,由中国自主研制、世界首条速度 350 km/h 的智能化高速铁路——京张高铁顺利开通运营,高速铁路已成为中国靓丽的"国家名片"。截至 2018 年底,中国铁路营业里程已达 13.1 万千米,其中高铁运营里程超过 2.9 万千米,占全球高铁运营里程的 2/3 以上,超过其他国家的总和。中国铁路总公司、国家发改委和交通运输部于 2016 年 7 月联合印发《中长期铁路网规划》中提出,到 2020 年中国铁路网规模应达 15 万千米,其中高速铁路 3 万千米;到 2025 年,铁路网规模达到应达到 17.5 万千米,其中高速铁路 3.8 万千米[175],如图 7.1 所示。

铁路是能耗大户。2018 年,我国铁路部门的能源消耗量折算成标准煤为 1624.21 万吨(不包含港澳台地区),占全国能耗的 3.35‰,相当于 1 104 万吨粉尘、4 645 万吨二氧化碳、39 万吨二氧化硫和 11 万吨氮氧化合物的污染物排放量[176]。铁路部门的能耗可分为工程能耗、工业能耗和运输能耗,其中,运输能耗占主导地位,占比 80%以上。而运输能耗包含生产辅助能耗和牵引机车能耗,其中牵引机车能耗占运输能耗的 60%~70%。由此可知,降低牵引机车能耗是降低铁路能耗的关键。

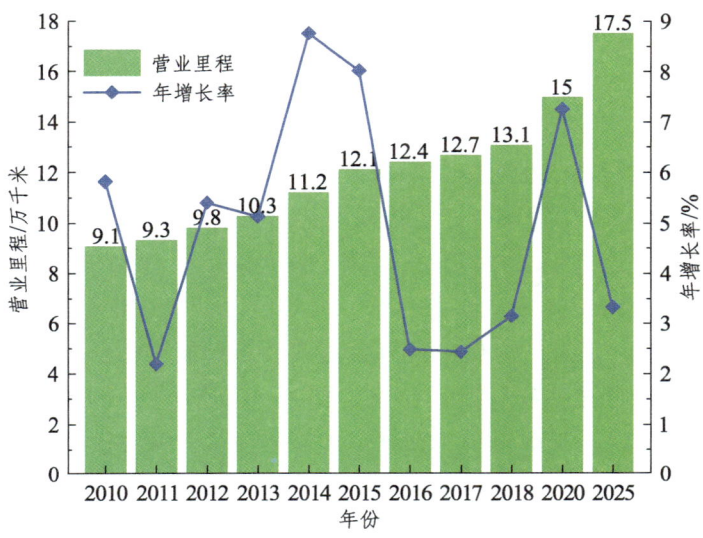

图 7.1 中国铁路发展的现状与预测

目前,国内传统的牵引降耗技术有铁路电气化技术、重载运输节能技术、机车再生制动技术等。因电力机车的能量转化率(30%~32%)远高于内燃机车(25%~26%)和蒸汽机车(6%~9%)[177],铁道电气化技术成为近年来最佳节能减排方案,我国电气化铁路发展历程见表 7.1。然而上述技术仅能通过减少牵引系统单位能耗实现节能减排,其能源的本质仍依赖于煤炭、石油等高碳能源。而新型节能技术——新能源节能技术主要有新能源(可再生能源)代替煤电、生物柴油代替柴油、发展燃料电池机车等[178],它是以低碳甚至无碳能源替代高碳能源,从根本上提高牵引系统的能效,是未来铁路节能减排技术的重要发展方向。

表 7.1 2013—2018 年中国铁路及电气化发展进程

年份	2013	2014	2015	2016	2017	2018	2019	2020
营业里程/万千米	10.3	11.2	12.1	12.4	12.7	13.1	13.9	14.6
复线里程/万千米	4.8	5.7	6.5	6.8	7.2	7.6	8.3	8.7
电气化里程/万千米	5.6	6.5	7.5	8.0	8.7	9.2	10.0	10.7
电气化机车/万台	1.08	1.16	1.19	1.22	1.25	1.29	1.37	1.38
电气化机车比例/%	52	55	57	58	60	61	62.3	62.7

近年来，国家大力支持新能源的发展与应用。2007 年，全国人民代表大会常务委员会第三十次会议修订的《节约能源法》首次对示范与推广节能技术提出明确规定；2014 年国家发改委印发的《节能低碳技术推广管理暂行办法》对推广低碳技术进行了详细的规定[179]；2017 年国家发改委印发的《"十三五"全民节能行动计划》提出加快建设能源节约型社会，促进生态文明建设，推进绿色发展，确保完成"十三五"单位国内生产总值能耗降低 15%，2020 年能源消费总量控制在 50 亿吨标准煤等目标；此外，为促进可再生能源及新型能源的推广与利用，我国铁路系统亦制定多项针对性措施。1999 年，铁道部印发的《铁路节能技术政策》就已明确提出积极推广太阳能、风能等在铁路系统中应用的号召。此后，20 年间发布的《铁路"十一五"节能和资源综合利用规划》《铁路"十二五"科技发展规划》《铁路标准化"十三五"发展规划》以及《铁路主要技术政策》等文件均包含激励新能源在铁路部门推广应用的条款[180]。由上述国家条例可知，国家大力支持太阳能在铁路部门的合理应用，并给予一定的政策支持。

7.1.2　太阳能资源分布

太阳能是太阳内部连续不断的核聚变反应过程产生的能量。地球上的生命自诞生以来就主要以太阳提供的热辐射能生存。地球上的风能、水能、海洋温差能、波浪能和生物质能都是来源于太阳，即使是地球上的化石燃料（如煤、石油、天然气等），从根本上说也是远古以来储存下来的太阳能。所以广义的太阳能所包括的范围非常大，狭义的太阳能则仅限于太阳辐射能的光热、光电和光化学的直接转换。

太阳辐射到地球大气层的能量为其总辐射能量的 22 亿分之一，高达 173 000 TW，也就是说太阳每秒辐射到地球上的能量就相当于 500 万吨标准煤，即 1.465×10^{14} J[181]。太阳能资源的分布与各地区的纬度、地理状况、海拔高度和气候条件等条件有关。根据国际太阳能热利用区域分类，全世界太阳能最丰富的地区包括北非、南非、南美洲、美国西南部、墨西哥、南欧、澳大利亚西海岸、中东地区和中国西北部地区等，其年辐照能量大于 6 480 MJ/m²[182]。我国太阳能资源非常丰富，理论储量达每年 17 000 亿吨标准煤，其中太阳能资源最丰富的地区是青藏高原的雅鲁藏布江地区，年辐照总量可达 8 820 MJ/m²，而三类及以上的太阳能资源区占我国国土总面积的 96%以上。因此，太阳能发电在我国有良好的应用前景。

我国政府已发布多项政策促进光伏产业的发展与应用。2007 年 9 月，国家发改委发布了《可再生能源中长期发展规划》[183]，将太阳能发电列为重点发展领域，并提出光伏装机容量 2010 年达到 30 万千瓦、2020 年达到 180 万千瓦的发展指标；2009 年 7 月，财政部、科技部和国家能源局联合发布财建〔2009〕397 号文《关于实施金太阳示范工程的通知》，同时发布《金太阳示范工程财政补贴资助资金管理暂行办法》，公示了我国光伏补助标准；2017 年 1 月，国家发改委和国家能源局印发《关于可再生能源发展"十三五"规划实施的指导意见》，提出从 2017—2020 年，光伏电站的新增计划装机规模为 5 450 万千瓦，领跑技术基地新增规模为 3 200 万千瓦，两者合计的年均新增装机规模将超过 21 GW 的发展目标。2018 年 4 月，工信部、能源局联合发布《智能光伏产业行动计划（2018—2020 年）》，其目标为推进智能光伏的试点应用、推进特色智能光伏产业发展建设；2019 年 6 月，财政部发布财建〔2019〕275 号《财政部关于下达可再生能源电价附加补助资金预算的通知》，下发可再生能源补贴 81 亿。11 月 20 日，财政部发布《财政部关于提前下达 2020 年可再生能源电价附加补助资金预算的通知》，下达地方电网公司补助资金 56.75 亿元。由此可见，我国政府大力推进光伏产业的发展与推广，并予以资金补助支持和政策关怀。

综上所述，将光伏发电系统通过合理的方式接入牵引系统中，能够实现：

（1）降低牵引列车的火电消耗量，提升牵引系统绿色能源占比，提升部门及企业的社会声誉。

（2）充分利用铁路系统现有空间资源，获取节电收益和政府补贴等经济效益。

（3）响应国家号召，推进绿色能源的深入利用，为未来广阔的绿色铁路市场奠定基础。

因此，在轨道交通中应用光伏发电系统技术是一项有前景、有经济效益、有社会效益又符合国家方针的课题。光伏发电系统应用于车站等常规安装地点的技术已较为成熟，但国内尚未见车载光伏发电系统的相关报道，为实现其落地应用，亟须对车载光伏发电系统在列车中的安装方式、接入方案、能量管理策略、经济性等问题加以研究。

7.1.3 车载光伏发电系统的应用现状

车载光伏发电系统是太阳能应用中的一个新领域，是车辆能源供给的有效补充。目前，国内外车载光伏发电系统应用中，较为成熟的是汽车车载光伏发电系统，而列车车载光伏发电系统正处于兴起阶段，仅在部分国家有正式商业运行。

光伏发电系统已广泛应用于牵引供电领域[184]，但直至21世纪初才出现车载光伏发电系统应用的相关报道。2005年10月，意大利的全国铁路公司在两节动力车厢、三节货运车厢和五节客车的车顶安装了太阳能发电板（见图7.2），此光伏系统为列车安全系统及照明系统等辅助能源供电，这是世界首辆装设了光伏发电系统的列车。

图7.2 意大利太阳能火车

2010年，法国TER-SCNF国有铁路公司在列车车顶装设了990 Wp的太阳能电池板，为DMU系统中的电气照明系统功能。2011年，印度铁路公司在车顶安装了一个1 kWp的光伏发电系统，这个系统为电气负载提供了 420 W 的功率。2011 年 6 月，第一列纯光伏供能的"绿色火车"驶离比利时北部城市安特卫普，此列车能源来自铺设在 3.6 km 的隧道上的 16 000 块太阳能组件，其铺设面积超过 50 000 m²，每年可生产 3 300 GW 的电能。2013 年，在伊朗进行的相关研究显示，车载光伏发电系统可以在光照条件较好的季节提供 74%的车厢耗能，光照较差的季节为 25%。2015 年，瑞士 Swiss South Eastern Railway AG 也开展了太阳能机车的可行性研究[185,186]。2017 年 7 月 14 日，印度科学研究所研制的光伏列车在印度新德里投入运营，此列车在 6 节车厢的顶部各安装了 16 块晶硅太阳能板（见图 7.3），每块电池板额定功率为 300 Wp，负载为车头照明、广播系统和风扇等辅助设备，动力设备仍由柴油发动机供能[187]。此列车每年可节省约 21 kL 柴油，并减少 9 t 的二氧化碳的排放量，而后续印度还计划再建造 24 列光伏火车并投入使用。

图 7.3　印度太阳能火车

2017 年 7 月 18 日，新南威尔斯省开出了澳大路亚的第一辆太阳能列车（见图 7.4）。这列火车的原型是一列 1949 年的"骨灰级"火车，其顶部安装了定制的 6.5 kWp 的曲面单晶硅光伏组件，列车依靠太阳能、动力电池模块、回馈制动装置和一套备用的柴油发动机提供动力，机车车身的光伏组件和车站屋顶的光伏阵列足以实现列车的纯绿色能源驱动。

图 7.4　澳大利亚太阳能火车

2020年，阿根廷胡胡伊省省政府正在紧锣密鼓地进行一项交通建设工程，以加快推动拉丁美洲及阿根廷第一列太阳能动力旅游观光专列项目。除此之外，日本的部分火车也安装了太阳能组件，而在威尔士的小部分铁路也有使用太阳能的火车在运行。

国内车载光伏发电系统相关研究较少。中车青岛四方机车车辆股份有限公司基于电力机车主变压器集中供电的普通客车及动车组客车对太阳能电池在轨道车辆上应用的经济性进行了评估，但尚未见实际应用的相关报道。

7.2 光伏组件及单体输出特性

自1882年查尔斯·弗里茨制造出第一块可以工作的太阳能电池至今，光伏产业已有百年发展历程。迄今为止，光伏电池大致可分为三代产品，如图7.5所示。

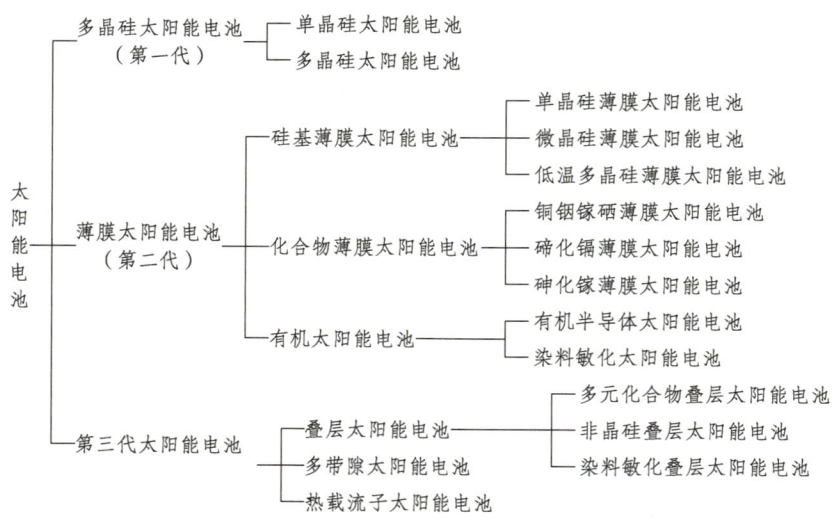

图 7.5 太阳能电池分类

7.2.1 晶体硅太阳能电池

晶体硅太阳能电池是最早问世的太阳能电池,其工艺成熟,转化效率高,是当今光伏电池市场的主流产品(市场占比九成以上)。根据结晶形态的不同,它可分为单晶硅和多晶硅太阳能电池(见图7.6)。

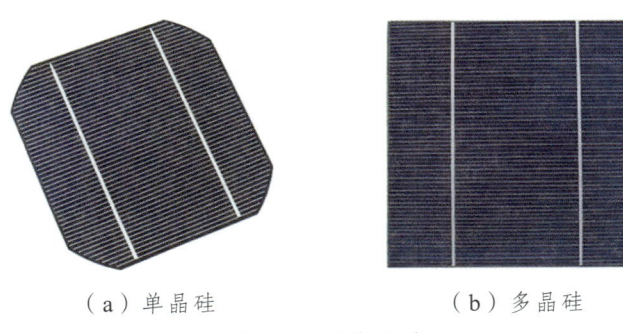

(a)单晶硅　　　　(b)多晶硅

图7.6　硅类电池

单晶硅太阳能电池是工艺最为成熟的一类光伏电池,其为硅基背板在高温作用下进行掺杂及扩散而形成 P-N 结,并进行烧结、表面钝化处理等工艺后制作而成,其转化效率高,理论转换效率极限约为30%,寿命长达25年,广泛应用于地面设施及宇宙空间等场所。但单晶硅太阳能电池以高纯度(高于99%)的单晶硅棒为原料,制备工艺复杂且电耗极大,成本占组件生产总成本的一半以上,且硅棒多为圆柱形,切片制作的单晶硅太阳能电池也为圆形,铺设应用时平面利用率较低。

多晶硅太阳能电池原料为多晶硅锭,多晶硅锭由多晶块料或单晶硅头尾料破碎熔铸而成,其他处理工艺与单晶硅太阳能电池相仿。多晶硅太阳能电池原材料制造简单,能耗较少(降耗30%左右),可显著降低生产成本,优异的经济竞争力使得其在市场中的占比不断提升。然而多晶硅的内部结构具有明显晶格错位等缺陷,因而多晶硅转化效率略低于单晶硅,目前商品化产品的最高转化效率约为20%。此外,与单晶硅太阳能电池相比,多晶硅太阳能电池在寿命方面也有所衰减。

晶体硅太阳能电池是市场中应用最为广泛的太阳能组件,但其原材质为硅,质量较大,增加了列车负荷;硅片为易碎材料,不可撞击弯折,无法贴合列车车身安装。此外,为提升发电性能、减少光反射,晶体太阳能电池表面常进行钝化处理而易吸附尘土,这也导致组件发电量降低且需定期人工清洗。综上所述,晶体硅太阳能电池不适合应用于列车车载太阳能场合。

7.2.2 薄膜太阳能电池

薄膜太阳能电池可分为硅基薄膜太阳能电池、化合物薄膜太阳能电池及有机太阳能电池。

硅基薄膜太阳能电池包括非晶硅太阳能电池、微晶硅太阳能电池及低温多晶硅太阳能电池等,非晶硅光伏电池是硅基薄膜太阳能电池中的典型代表(见图7.7)。与晶体硅太阳能电池相比,非晶硅太阳能电池能耗少、制造成本更低、自动化程度高、生产效率高、品种多、用途广、可大面积制备、高温性能及弱光性能优异,但其内部存在大量以悬键为代表的缺陷,结构不稳定,具有明显的光致衰减效应(S-W效应)。据相关机构测试,硅基薄膜太阳能电池在强光下的光电转化率仅为晶体硅的一半左右,一般不高于10%(实验室转化效率可达19.4%),因而仅适合应用于弱光电源,如计算器、电子钟表等场所。此外,非晶硅太阳能电池沉积于钢材表面,也需玻璃封装而不可弯折。综上所述,硅基薄膜太阳能电池不适合于车载太阳能光伏发电系统。

图7.7 非晶硅薄膜太阳能电池

化合物薄膜太阳能电池包括碲化镉薄膜太阳能电池、铜铟镓硒薄膜太阳能电池和砷化镓薄膜太阳能电池等。

碲化镉薄膜太阳能电池[见图 7.8（a）]以 P 型 CdTe 和 N 型 CdS 异质结为基础的薄膜太阳能电池。其太阳光吸收率可达 95%，转化效率高（理论转化效率 28%，2015 年已达 21.5%），制造成本低，电池性能稳定且易于大面积制备。但碲化镉薄膜电池衬底为玻璃材质，质量较大且无法弯折；碲和镉均为重金属和稀有元素，在一定程度上限制了碲化镉薄膜太阳能电池的发展。综上所述，碲化镉薄膜太阳能电池不宜用于车载太阳能发电系统。

铜铟镓硒薄膜太阳能电池[见图 7.8（b）]具有多层膜结构，包含有铜、铟、镓、硒 4 种元素的化合物半导体组成的吸收层吸收系数极高，仅需微米级吸收层即可实现太阳光的高效吸收，因而整体光伏组件的厚度仅为几毫米（不包含接线盒）。其具有转化效率高（22.9%）、材料来源广泛、成本低、质量小、污染小、无明显光致衰减效应及弱光性好等显著特点，是最具有发展潜力的太阳能组件之一。铜铟镓硒薄膜太阳能电池可沉积于柔性衬底上，因而具有一定的可弯折角度而贴合物体表面安装。综上所述，铜铟镓硒薄膜太阳能电池极其适合应用于光伏建筑一体化（BIPV）工程，也适用于列车车载太阳能应用场合。

砷化镓薄膜太阳能电池[见图 7.8（c）]CdTe 是Ⅲ-Ⅴ族化合物半导体，其能隙为 1.4 eV，处于太阳能最高转换效率间隙（1.2～1.6 eV）的中间值，单结砷化镓太阳能电池最高转化效率可达 27%，多结转化效率已达 31.6%。砷化镓薄膜太阳能电池还具有可塑性强、耐温性好、弱光性好等优势。但砷化镓电池衰减严重、封装复杂且成本昂贵等问题尚待解决，目前多应用于航空航天等国家重要领域，无法广泛商业化应用。

（a）碲化镉薄膜

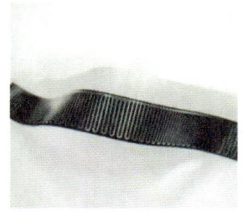
（b）铜铟镓硒薄膜

（c）砷化镓薄膜

图 7.8　非晶硅薄膜太阳能电池

有机薄膜太阳能电池是指利用有机小分子或高聚化合物直接或间接将太阳能转化为电能的器件,其材料储量广泛、成本低廉、制造工艺简单、轻便可卷曲,但其转化效率极低(最高约为10%)且尚未形成完整且成熟的商业链,不具有车载光伏发电系统应用的实际价值。

除上述太阳能光伏电池外,还有量子点太阳能电池、多结太阳能电池及新型钙钛矿太阳能电池等新型太阳能电池,但均处于发展初期,受其成本或转化率的制约而无法商业化应用,此处不再详细介绍。

综上所述,晶体硅太阳能电池因其质量较大、不可弯折等缺点而不适用于车载光伏发电系统;薄膜太阳能电池中,非晶硅薄膜太阳能电池转化效率低且光致衰减严重,碲化镉薄膜太阳能电池亦采用了玻璃封装且原材料紧缺,砷化镓薄膜太阳能电池成本过于高昂,因而车载光伏发电系统均不建议采纳;铜铟镓硒薄膜太阳能电池具有成本低廉、转化效率高、易于弯折且无明显光致衰减等优势,在各类BIPV项目中应用效果良好,因而更适宜采用铜铟镓硒薄膜太阳能组件作为车载光伏发电系统组件。

7.2.3 光伏单体输出特性分析

光伏发电系统(PV System)是指利用光伏电池的光生伏特效应,将太阳辐射能直接转换成电能的发电系统。目前,光伏领域已提出多个描述光伏单体输出特定的物理和数学模型,其中光伏工程应用等效模型(单二极管模型)由电流源、二极管、并联电阻和串联电阻组成,其结构如图7.9所示。

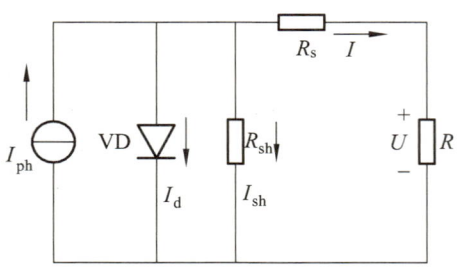

图7.9 光伏电池等效模型

1980年，H S Rauschenbach 所编写的《太阳能电池设计手册》中，提出了光伏发电系统的工程应用公式，即光伏发电系统的伏安特性曲线（I-V curve），如式（7.1）~（7.3）所示。

$$I = I_{ph} - I_d - I_{sh} \tag{7.1}$$

$$I_d = I_o \left[e^{\frac{q(U+IR_s)}{AKT}} - 1 \right] \tag{7.2}$$

$$I_{sh} = \frac{U + IR_s}{R_{sh}} \tag{7.3}$$

式中　U——光伏电池输出电压，V；

　　　I，I_{ph}，I_d，I_{sh}——光伏电池输出电流、光生电流、并联二极管支路电流和并联电阻支路电流，A；

　　　R_s，R_{sh}——串联电阻和并联电阻，Ω；

　　　q——电荷常量，$q=1.6\times10^{-19}$ C；

　　　K——玻尔兹曼常数，$K=1.38\times10^{-23}$ J/K；

　　　A——二极管曲线因子，其经典取值为 1；

　　　T——光伏电池的绝对温度，K。

由式（7.1）~（7.3）可得光伏电池输出电流的数学模型：

$$I = I_{ph} - I_o \left[e^{\frac{q(U+IR_s)}{AKT}} - 1 \right] - \frac{U + IR_s}{R_{sh}} \tag{7.4}$$

由式（7.4）可知光伏电池的数学模型仍含有较多参数，将其应用于仿真有一定难度，因而在 3 个假设前提下对式（7.4）加以简化，其假设条件为

（1）光伏电池的等效电路中，串联电阻 R_s 所在支路的电流远大于流过并联电阻 R_{sh} 的电流，即 I_{sh} 可忽略。

（2）串联电阻远远小于 PN 结导通电阻，即光生电流 I_{sh} 等于短路电流 I_{sc}。

（3）在标准外界情况下，光伏电池的开路电压 U_{ocn} 等于光伏组件的标准测试条件（STC，光强 $S_b=1\ 000$ W/m²；频谱：AM1.5；组件温度

$T_b = 25\ °C$)下的开路电压 U_{oc},最大功率点处电压 U_{mn} 等于 STC 下光伏组件最大功率点处的电压 U_m。

基于上述前提,式(7.4)可简化为

$$I = I_{sc}\left[1 - A\left(e^{\frac{U}{BU_{oc}}} - 1\right)\right] \qquad (7.5)$$

其中,$A = \left(1 - \dfrac{I_m}{I_{sc}}\right)e^{-\frac{U_m}{BU_{oc}}}$,$B = \left(\dfrac{U_m}{U_{oc}} - 1\right)\left[\ln\left(1 - \dfrac{I_m}{I_{sc}}\right)\right]^{-1}$。

该模型只需使用生产商提供的标准测试条件下的开路电压 U_{oc}、短路电流 I_{sc}、最大功率点电压 U_{mp}、最大功率点电流 I_{mp} 这 4 个参数,就可在工程精度下完整地复现光伏电池的输出特性。但此模型建立的前提是光伏组件工作于 STC 条件下。光伏电池的输出性能不仅受自身材料及连接结构的影响,还受所处环境的温度、光强等环境条件的影响。当实际环境温度与 STC 条件有所差异时,为提高仿真模型的准确度,应对简化数学参数加以修正。修正公式如下:

$$I_{scn} = I_{sc}(S_t / S_b)(1 + a\Delta T) \qquad (7.6)$$
$$I_{mn} = I_{mp}(S_t / S_b)(1 + a\Delta T) \qquad (7.7)$$
$$U_{ocn} = U_{oc}(1 - c\Delta T)\ln(e + b\Delta S) \qquad (7.8)$$
$$U_{mn} = U_{mp}(1 - c\Delta T)\ln(e + b\Delta S) \qquad (7.9)$$

式中 S_t ——实际光强,W/m²;

ΔS ——无量纲,$\Delta S = S_t / S_b$;

ΔT ——温度差,$\Delta T = T_t - T_b$,K;

a,b,c ——修正系数,其经典取值分别为 0.002 5/K、0.5/(W/m²)和 0.002 88/K;

e ——自然常数。

单组光伏电池组件在不同光照强度下的 U-I 特性曲线及 U-P 特性曲线如图 7.10 所示。对比观测图 7.10(a)中 5 条 U-I 特性曲线,光伏电池的短路电流及开路电压随着光伏电池所处环境的光照强度增强而变大,且光照强度的变化对短路电流的影响远远大于开路电压;对比观测

图 7.10（b）中 5 条 U-P 特性曲线，光伏电池 MPP 的功率随着光照强度的增加而增大，且与光照强度近似成正比。

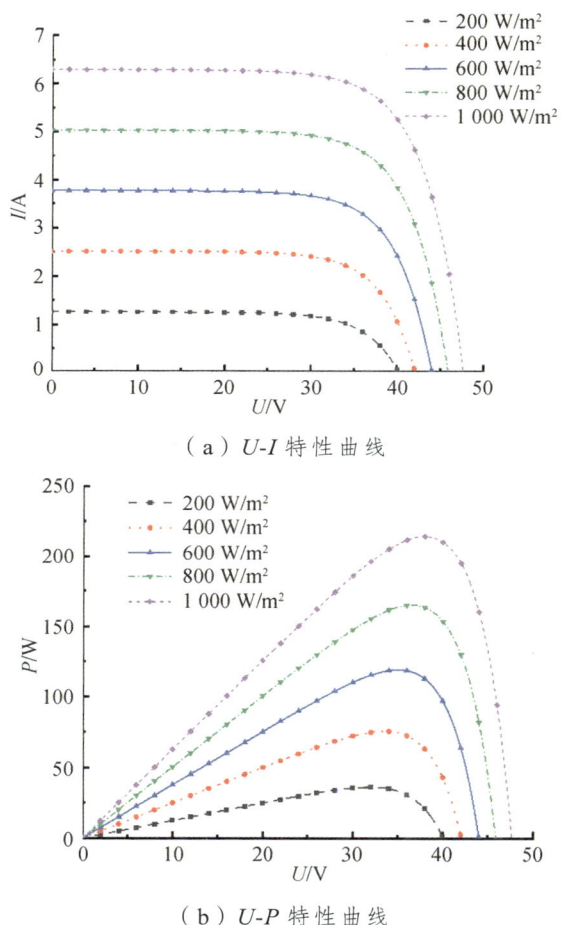

（a）U-I 特性曲线

（b）U-P 特性曲线

图 7.10　不同光强下的特性曲线

单组光伏电池组件在不同温度下的 U-I 特性曲线及 U-P 特性曲线如图 7.11 所示。对比观测图 7.11（a）中 5 条 U-I 特性曲线，光伏电池的短路电流随温度降低而减小，而开路电压随着温度降低而升高；且温度的变化对开路电压的影响大于短路电流；对比观测图 7.11（b）中 5 条 U-P 特性曲线，光伏最大功率随着温度的降低而增大。

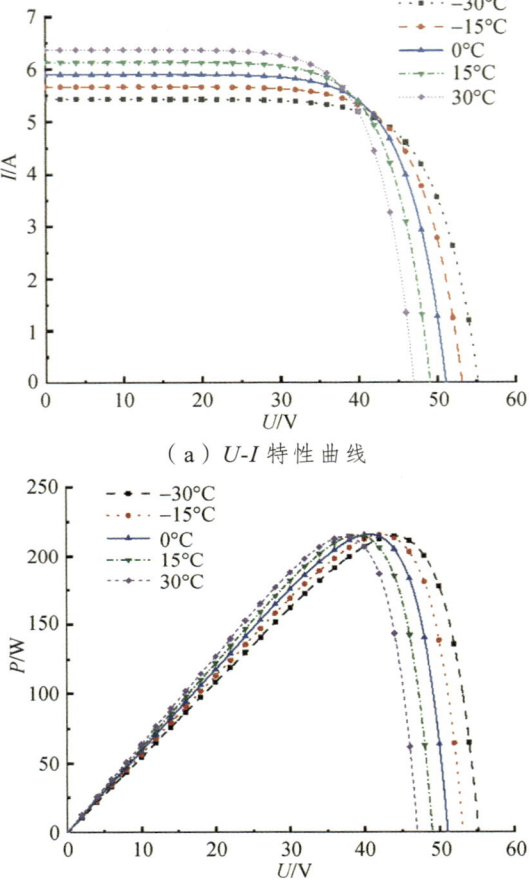

图 7.11 不同温度下的特性曲线

综上所述，光伏输出特性与环境温度及温度密切相关，开路电压及最大功率点功率与光照强度成正比，与环境温度成反比；短路电流与温度、光照强度均成正比。

7.3 车载光伏发电系统接入方案

为保障太阳能发电系统的输出性能及可靠性，光伏组件的安装位置表面应当平整光滑,光照条件和通风条件良好,且不影响列车的正常运行。安装太阳能组件的位置包括列车车顶、裙板（车顶与侧墙过渡面）及车窗等位置。考虑光伏组件封装所需面积以及裕量,光伏发电系统的有效发电面积以实际可用面积的 80% 计算。

7.3.1 母线接入方案

城市有轨电车内部供电系统可分为多个电压等级,为减少变换器级数,提升能量利用率,车载光伏发电系统的输出侧应接至直流母线（可减少一套 DC/AC 变换器）。列车直流供电系统中包含有 24 V 和 750 V 两个电压等级,将根据车载光伏发电系统所连接母线的电压等级的不同而分别讨论其配置方案。

1. 24 V 母线接入方案

混合动力有轨列车内部有众多低压负载,如列车门控系统、消防报警系统、语音播报系统以及燃料电池辅机供热系统等。此类负载电压低、功率小（实际工况功率约 13.686 kW）,挂载于 24 V 直流母线上,负载功率平稳、波动小。原辅助供电系统（蓄电池充电机）的容量为 16 kW,母线直挂储能容量为 5 760 A·h。

接入 24 V 母线时,光伏组件仅在列车车顶铺装。光伏输出端与最大功率追踪（Max Power Point Tracking,MPPT）控制器相连,控制器输出侧直接与 24 V 母线相连,其电气连接如图 7.12 所示。此接入方式下,光伏发电系统未改变列车的内部供能结构且无须增设光伏系统辅助设备（如支架）,安装方便,改造量小,易于实行。24 V 母线电压较低,光伏控制器制造工艺要求低、成本低廉,光伏组件输出功率与负载功率较为接近,有利于光伏发电量的消纳。此外,24 V 直流母线上装设了直挂蓄电池,因而光伏发电系统无须额外配置储能,因而光伏发电系统经济性可进一步提高。

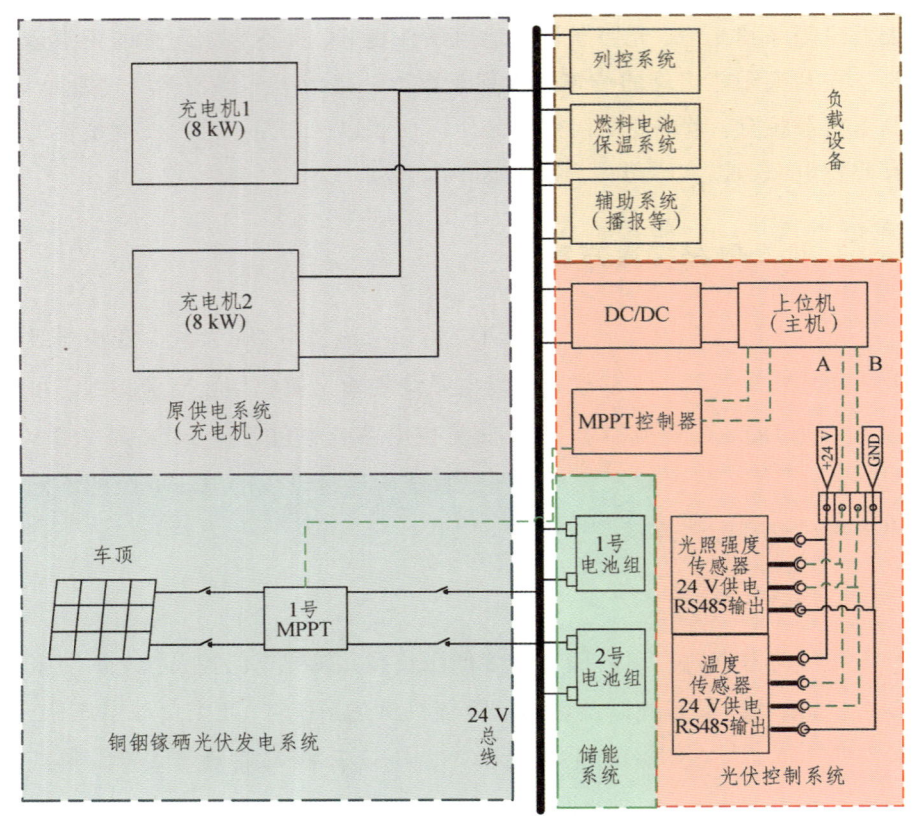

图 7.12　24 V 接入方案

在常规运行状态下，光伏发电系统为负载设备供电，其差额功率由原供电系统（车载蓄电池及充电机）提供；当列车停止运行时，光伏发电系统和蓄电池充电机为车载蓄电池充电。为保障燃料电池的安全，冬季温度降低时运营公司需铺设电缆在夜间为燃料电池保温系统供电。装设车载光伏发电系统后可在列车停运后为储能设备充电，夜间储能通过逆变器为保温设备供电，无须人工拉线，节省人力等成本。

2. 750 V 母线接入方案

750 V 直流母线为列车的主供电母线，其负载主要为列车牵引电机、制动系统和转向架等设备，此类设备功率大（平均功率 800 kW，峰值功率 1 000 kW），波动强烈且无明显的周期，因此燃料电池混合动力低地板有轨电车的 750 V 直流母线上配备了大容量储能设备，以提升列车工况的可靠性和稳定性。

在此接入方式下，车载光伏发电系统组件铺装于列车车顶、斜坡及裙板处。其中，斜坡和裙板安装角约为 78°，两者光伏组件光照条件一致，最大功率点电压相同，可共用同一套 MPPT 控制器，但车辆两侧光伏组件的光照强度差异较大，光伏组件输出电压有所不同，因而列车每侧需各装设 1 套控制器，而车顶单独用 1 套，即每节车厢装设 3 套 MPPT 控制器。车载光伏发电系统接入 750 V 电气连接如图 7.13 所示。

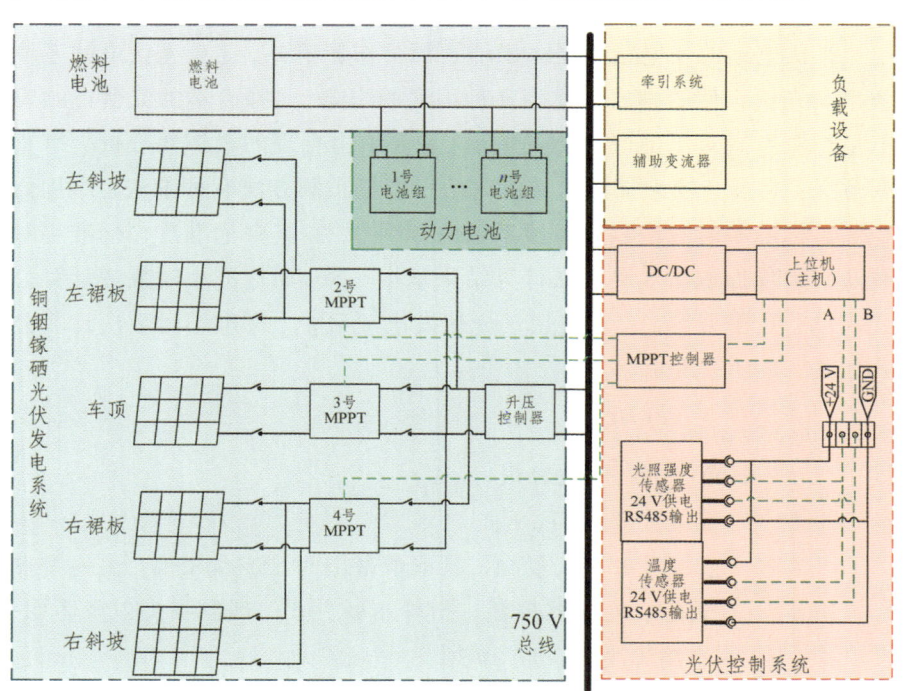

图 7.13　750 V 接入方案

列车为大功率耗能设备，其运行功率峰值可达 1 000 kW，然而车载光伏发电系统的装机容量远远小于列车实际功率，因而车载光伏发电系统为 750 V 母线上的负载设备直接供电的接入方案实际意义并不显著。然而，当列车因停运等原因长期闲置时，车载蓄电池存在因自放电而导致电压亏损甚至失效的问题。为弥补此项亏损，相关企业常采取指派特定人员为停运列车的蓄电池定期充电的方案。但列车安装有车载光伏发电系统时，光伏发电系统可在列车正常运行时为储能补充电能，而在列车长期停运断电时抬升车载电池端电压，抑制储能自放电现象，延长电池寿命的同时节省人工充电成本，也可实现车载光伏发电系统的经济价值。

7.3.2 发电量计算

光伏电站的发电量除受太阳能资源分布影响外，还受光伏电站系统效率及光伏组件的摆放方式等多种因素的影响。选择合适的光伏电站发电量估测方式对于准确预测发电量，进而给出合理的经济性分析具有重要意义。目前，较为常见的光伏电站发电量预测方法有标准法、组件面积法、标准小时数法以及经验系数法 4 种[188]。其中标准法、标准小时数法和组件面积法 3 种方法计算结果基本一致，而标准小时数法计算公式简单，数据易得，广泛应用于光伏发电项目中。标准小时数法计算公式如式（7.10）所示。

$$E_P = PHK \tag{7.10}$$

式中　P ——光伏电站安装容量，kW；

　　　H ——有效光照时间，h；

　　　K ——系统效率，无量纲，其取值范围为 75%～85%，由逆变器效率、变压器损耗、组件布置方式、线路损失以及阴影遮挡等决定，取 80%。

与常规应用方式不同，本课题的光伏发电系统组件贴合列车车身安装，其发电量受安装方式及位置的影响，其实际发电量与理论计算相比有所衰减，此衰减值随光伏组件所处位置和方位的不同而变化，应根据光伏组件所处位置对有效利用系数加以修正。此衰减系数由光伏表面接收辐照量变化而产生，因而可计算太阳辐照度衰减比例作为有效利用系数取值。以某市为例计算车载光伏发电系统能量,其各方位有效利用系数可由 PVsyst 软件仿真得出见表 7.2。

表 7.2 校正系数取值表

倾斜角/°	78				0
安装角度/°	东	南	西	北	上
系数/%	63	79	63	33	88

将有效利用系数代入标准小时数法中,计算车载光伏发电系统的日发电量,其计算公式如式(7.11)所示。

$$W = f(\theta,\delta)PHK \quad (7.11)$$

式中 $f(\theta,\delta)$ ——因光伏摆放角度及朝向而导致的辐照度校正系数;
 θ ——安装角度,(°);
 δ ——电池板正面朝向,无量纲;
 P ——安装容量,kW。

7.3.3 储能匹配

在有轨电车车顶空间安装铜钢镓硒光伏发电系统的装机容量比较小,如升压至 750 V 向有轨电车动力系统供电,电流太小,对能效和动力系统实际意义不大。加之有轨电车辅助系统 24 V 母线负荷平均功率为 13 kW,与光伏输出功率较为接近,因此车载光伏发电系统宜接入 24 V 母线,与车上原有储能和供电系统,共同为有轨电车辅助系统供电,构成车载 24 V 直流系统,如图 7.14 所示。本节以此拓扑为基础校验 24 V 母线上直挂储能与光伏发电系统及负载的匹配性。

当光伏发电系统输出功率高于负载功率,且储能系统已无法容纳更多电量时,光伏发电系统需降低输出功率,从而导致光伏实际所发电量低于理论可发电量,即"弃光"现象。光伏发电系统实际所发电能与理论可发电能的比值为光伏发电系统的消纳率。显而易见,光伏发电系统的消纳率对光伏发电系统的经济性能影响显著,是评判光伏发电系统应用的重要指标,因而在储能配比及能量管理优化中应当最大限度提升光伏发电系统的消纳率。

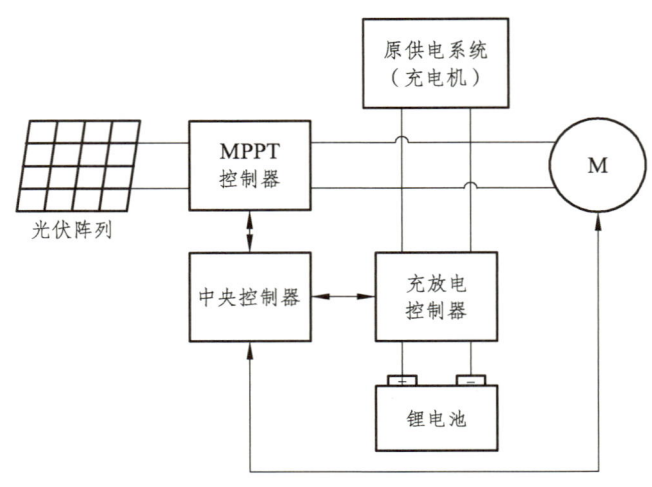

图7.14　储能接入方案

机车辅助系统包括消防系统、列车转向系统等重要负荷,其负荷等级极高,因而必须满足负荷率100%的优化需求。然而如前所述,24 V直流母线的原供电系统直挂750 V母线的降压变压器,相对于24 V母线负荷其容量可视为无限大,当负荷功率超过光伏发电系统(含储能)输出功率时,24 V母线的原供电系统可实时补充差额功率,从而保障母线电压稳定性,因此负荷率可通过原供电系统予以保障。

7.4　车载光伏发电系统样车

光伏样车外形设计参照混合动力有轨列车设计,车体由侧墙、裙板、车顶三部分构成,其中裙板与车底面的夹角为78°。整车车身为不锈钢材质,原车辆参数信息见表7.3,外形如图7.15所示。

表 7.3 车辆电气参数

项目	参数
蓄电池类型	铅酸
蓄电池标称电压/V	60
蓄电池容量/(A·h)	120
功率/W	800
续航里程/km	130
爬坡性能/(°)	8
欠压保护值/V	60
充电时间/h	8~10

图 7.15 光伏样车外形

7.4.1 光伏样车电气系统

光伏样车电气系统由车载光伏发电系统、数据采集系统、辅助供电及储能装置等组成，其电气连接如图 7.16 所示。

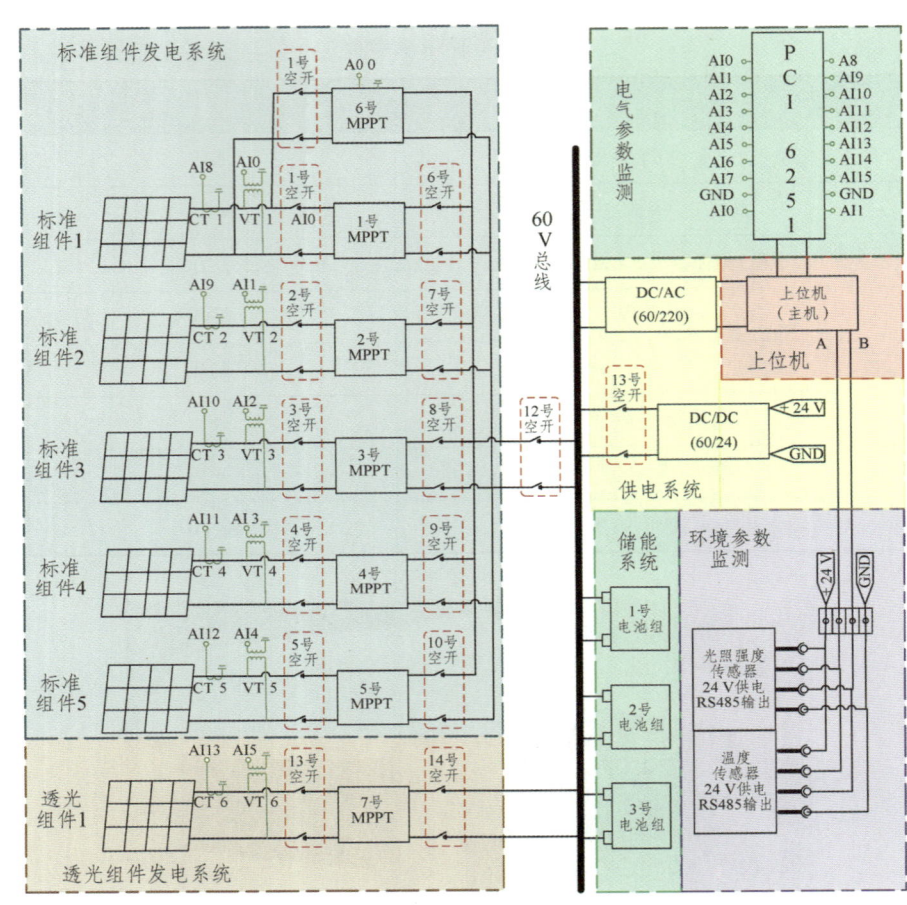

图 7.16 样车电气拓扑

1. 光伏发电系统

光伏发电系统由光伏发电组件、空气开关、MPPT 控制器三部分组成。

光伏发电系统的光伏组件采用铜铟镓硒薄膜太阳能电池。为适应样车车身的铺设尺寸及安装方式，光伏组件为定制组件，定制组件可分为三个型号，各型号光伏组件的电气参数信息查阅表 7.4 可得。光伏组件的铺设方式如图 7.17 所示。此外，样车尾部安装透光组件，其电气参数也可查阅表 7.4。

表 7.4 光伏组件性能参数

项目	组件 1	组件 2	组件 3	20%透光组件
P_{max}/W	77.6	233	213	64
U_{mp}/V	41.8	41.8	41.8	87
I_{mp}/A	1.86	5.57	5.10	0.73
V_{oc}/V	51.7	51.7	51.7	116
I_{sc}/A	2.14	6.29	5.76	0.78
尺寸/mm	1 710×348	1 710×980	1 683×890	1 200×600

由电气连接图可知,光伏样车采用安装了 7 块 MPPT 控制器,其参数见表 7.5 所示。其中,5 块铜铟镓硒标准组件与 CTK-EV-600 升压控制器相连接,透光组件的开路电压(114 V)高于铅酸电池标称电压(60 V),因而 MPPT 控制器需采用降压控制器,所采用的 MPPT 控制器为 V Q1248G V1.2C。除此之外,为验证能量管理算法的可行性及性能,本课题开发了一块可内嵌自编程算法的 BUCK-BOOST(非隔离)MPPT 控制器光伏样车标准组件安装如图 7.17 所示。

表 7.5 MPPT 控制器参数表

型号	CTK-EV-600	V Q1248G V1.2C	自编程控制器
电池板最大功率/W	600	3 600	1 000
太阳能输入电压范围/V	26~63	23~180	10~80
MPPT 电压范围/V	26~63	26~150	10~80
MPPT 效率/%	≥99	≥99	—
整机效率/%	≥95	≥99	≥96

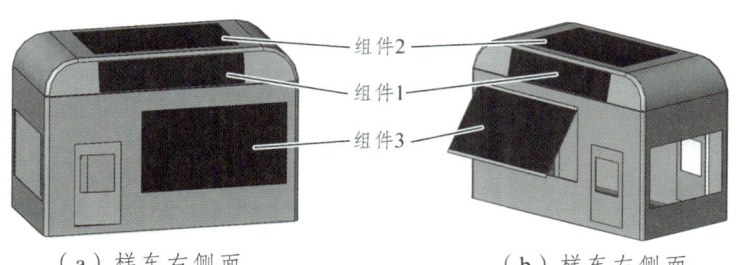

(a)样车右侧面　　(b)样车左侧面

图 7.17 光伏样车标准组件安装图

2. 数据采集系统

样车数据采集系统包括环境参数(光照强度、温度等)采集模块和电气参数采集(电压、电流)模块(见图 7.18)。光照强度传感器和温度传感器参数见表 7.6。两者输出协议均为 RS485,经 RS485 接口转 USB 端口。与上位机相连。电气参数采集模块包括电压采集模块和电流采集模块,因各个光伏组件在工作点的输出电压和输出电流有所差异,因而传感器需具备量程测量功能,其参数见表 7.7,其中,所有传感器均为 24 V 供电,0~10 V 模拟量输出,精度 5%。

表 7.6 环境参数采集器参数

型号	温度传感器 V1C	光照传感器 HSTL-ZFSQ
量程	−15~45 ℃	0~2 000 W/m²
精度	±0.5 ℃	2%
供电方式	24 V 直流	24 V 直流
输出方式	RS 485	RS 485

图 7.18 电压、电流传感器

表 7.7 电气参数传感器参数

传感器型号	参数
穿孔型直流电流传感器/A	0~10
端子型直流电流传感器/A	0~1、0~4
端子型直流电压传感器/V	0~130、0~60、0~80

所有电气参数传感器输出均为模拟量,无法直接与上位机通信,为

了便于主机接收传感器测量结果,系统装设一块 PCI-6251AD 数据采集卡,参数见表 7.8。

表 7.8 PCI-6251AD 数据采集卡参数

项目	参数
AI 通道数	16
AO 通道数	2
输入电压范围/V	$-10\sim10$
单通道采样速率/(MS/s)	1.25

3. 辅助供电及储能系统

样车供电系统为 DC 60 V,但各传感器及控制模块供电制式为 DC 24 V,而上位机供电要求为 AC 220 V,因而上位机内部配置有 60 V/24 V 稳压电源及 220 V 逆变器。样车储能系统为铅酸蓄电池,为保证电池寿命,电池容量配置为 60 V/120 A·h。

7.4.2 上位机系统

上位机是指发送系统操控指令的计算机。为了方便监测系统实时工作状态及修改控制逻辑算法,光伏样车上位机中利用 Labview 软件搭建上位机。上位机共有两个操作面板,分别为监测版和调控版。运行上位机前,承载上位机的主机需安装有 NI Labview、NI DAQmx、NI VISA、Matlab 以及 CH640 驱动等软件及驱动程序。

1. 监测版上位机

观测上位机的功能为观测所有组件的发电量及功率,其主界面如图 7.19 所示。可在物理通道参数设置面板中设置数据采集卡的物理参数,如通道数量,默认为 AI 0~15 全部采集;最小值和最大值为 AI 口的输入电压范围,默认为 1~10 V;端口采样类型为数据采集卡的工作方式,可选择查分采样(DEF)、参考单端采样(RSE)、非参考单端采样(NRSE)三种,默认为 RSE 工作方式。也可在采样相关参数设置中修改采样的频率及点数，默认采样频率为 10 000 Hz，单次采样点数为 500 点。

在主界面中，使用者可选择观测电压电流监测模块或功率计量监测模块。在电压电流监测模块中（见图 7.19），4 个示波器分别显示铜铟镓硒组件（组件 1 到组件 5，标准组件）的电压、电流和碲化镉透光组件（透光率 20%，后侧车窗）的电压、电流。AI 0、AI 8 为组件 1 的电压电流测量端，AI 1、AI 9 为组件 2 的电压电流测量端，依次到 AI 4、AI 12；AI 5 和 AI 13 为透光组件的电压电流显示。AI 6~7、AI 14~15 端口空置，以作备用。在功率计量监测模块（见图 7.20）中可分别监测标准组件和透光组件的功率，其功率已进行归一化运算。除此之外，光照强度和温度窗口分别显示实时光照强度和温度测量数值；参数设置按钮可选择参数设置面板是否可见；停止运行按钮可停止电压电流的采集工作。

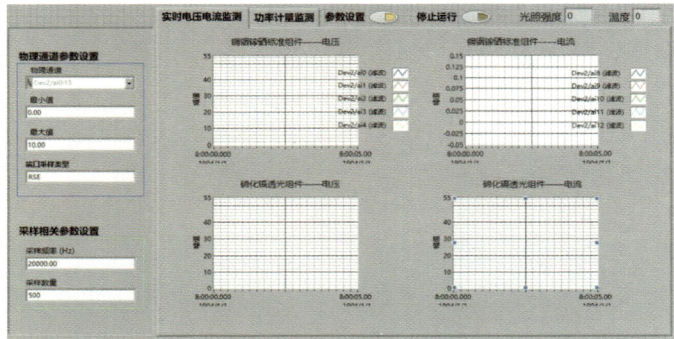

图 7.19　电压电流监测

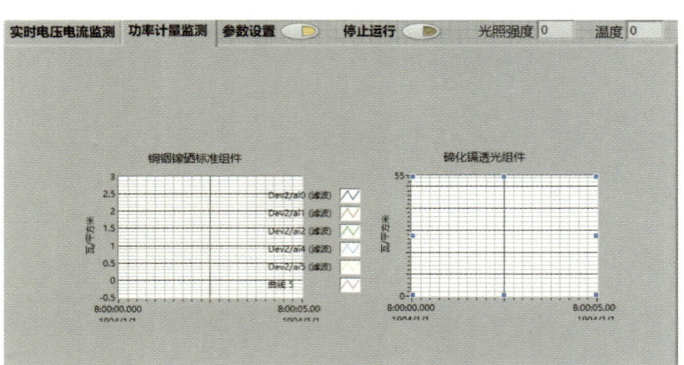

图 7.20　功率监测

监测版上位机程序框图可分为采样模块、环境参数传输模块、数据加工模块、数据存储模块,其具体划分如图 7.21 所示。

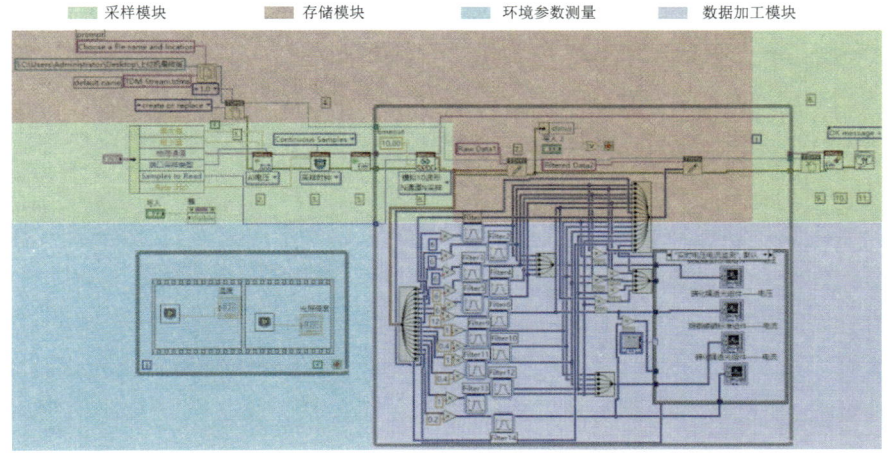

图 7.21 监测版上位机程序

采样模块由 DAQmx 创建通道、DAQmx 定时、DAQmx 开始任务、DAQmx 读取、DAQmx 清除任务 5 部分组成。其功能为设定 NI 采集卡的性能参数并定时采集数据,实现电压电流信号的采集及转换工作。

环境参数传输模块由温度传输模块和光照强度传输模块两部分组成。温度传输模块和光照强度传输模块输出为 RS485 输出,需经过 RS485 转 USB 串口模块与上位机相连,USB 串口模块的控制芯片为 CH340,应用前需预安装驱动,以保证程序的正常运行。温度传输模块上位机部分由温度观测 VI 实现,由 VISA 配置串口、VISA 写入、VISA 读取、VISA 清空缓冲区和 VISA 关闭组成。因 LABVIEW 程序默认发送和接收数据均为 ASCII 数据,因而发送命令窗口应设置为 16 进制传输。但读取命令无法设置为 16 进制,因而需将原 ASCII 数据转化为 16 进制显示,转换程序如图 7.22 所示。

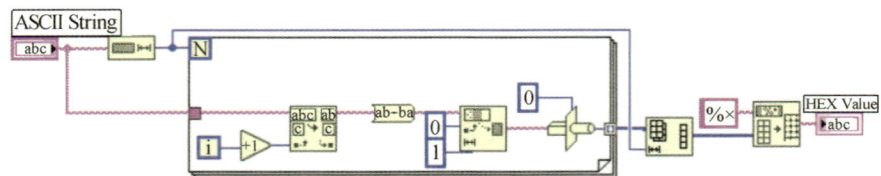

图 7.22　ASCII 转换为 16 进制数字

数据加工模块将采样数据进行拆分、滤波、显示并合成。其中滤波器采用低通三阶滤波器，低通截止频率为 100 Hz。

数据存储模块的作用是将数据存储至电脑硬盘，以供后期调用观测。数据存储由文件对话框、TDMS 打开、TDMS 写入以及 TDMS 关闭组成。TDMS（Technical Data Management Streaming）文件是 NI 主推的一种二进制记录文件，它兼具了高速、易存取和方便等多种优势，能够在 NI 的各种数据分析或挖掘软件之间进行无缝交互，也能够提供一系列 API 函数供其他应用程序调用。

2. 调控版上位机

调控版上位机的主要功能为验证算法在阴影遮挡下的可行性及性能，其主界面如图 7.23 所示。

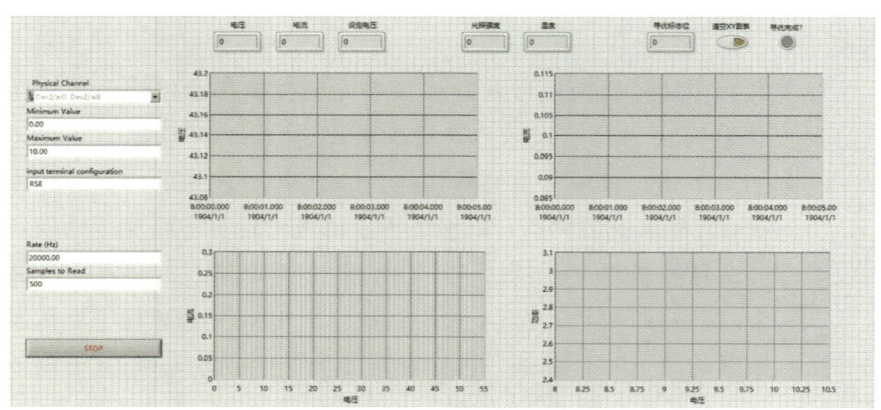

图 7.23　调控版上位机界面

界面左侧为参数设置界面，其物理端口默认为 AI 0/8，即光伏组件

1,其他参数与观测版相一致,此处不再介绍。界面右上侧为数值显示窗口,显示元素为组件实时输出电压、电流、MPPT 算法设定电压、光照强度、温度,MPPT 寻优状态数据显示以及 MPPT 寻优状态灯光显示。其中,MPPT 状态显示共分为 5 步,分别以数字 1~5 表示,5 表示 MPPT 寻优完成,同时标示灯变为绿色。清空 XY 图像按钮可清空下侧两个显示器图像,防止图像混杂。界面右下侧为波形显示窗口,从左向右、从上向下分别为电压、电流、U-I 特性曲线、U-P 特性曲线显示窗口。

调控版上位机监测版上位机程序框图可分为采样模块、环境参数传输模块、数据加工模块、数据存储模块和调控模块,其中与监测版上位机重复的模块不再赘述。

调控版上位机的调控模块组成如图 7.24 所示,其控制算法由 Labview 与 Matlab 的接口模块——MATLAB scipt 实现。在程序运行初期阶段,程序先执行初始化模块,其作用为清空 MATLAB 工作空间中所有变量,并设定程序运行状态为 1,设定初始控制电压为 12 V,并设定预期功率为 0 W。初始化完成后,系统检测环境温度和光照强度,以

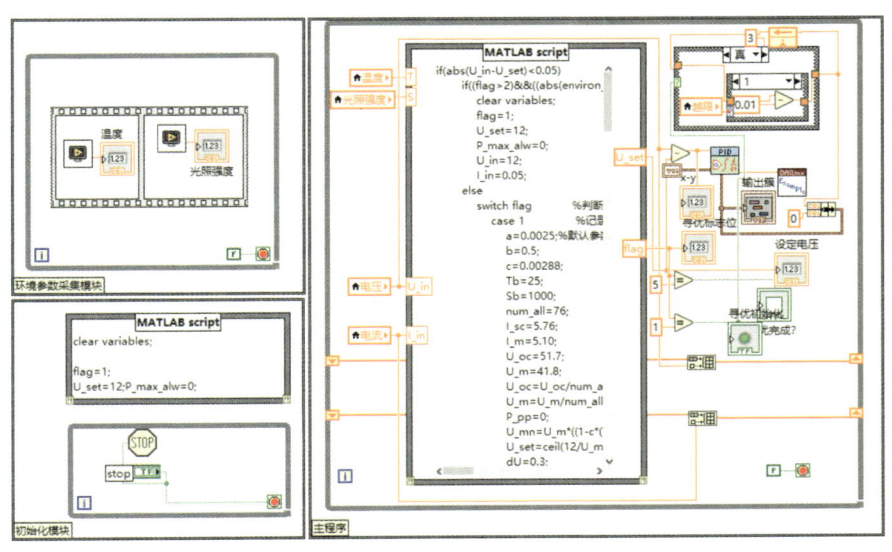

图 7.24 调控版上位机调控模块

及所控制组件的电压电流,并将上述参数送至 MATLAB 工作空间进行控制运算。控制程序根据外界物理参数判断此时板子的控制电压,并将电压数值和控制状态输出。

控制系统共有 5 个控制状态,分别为① 程序初始化;② 寻找恒流源区域;③ 寻找局部最大功率点;④ 判断寻优是否完成;⑤ 寻优完成,判断外界光照是否发生变化,若未变化则以极小步长的爬山法保持现有状态,若发生变化则将程序初始化。

为保证控制的精度,本程序电压控制部分采用 PID 调节。LABVIEW 中自带有 PID 控制器,并可设定控制量、过程量、PID 参数以及输出值范围等变量。样车控制电压范围为 0~3 V,但当光照强度发生变化时,控制电压范围将会随之改变。为保证控制精度,本程序采用监测光伏板输出电压波动峰峰值的方法自适应调节 PID 输出电压范围,调节精度为 0.01 V。

7.5 车载光伏发电系统全局最大功率追踪策略

7.5.1 光照阴影的影响及仿真模型

如 7.2 所述,光伏发电系统的输出性能不仅受自身特性、安装方式、个体差异性及环境参数(如环境温度、光照强度、湿度等)的影响外,也与光伏电站的地理位置、阴影遮挡等周边因素密切相关。在理想状态下,一个光伏发电系统中所有光伏单体的特性一致,并工作在最大功率点所对应的电流上。然而因生产工艺等原因,光伏组件中的光伏单体具有个体差异性,且此差异性随着时间的延长、光伏组件的老化而加剧。同一个光伏单体工作在不同的环境(温度、光照强度等)下时输出特性有所不同,发生阴影遮挡时组件内部出现光照差异性,受遮挡的光伏晶胞最大功率点的电压、电流会相应减小。然而,为提升光伏发电系统的输出电压,厂家将光伏发电单体串联为光伏组串,当光伏组串内部的光伏单体因阴影遮挡等原因造成最大功率点电流不一致时,一部分光伏单体将因输出电流过大而无法工作在自身最大功率点上,甚至部分光伏单体因输出电流大于短路电流而电压反偏,成为"负载"(见图 7.25)消耗其他光伏晶胞产生的电能而发热,严重时甚至能够烧毁组件,即"热斑效应"。

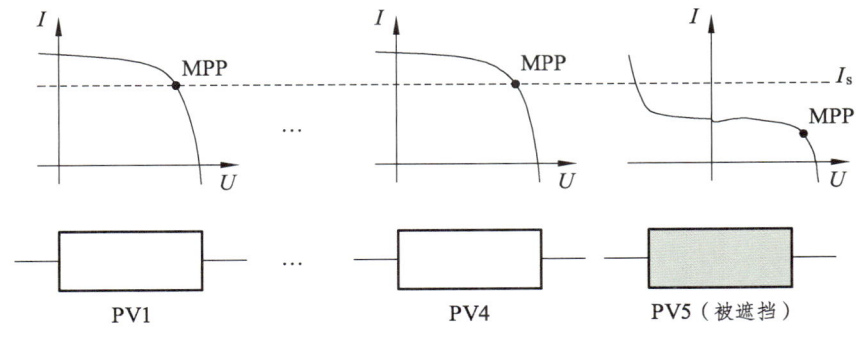

图 7.25　热斑效应原理

为减轻或抑制"热斑"现象的负面影响,光伏厂家将 18～26 个光伏单体组成一个光伏单元,并为每个光伏单元装设一个旁路二极管。当光伏单元输出电流过大、输出电压反偏时,旁路二极管导通,组串电流由二极管流通,与之并联的光伏单元被"切除",发热效应减轻。然而旁路二极管的"开关效应"导致了光伏发电系统 U-I 特性发生改变(见图 7.26),并导致发电系统的 U-P 特性曲线呈现"多峰"(见图 7.26)。

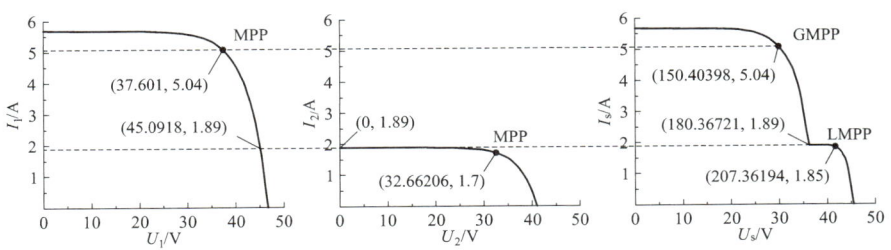

图 7.26　旁路二极管接入后的组件输出特性

目前光伏电站广泛采用恒定电压法(Constant Voltage method,CV)、扰动观察法(Perturbation and Observation method,P&O)、电导增量法(Increment Conductance method,INC)等传统控制策略[189],当光伏发

电系统发生阴影遮挡（尤其是小面积重度遮挡）、输出特性曲线呈现多峰时，传统控制算法无法有效追踪到全局最大功率点（见图 7.27）。追踪初期阶段，控制器减小输出电压值，光伏发电系统的输出功率升高（图中 A 点→B 点），控制器进一步减小光伏发电系统输出电压，直至图中 D 点，此时光伏输出功率为局部峰值。当控制器进一步减小输出电压时（图中 F 点），光伏发电系统输出功率减小，因而控制器将会反向调节输出电压返回 D 点，并在 D 点附近波动。然而由图可知，此遮挡状态下全局最大功率点在图中 G 点处，扰动观察法因陷入局部最大功率点而导致追踪算法失效。其余传统算法与之相似，均无法寻得全局最大功率点。

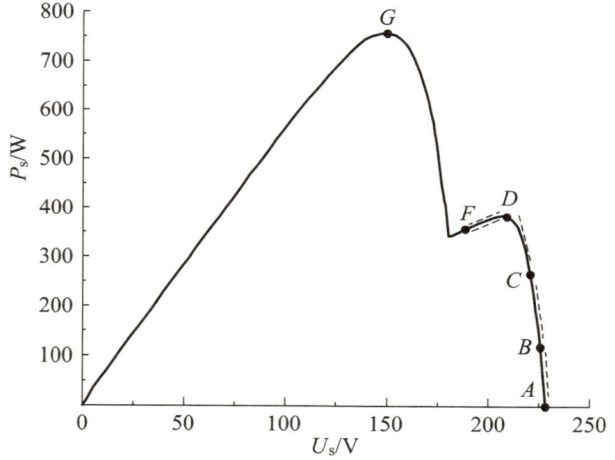

图 7.27　阴影遮挡状态下爬山法 MPPT 控制图

车载光伏发电系统的运行与管理方式与常规集中式光伏电站有所不同。常规集中式光伏发电系统建设在人烟稀少的地域（沙漠、荒山等），组件所处环境（光照强度、温度、风速等）大致相同，输出特性一致度好。车载光伏发电系统的运行条件将更加复杂多变，车辆运行路线中杆塔、树木及楼房等遮挡物众多，光照条件情况复杂且变化迅速，组件因输出特性曲线的差异而导致的最大功率追踪失效及功率失配问题更加严重，需制定适用于车载光伏发电系统的最大功率追踪控制策略。

为分析局部阴影条件下 $P\text{-}U$ 曲线峰值点的分布规律，选用 $\{1\times 5\}$ 串联光伏阵列，如图 7.28 所示。阵列首端串联堵塞二极管 D_1 可防止电流倒灌损坏光伏组件，每个光伏组串并联旁路二极管 D_2，以削弱热斑效应的不良影响。仿真模型中太阳能电池为 HN-214，其在光伏组件标准测试条件（STC）下参数见表 7.9，单光伏电池数学模型详见 7.2.3。

表 7.9 HN-214 标称参数

P_m/W	U_{oc}/V	I_{sc}/A	U_m/V	I_m/A
214	47.76	6.29	38.50	5.57

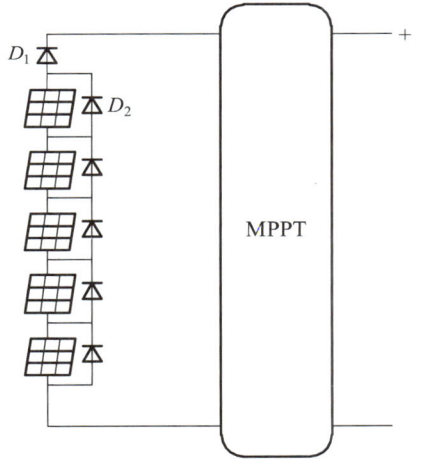

图 7.28 光伏阵列模型

为确保算法的普适性，各光伏单体预设从 100 W/m^2 到 900 W/m^2、步长为 100 W/m^2 的 9 种辐照强度，由排列组合可知，光伏阵列共存在 1 287 种光照条件，并有 1 287 条输出特性曲线与之对应。其中，单峰值特性曲线 9 种，双峰值特性曲线 144 种，三峰值特性曲线 504 种，四峰值特性曲线 504 种，五峰值特性曲线 56 种。下面取轻度遮挡、中度遮挡和重度遮挡 3 个典型工况对多峰情况下峰值点电压分布规律进行分析，并探究串联光伏阵列峰值点电压与功率分布的一般规律。

轻度遮挡：阴影条件为[900，900，800，800，700]。其中，数字为光伏组件所接收的辐照强度,单位符号为 W/m²,其输出特性曲线如图 7.29(a)所示。按照接收辐照强度的差异,串联光伏组件可分为 3 组,而串联光伏阵列的输出特性曲线具有 3 个峰值点,峰值点电压分别为 74.5 V、147.8 V 和 185.7 V。依文献[190]所述,阴影条件下峰值点应分布于$(x+0.8m)U_{ocn}$处,其中,x 为高于当前分组辐照强度的单体数量,m 为当前分组内的单体数量。据此计算,理论计算峰值点电压为 77.0 V、172.5 V、229.5 V,其与实际电压偏差分别为 3.2%、14.3%和 19.1%。

中度遮挡:阴影条件[900,900,900,700,100],其输出特性曲线如图 7.29(b)所示。此阴影条件下串联光伏单体可分为 3 组,串联阵列输出特性曲线具有 3 个峰值点,峰值点电压分别为 111.8 V,162.2 V 和 205.5 V。理论计算峰值点电压为 115.5 V、181.8 V、229.5 V,其与实际电压偏差分别为 3.2%、10.8%和 10.5%。

重度遮挡:阴影条件为[900,700,500,300,100],其输出特性曲线如图 7.29(c)所示。此阴影条件下串联光伏单体分为 5 组,串联阵列输出特性曲线具有 5 个峰值点,峰值点电压分别为 37.0 V、74.9 V、114.3 V、155.3 V 和 196.9 V,理论计算峰值点位置为 38.5 V、86.3 V、134.0 V、181.8 V、229.6 V 5 处,其与实际电压偏差分别为 3.9%、13.2%、和 14.7%、14.6%和 14.4%。

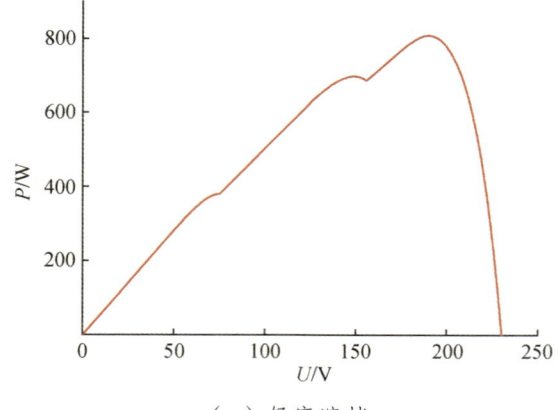

(a)轻度遮挡

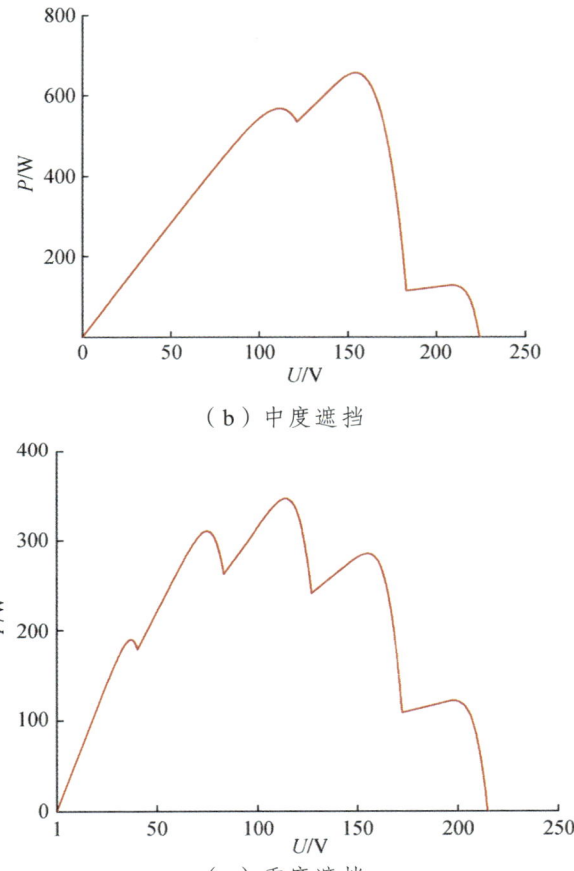

(b)中度遮挡

(c)重度遮挡

图 7.29 不同阴影条件下串联阵列输出特性曲线

观测上述曲线,可得如下几点规律:

(1)串联光伏阵列的输出特性曲线在局部阴影时呈现多峰特性,且峰值数与辐照强度分组数相同。

(2)输出特性曲线的功率极值点电压约为$(x+0.8m)U_{ocn}$,但辐照强度变化时有所偏离,其偏差量与峰值点数量、辐照强度分组数和峰值点电压值相关。

(3)输出特性曲线的功率极值点大致呈现先递增再递减的趋势。在所有的 1 287 种输出特性曲线中,共有 1 262 条符合此规律,占比 98.1%。

依此规律,可在峰值点功率减小时结束扫描过程,缩短追踪时间。

7.5.2 阵列参数修正

局部阴影条件下,串联光伏阵列的极值点电压大致位于 $(x+0.8m)U_{ocn}$ 处。然而,当光伏阵列间各单体所接收的辐照度差异过大时,峰值点电压值将偏离此峰值点,因而需要对峰值电压预测值进行修正。

1. 光伏单体输出特性修正

通常情况下,光伏单体在输出电压低于 0.7 倍开路电压 U_{oc_mod} 时可等效为恒流源,此时单体输出电流恒定,可视作单体短路电流。为判断串联阵列是否处于恒流段,对串联阵列输出电压施加小扰动,若输出电流的波动量不超过设定值则认为处于该阶段,并将此时阵列输出电流等效为处于该辐照强度下光伏单体的短路电流。

光伏单体的输出特性随环境参数变化而变化。车体运动时,车载光伏发电系统阴影区域变化迅速,加之周围空气流速快,组件发热问题较轻,串联光伏阵列中单体的温度一致性较好。因此,仅考虑辐照强度变化对光伏阵列输出特性的影响。当环境温度已知时,可根据式(7.12)以及单体短路电流,计算光伏单体所接收的辐照强度。

$$S_{now} = S_b \cdot I_{now} / \{I_{sc} \cdot [1+a(T_{now}-T_b)]\} \tag{7.12}$$

式中 S_{now} ——当前分组的辐照强度;

I_{now} ——当前分组光伏单体短路电流;

T_{now} ——当前环境温度;

S_b ——标况下辐照强度;

I_{sc} ——标况下光伏单体短路电流;

T_b ——标况下环境温度;

a ——修正系数,取 0.002 5。

通过式(7.13)可计算不同光照下光伏单体的开路电压。

$$U_{oc\_mod} = U_{oc} \cdot \ln[e+b \cdot (S_{now}/S_b-1)] \tag{7.13}$$

式中　$U_{\text{oc\_mod}}$——当前分组光伏单体开路电压；
　　　U_{oc}——标况下光伏单体开路电压；
　　　e——自然常数；
　　　b——修正系数，取 0.5。

在实际应用中，对数运算占用存储空间大，计算时间长，对控制器要求高。因此以多项式拟合计算不同光照下光伏单体的开路电压，如式（7.14）、（7.15）所示。

$$U_{\text{OC\_mod}} = k \cdot U_{\text{OC}} \quad (7.14)$$

$$k = a_1 \cdot S_{\text{now}}^3 + a_2 \cdot S_{\text{now}}^2 + a_3 \cdot S_{\text{now}} + a_4 \quad (7.15)$$

式中　k——开路电压比例系数；
　　　a_1, a_2, a_3, a_4——拟合常系数，分别取 2.8×10^{-12}、2.5×10^{-8}、0.000 23 和 0.8，其拟合残差模为 $6.432\,9 \times 10^{-5}$。

2. 光伏组串的输出特性修正

当串联光伏阵列处于局部阴影状态时，随着电流的减小，部分光伏单体将工作在恒压源阶段。图 7.30 为[1 000，500，100]辐照强度条件下串联光伏阵列的输出特性。其中，U_A 为串联阵列在输出电流为 2.5 A（图中 L_1）时所对应的电压值，U_{B1} 是辐照强度为 1 000 W/m² 的光伏单体在此条件下的输出电压值，U_C 是 500 W/m² 的辐照强度下光伏单体的输出电压值。显然 U_A 等于 U_{B1} 与 U_C 之和。然而，精确求解 U_{B1} 计算量较大，实际应用中常以开路电压 U_{B2} 近似等效 U_{B1}，其中 U_{B2} 是 1 000 W/m² 下光伏单体的开路电压。由图可知，当阵列输出电流值接近 1 000 W/m² 光伏单体的短路电流时，U_{B1} 远远小于 U_{B2}，以 U_{B2} 近似等效 U_{B1} 易导致预测功率极值点偏离实际功率极值点，降低 GMPPT 系统的追踪速度或性能。为保障算法准确性和快速性，对光伏单体恒压源阶段进行多项式拟合，以减小系统误差。式（7.16）为光伏单体输出电压的计算公式。

$$U_{\text{mod}} = 0.25 U_{\text{m\_mod}} \{5 - [I_{\text{now}} / (0.9 I_{\text{sc\_mod}})]^2\} \quad (7.16)$$

式中 U_{mod}——光伏单体的输出电压；

　　　U_{m_mod}——单体最大功率点电压；

　　　I_{sc_mod}——处于单体短路电流。

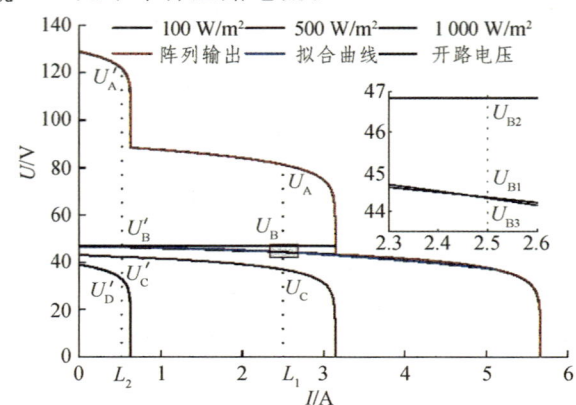

图 7.30　串联光伏阵列输出电压拟合曲线

当阵列输出电流减小至多个分组运行于恒压源区段（如图中 L_2）时，串联光伏阵列输出电压根据式（7.17）、（7.18）计算。

$$U_{SET} = U_{base} + i * U_{m\_mod} \qquad (7.17)$$

$$U_{base} = \sum_{k}^{j=1} 0.25 \cdot n_j \cdot U_{m\_j} \cdot \{5 - [I_{now}/(0.9 \cdot I_{sc\_j})]^2\} \qquad (7.18)$$

式中 U_{SET}——组串输出电压设定值；

　　　i——当前分组单体数量；

　　　U_{base}——光伏单体的基准电压；

　　　k——处于恒压源阶段的光伏阵列分组数量；

　　　n_j——处于第 j 组辐照强度下单体数量；

　　　U_{m_j}——处于 j 组辐照强度下单体最大功率点电压；

　　　I_{sc_j}——处于 j 组辐照强度下单体短路电流。

7.5.3　全局最大功率追踪控制策略

基于上述串联光伏阵列峰值点电压的分布规律和单体开路电压及

阵列基准电压的计算方案，结合扰动观察法，所提出的 GMPPT 控制策略流程如图 7.31 所示，其具体步骤如下：

STEP1：程序初始化。U_{SET} 初始值为 0；U_{STEP} 为步进电压，其值为 $0.2U_{ocn}$；dU 为扰动观测电压，其值为 0.5；U_{base} 为基准电压，初始值为 0；k 为已扫描的组数，初始值为 1；i 为当前分组中已经扫描的单体数量，初始值为 1；n_k 为一维矩阵，存储各辐照强度下分组的单体数量。

STEP2：$U_{SET}=U_{base}+U_{STEP}$，检测电路输出电流 I_{sc1}。

STEP3：$U_{SET}=U_{SET}+dU$，检测电路输出电流 I_{sc2}。

STEP4：计算 I_{sc1} 及 I_{sc2} 之间的电流变化量，若 $abs(I_{sc2}-I_{sc1})/I_{sc1}<\varepsilon_1$，则以 I_{sc1} 作为第 k 阶段的短路电流 I_{sc_k}，步入 STEP5，否则返回 STEP2。

STEP5：以短路电流 I_{sc_k} 及环境温度 T_{now} 计算现阶段光伏阵列的开路电压 $U_{oc\_mod\_k}$ 和基准电压 U_{base}。

STEP6：$U_{SET}=U_{base}+i\cdot U_{oc\_mod\_k}$，记录输出电压 U_i、电流 I_i。

STEP7：判断 Σn_k+i 是否小于总单体数量 N_{par}，若不满足跳至 STEP10。

STEP8：判断 $abs(I_i-I_{sc\_k})/I_{sc\_k}$ 是否小于 ε_2，若满足则 $i=i+1$，返回 STEP7；否则存储当前阶段局部最大功率点参数 U_{m_k}、I_{m_k}，更新迭代参数 $n_k=i$，$k=k+1$，$i=1$。

STEP9：判断此时 GMPP 功率是否大于其他已知 GMPP 功率，条件成立则跳至 STEP2，否则步入 STEP10。

STEP10：计算最大峰值点的电压 U_{m_all}，令 $U_{SET}=U_{m\_all}$，若输出功率与预期不符则寻优失败重新寻优，否则调用扰动观察法子程序，全局寻优结束。

此外，本算法设有光照检测程序，当最大功率点电流与阴影下的光伏单体短路电流差值过大时启动延时报警程序，提示工作人员及时清理遮挡物，以防因温度积累而导致光伏组件损毁。

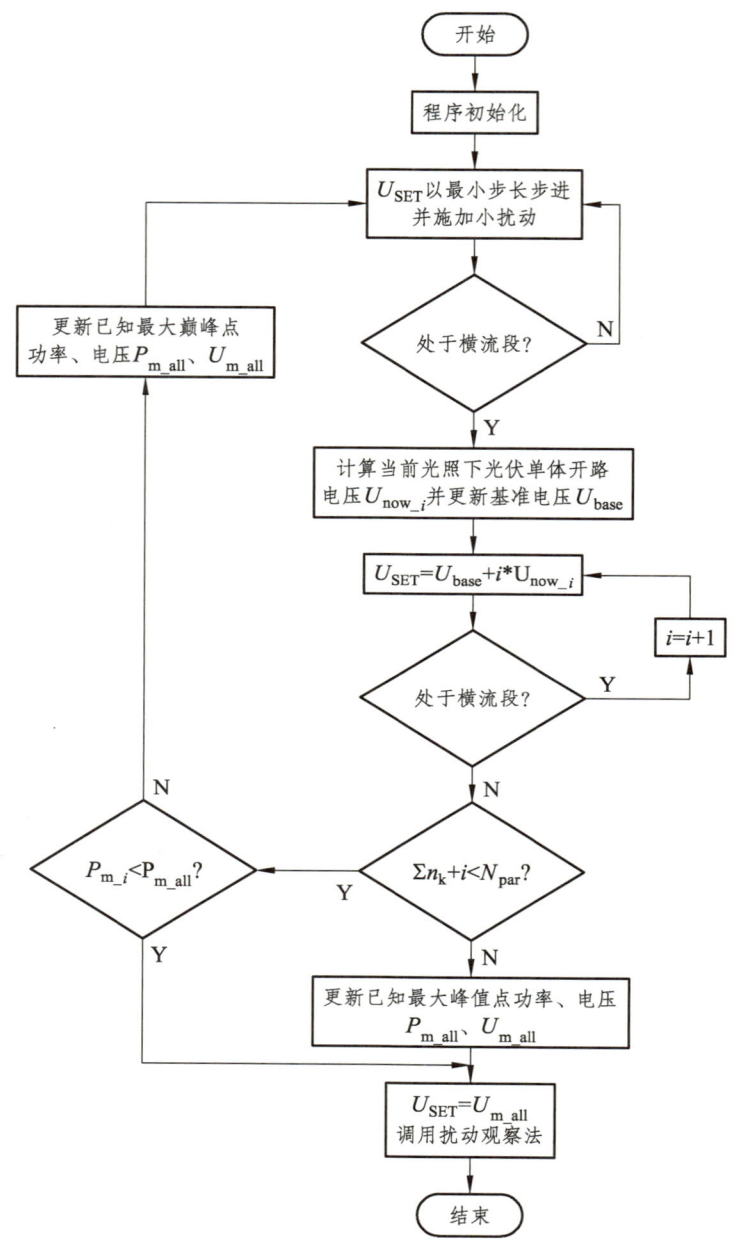

图 7.31 GMPPT 控制策略

7.5.4 仿真验证

为验证步进扫描法 GMPPT 的速度与精度，用 Matlab/Simulink 搭建串联光伏阵列模型，对列车运行中的 3 种典型工况：无遮挡、轻度遮挡（杆塔遮挡）和重度遮挡（建筑物及树木遮挡）进行仿真分析，并与常规扫描算法进行对比。

1. 无遮挡条件下

串联光伏阵列光照情况为[900，900，900，900，900]，此时光伏阵列处于无遮挡状态，辐照强度分组数为 1，P-U 输出特性曲线峰值数为 1，如图 7.32（a）所示。图 7.32（b）、图 7-32（c）和图 7-32（d）分别为步进扫描和普通扫描算法下阵列的电压、电流、功率输出波形对比。

在无遮挡条件下，阵列 P-U 曲线仅有一个峰值点，两种算法均扫描整个电压区间寻优。步进扫描法以图 7.32（a）中 A、B 两点计算当前分组中光伏单体所接收的辐照强度，以此估算单体最大功率点电压 $U_{\text{m\_mod}}$，并以 $U_{\text{m\_mod}}$ 为步进量进行寻优，如图中 C、D、…、E 等。由于光伏阵列的输出电流一直处于 900 W/m² 光照下的恒流源区段，因而步进量保持不变。当光伏阵列输出电压为 189 V（图中 F 点）时，光伏阵列工作在 I-U 曲线的膝点，输出电流与短路电流间的变化量大于限定值，且由于所处辐照强度的单体数量等于系统光伏单体总量，算法停止步进；在已知的最大功率极值点处采用扰动观察法寻求最大功率点的精确解。从图中可知，普通扫描法迭代步数为 7 步，耗时 0.65 s；步进扫描算法迭代步数为 7 步，在 0.57 s 时寻得全局最大功率点。步进法的最大功率点电压预测值更接近实际值，因而追踪所需时长缩短 12.31%。

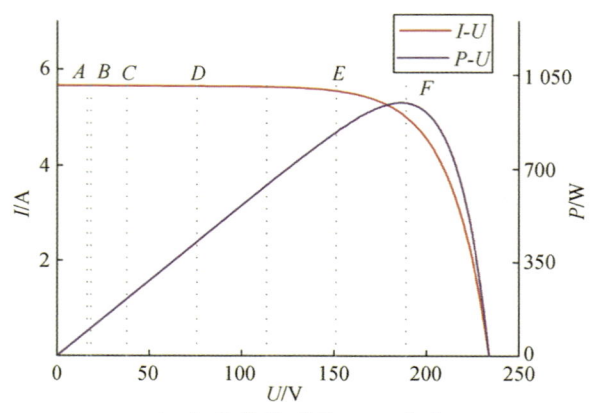
（a）光伏阵列的 P-U 曲线

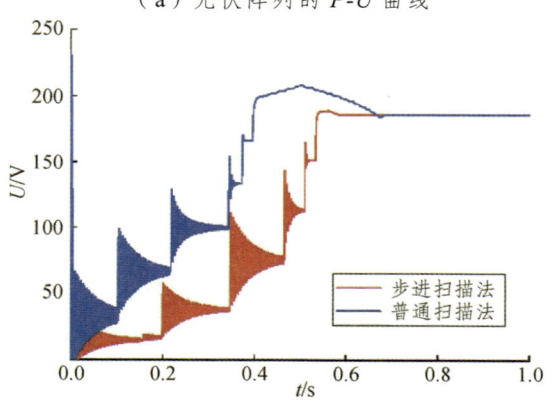
（b）光伏阵列的 U-t 曲线

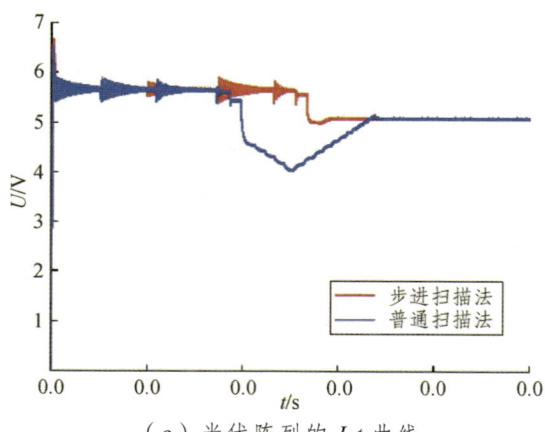
（c）光伏阵列的 I-t 曲线

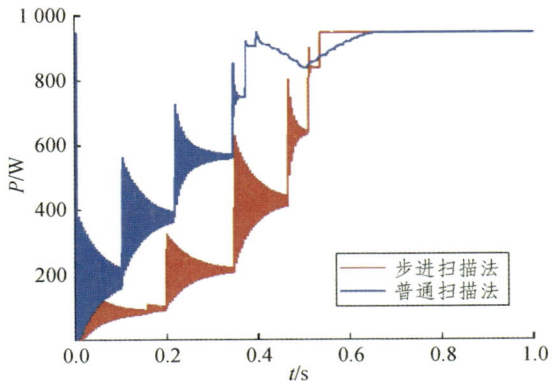

（d）光伏阵列的 P-t 曲线

图 7.32　无遮挡条件下不同算法的性能对比

2. 轻度遮挡

串联光伏阵列光照情况为[900，600，600，400，400]，此时光伏阵列处于轻度遮挡状态，辐照强度分组数为 3，P-U 输出特性曲线峰值数为 3，如图 7.33（a）所示。图 7.33（b）、图 7.33（c）和图 7.33（d）分别为不同算法控制下阵列的电压、电流、功率输出波形对比。

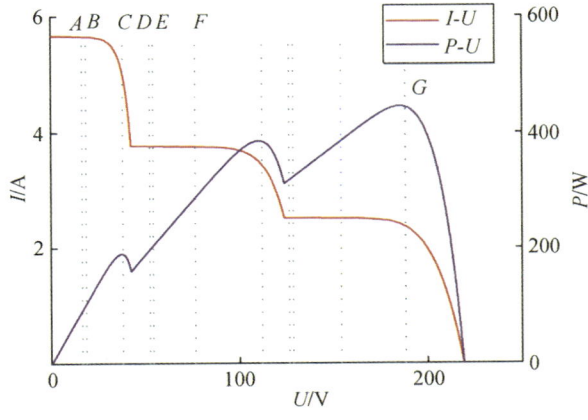

（a）光伏阵列的 P-U 曲线

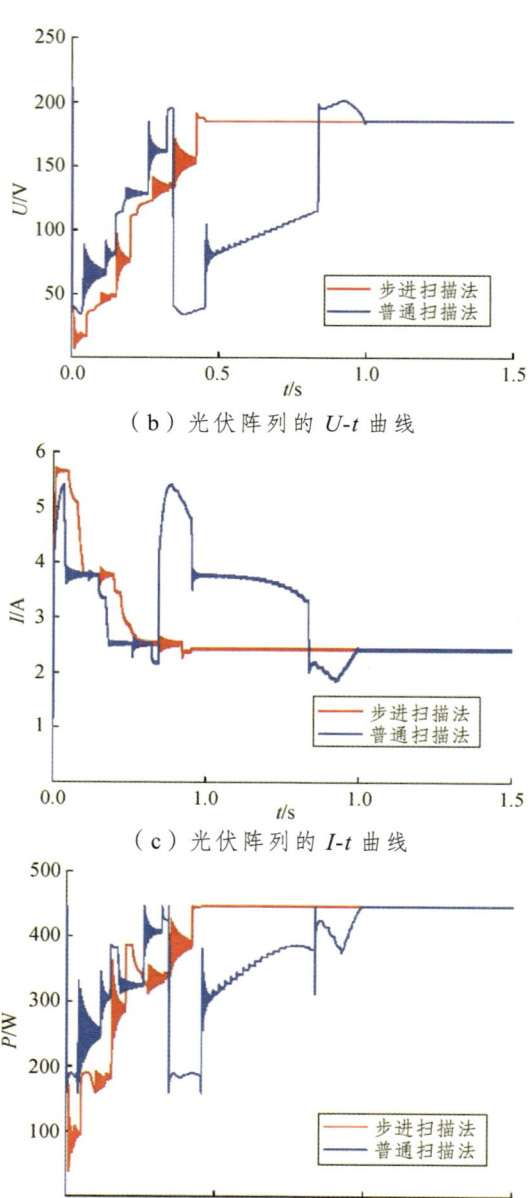

(b) 光伏阵列的 $U\text{-}t$ 曲线

(c) 光伏阵列的 $I\text{-}t$ 曲线

(d) 光伏阵列的 $P\text{-}t$ 曲线

图 7.33 轻度遮挡下不同算法的性能对比

在轻度遮挡条件下，阵列的 P-U 曲线峰值点单调递增，两种算法仍需扫描整个电压区间完成寻优过程。步进算法仍以图 7.33（a）中 A、B 两点为基准，第一阶段计算短路电流及步进电压，进行步进寻优。然而，程序运行至 C 点时电流变化量大于限定值，此时已知辐照强度条件的单体数量小于串联单体数量，已知功率极值点数量为 1，不满足寻优停止条件，因而程序以 U_{step} 为固定步长继续增大输出电压，并以扰动观察法监测输出电流，直至达到下一个恒流源区间。其中，为提升算法的追踪速率，且防止因步长过大而越过下一阶段电流恒流源的电压范围，U_{step} 取值范围如下：

$$\frac{0.1U_{m\_max}}{0.8} \leqslant U_{step} \leqslant \frac{0.7U_{m\_min}}{0.8} \quad (7.19)$$

式中　U_{m_max}——允许系统运行的环境参数范围内光伏单体 MPP 电压最大值；

　　　U_{m_min}——允许系统运行的环境参数范围内光伏单体 MPP 电压最小值。

扫描至下一阶段的恒流源区间后，系统根据已知辐照强度条件数及阵列输出电流更新基准电压，计算当前辐照强度条件下 U_{m_mod}，并作为步进电压步长继续寻优，直至达到系统终止条件（图中 G 点），转至扰动观察法寻得最大功率点精确位置。由图可知，常规扫描算法迭代步数为 9 步，耗时 1.00 s；步进扫描算法迭代步数为 13 步，在 0.44 s 寻得全局最大功率点。步进算法迭代步数增多但电压步进量小且方向单一，因而耗时更短，GMPPT 速率提升 66.00%。

3. 重度遮挡

串联光伏阵列光照情况为 [900，700，400，200，100]，此时光伏阵列处于重度遮挡状态，辐照强度分组数为 5，输出特性曲线峰值数为 5，如图 7.34（a）所示。图 7.34（b）、图 7.34（c）和图 7.34（d）为不同算法控制下阵列的电压、电流、功率输出波形。

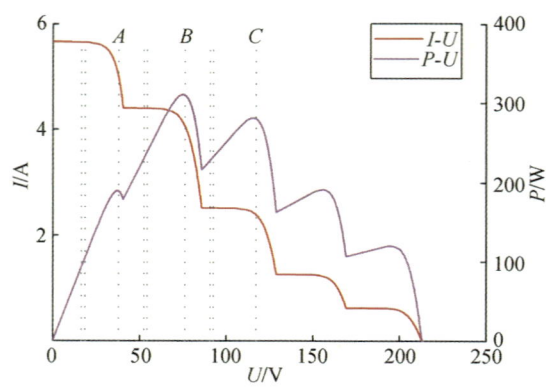

(a) P-U 曲线

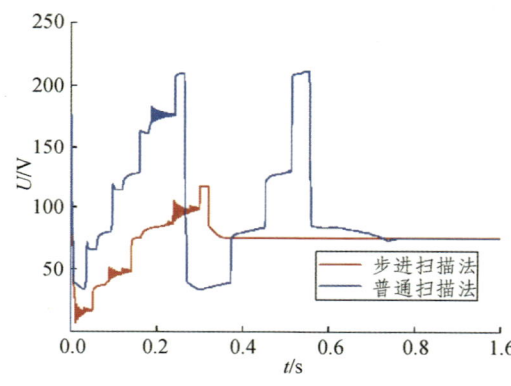

(b) U-t 曲线

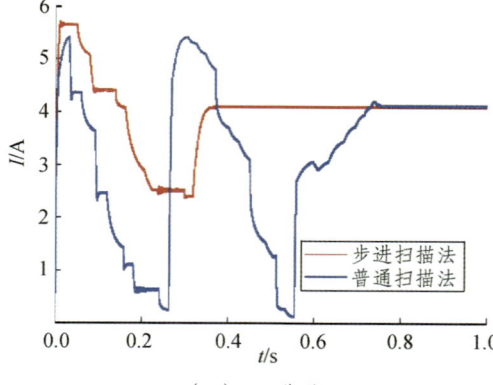

(c) I-t 曲线

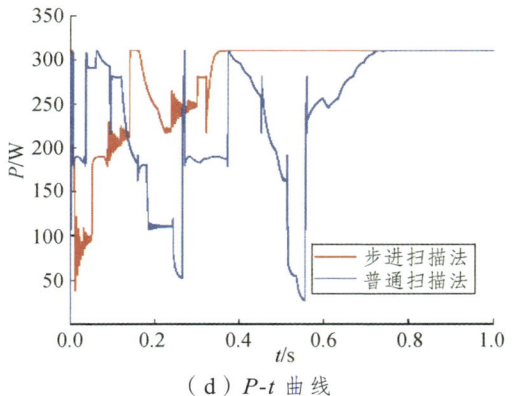

（d）P-t 曲线

图 7.34 重度遮挡下不同算法的性能对比

在重度遮挡条件下，阵列的 P-U 曲线峰值点呈现先递增再递减的趋势，步进算法寻优区间缩短。步进算法的前期寻优算法与轻度遮挡时相同，但当系统运行至图 7.34（a）中 C 点时，此时系统已寻得 3 个阶段下功率极值点，且此时 $P_A<P_B$，$P_B>P_C$，符合全局最大功率点分布趋势，步进扫描法停止；然后以 U_B 作为起始点利用扰动观察法寻找全局最优点精确解。由图可知，常规扫描算法迭代步数为 13 步，耗时 0.74 s；步进扫描算法迭代步数为 9 步，在 0.35 s 寻得全局最大功率点，GMPPT 速率提升 52.70%。

7.5.5 实验验证

为了验证所提算法的可行性，设置光伏组件分别在无遮挡、轻微遮挡以及重度遮挡 3 种工作状态，并分别以 CTK-EV-600 升压控制器以及自主研发的 MPPT 控制器进行寻优，以验证所提算法的可行性。

1. 现有 MPPT 控制器

现有 MPPT 追踪算法追踪过程如图 7.35 所示。在采第 251 个数据点时 MPPT 启动，并在内部 MPPT 的控制下经过 1 002 步系统输出功率趋于稳定，电压为 40 V，功率为 150.17 W，成功寻得最大功率点（无遮挡下，组件最大功率为 153.39 W）；在采集第 2019 个数据点时，光伏组件被阴影遮挡，控制器重新进行 MPPT 寻优，经过 705 步输出电压趋于稳定，输出电压 27 V，输出功率为 103.50 W，成功寻得最大功率点（轻度遮挡下，组件最大功率为 103.61 W）；在采集第 3 887 个数据点时，遮挡清除，系统重新返回至未遮挡前状态；在采集第 5 891 个数据点时，光伏组件被严重遮挡，此时 MPPT 控制器通过少数几步寻优在电压为 39 V 处停止寻优，此时组件输出功率为 25.62 W。

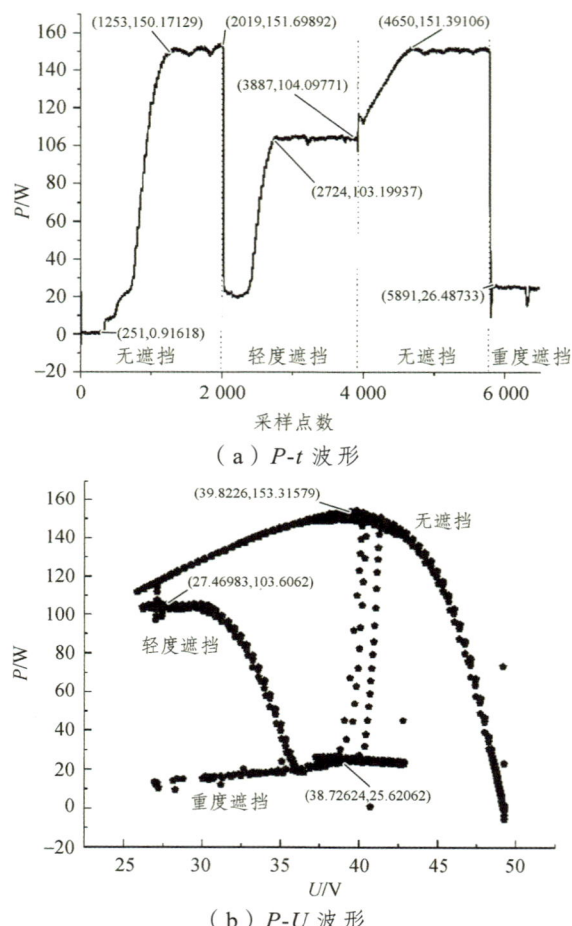

图 7.35 现有 MPPT 控制器追踪

2. 自编程 MPPT 控制器

自编程 MPPT 追踪算法追踪过程如图 7.36 所示。在采第 1 个数据点时 MPPT 启动，并在内部 MPPT 的控制下经过 266 步系统输出功率趋于稳定，电压为 40 V，功率为 150.57 W，成功寻得最大功率点（无遮挡下，组件最大功率为 153.39 W），其追踪速度为现有 MPPT 控制器的 3.77 倍；在采集第 431 个数据点时，光伏组件被阴影遮挡，控制器重新进行 MPPT 寻优，经过 346 步输出电压趋于稳定，输出电压 27 V，输出功率为 101.49 W，成功寻得最大功率点（轻度遮挡下，组件最大功率为 103.61 W），追踪速度提升 104%；在采集第 970 个数据点时，遮挡清除，系统重新返回至未遮挡前状态；在采集第 1293 个数据点时，光伏组件被严重遮挡，MPPT 控制器重新寻优，并在第 1 641 步寻得最大功率点，此时光伏组件的输出电压为 21 V，功率 80.80 W，由此可知，常规 MPPT 算法在重度遮挡时未寻到全局最大功率点，在局部最优点停止寻优。

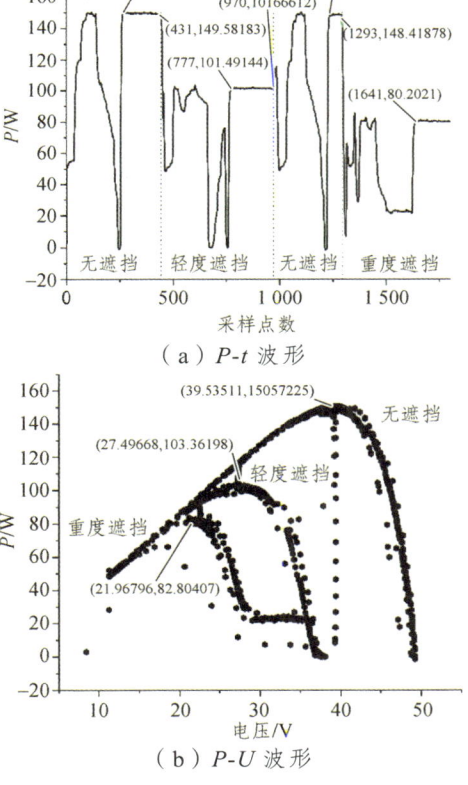

图 7.36　自编程 MPPT 控制器追踪

7.6 车载光伏发电系统能量管理策略

7.6.1 控制策略的建立

1. 确定输入变量与输出变量及其模糊状态

模糊逻辑算法的输入变量是光伏发电系统的输出功率、电池的 SOC，输出变量为电池组的输出功率。为提升控制精度，光伏发电系统输出功率模糊逻辑控制区段划分为 LL（极低）、LM（低）、MM（中等）、MH（高）、HH（极高）5 个功率范围，电池 SOC 模糊逻辑控制区段划分为 LL（极低）、LM（低）、MM（中等）、MH（高）、HH（极高）5 个功率范围，电池输出功率表模糊逻辑控制区段划分为 NL（负大）、NM（负中）、NS（负小）、ZE（零）、PS（正小）、PM（正中）、PL（正大）7 个区段。

2. 输入变量的模糊化

光伏安装容量 W_p=2 500 W，某市实际仿真数据光伏最大功率约为 2 500 W，光伏组件的输出范围设定为 0~3 000 W，模糊逻辑控制区段隶属度范围划分分别是[0, 0, 200, 500], [200, 500, 700, 1 000], [700, 1 000, 1 200, 1 500], [1 200, 1 500, 1 700, 2 000], [1 700, 2 000, 3 000, 3 000], 光伏输出功率模型均为梯形模型, 如图 7.37（a）所示。

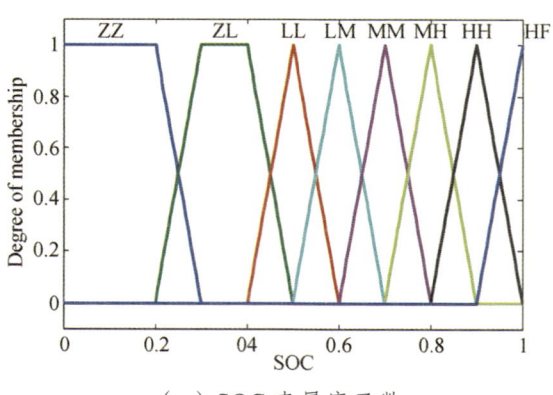

（a）SOC 隶属度函数

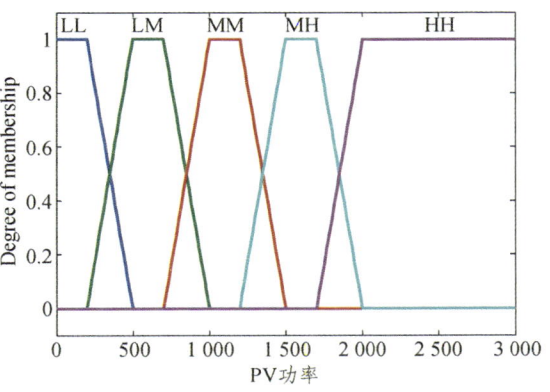

（b）PV功率隶属度函数

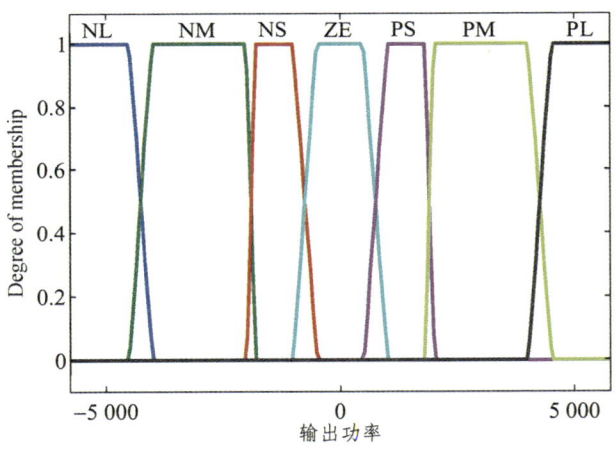

（c）输出功率隶属度函数

图 7.37 模糊逻辑控制隶属度函数图

电池理想 SOC 范围为 0.2~0.8，在光伏组件输出功率较高时可动态调整为 0.2~1，即在光伏组件输出功率过高时允许电池处于浮充状态，SOC 状态隶属度范围划分分别为[0, 0, 0.2, 0.3]，[0.2, 0.3, 0.4, 0.5]，[0.4, 0.5, 0.6]，[0.5, 0.6, 0.7]，[0.6, 0.7, 0.8]，[0.7, 0.8, 0.9]，[0.8, 0.9, 1]，[0.9, 1, 1]，梯形与三角形混杂，如图 7.37（b）所示。

24 V 蓄电池的安装容量为 120 A·h×24 V×24 组，为延长电池寿命，最大充放电倍率采用 1 C，即 -5 760~5 760 W，因此，模糊逻辑状态隶属度为[-5 760, -5 760, -4 500, -4 000], [-4 500, -4 000, -2 000, -1 800], [-2 000, -1 800, -1 000, -500], [-1 000, -500, 500, 1 000], [500, 1 000, 1 800, 2 000], [1 800, 2 000, 4 000, 4 500], [4 000, 4 500, 5 760, 5 760], 梯形与三角形混杂, 如图7.37（c）所示。

3. 建立模糊控制规则

依据模糊区间划分及模型, 建立模糊逻辑控制规则见表7.10。

表7.10 模糊逻辑控制规则表

SOC	P_{pv}				
	LL	LM	MM	MH	HH
ZZ	NL	NL	NL	NL	NL
ZL	NL	NL	NL	NL	NM
LL	NL	NL	NM	NM	NS
LM	NL	NM	NS	ZE	ZE
MM	NM	NS	ZE	ZE	PS
MH	NS	ZE	ZE	PS	PM
HH	ZE	ZE	PS	PM	PM
HF	PM	PM	PL	PL	PL

7.6.2 结果分析

基于上文的有轨电车24 V直流系统, 结合模糊能量管理策略, 进行仿真计算。图7.38（a）展示了在2018年4月6日环境参数条件下, 光伏组件功率输出及储能SOC随负载的变化情况。

由图可知, 当日6时前无光照且机车尚未运行, 此时储能SOC保持不变; 之后光伏发电系统开始工作, 机车仍未运行, 光伏所发电能由储能系统吸收, SOC缓慢上升; 7时30分, 机车开始工作, 此时光照条件较差, 为保障列车主电源断开后仍可安全运行10 min, 光伏发电系统和原供电系统共同为储能系统充能，SOC 值持续上升至 0.77；8 时 30 分，机车停止运行且主电源断开，负载功率全部由光伏和储能提供，电池 SOC 急速掉落，8 时 40 分掉落至 0.43 后负载停止工作，光伏发电系统为储能充能；10 时 30 分机车再次工作，储能 SOC 值为 0.78，此时因光照强度提升，光伏发电系统输出功率增大，为保证储能系统能够吸纳下个运行间歇时间段内光伏所发电能，储能系统在机车运行时主动为负载供能，在主电源断开前（11 时 30 分）将 SOC 值控制在 0.71 左右，并在下次机车运行前提升至 0.84，短暂突破 SOC 限制范围并迅速回落。模糊逻辑控制重复上述过程，直至机车于 17 时 40 分停止运行。在所述策略调控下，4 月 6 日储能 SOC 始终高于 0.2 的限定范围，且光伏所发电能全部吸收。

然而，当光伏输出功率过大时，储能系统仍有处于浮充状态的可能，如图 7.38（b）所示。在机车第二次运行时光伏输出功率较高，此时控制系统调低储能 SOC 值（0.64）以吸收机车停运期间光伏所发电能。但由图可知，此时光伏输出功率短暂降低后迅速抬升，因而在第三次机车运行前储能 SOC 值为 1，此时储能已处于浮充状态，光伏发电系统降功运行，致使部分太阳能未被转化为电能。

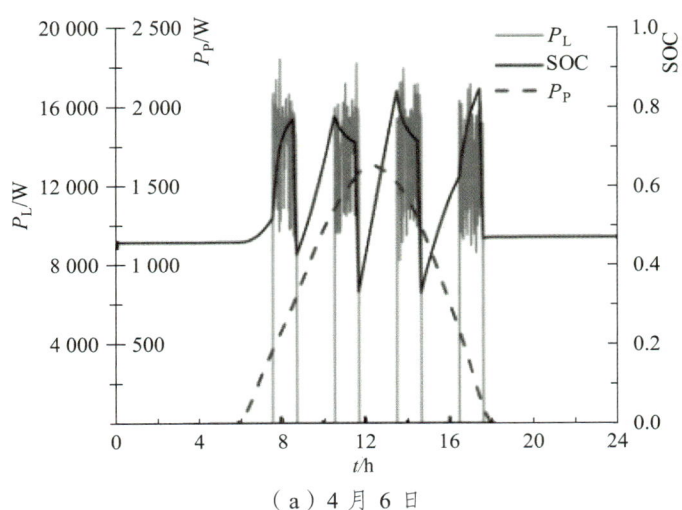

（a）4 月 6 日

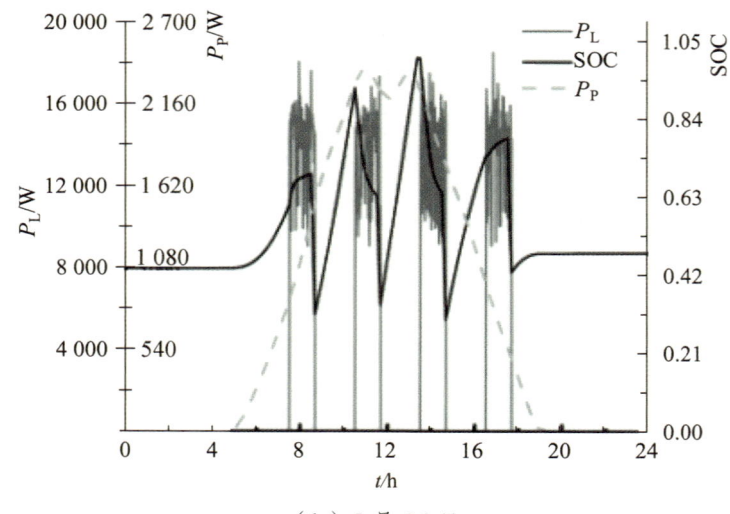

(b) 5月26日

图 7.38 系统功率及 SOC 变化

对 2018 年全年数据进行仿真分析，结果表明，在所述模糊逻辑控制算法的控制下，储能系统在主电源接入时的充放电倍率始终在 1 C 以内；在全年储能 SOC 均高于下限（0.2），即列车全年正常运行，失负荷率为零；储能系统在夏季短时间内进入浮充状态，光伏发电系统降功运行，但光伏全年能量消纳率高达 99.8%（实际吸收光伏能量与理论最大输出能量之比），消纳效果较为理想。

参考文献

[1] 中华人民共和国国务院. 中国的能源政策（2012）[Z/OL]. (2012-10-24)[2020-08-02]. http://www.gov.cn/zwgk/2012-10-24/content_2250617.htm.

[2] 国家发展和改革委员会, 国家能源局. 能源发展"十三五"规划[Z/OL].(2017-01-17)[2020-08-08]. http://www.nea.gov.cn/2017-01/17/c_135989417.htm.

[3] 国家能源局. 关于可再生能源发展"十三五"规划实施的指导意见[Z/OL]. (2017-07-19)[2020-08-15]. http://zfxxgk.nea.gov.cn/auto87/201707/t20170728_2835.htm.

[4] 国务院办公厅. 能源发展战略行动计划（2014–2020年）[Z/OL]. (2014-12-03)[2020-08-25]. http://www.nea.gov.cn/2014/12/03/c_133830458.htm.

[5] 国家发展和改革委员会, 国家能源局. 能源生产和消费革命战略(2016-2030) [Z/OL]. (2016-12-29)[2020-08-27].https://www.ndrc.gov.cn/fggz/zcssfz/zcgh/201704/t20170425_1145761.html.

[6] 中国国家铁路集团有限公司.新时代交通强国铁路先行规划纲要[Z/OL]. (2020-08-12)[2020-08-30]. https://baike.baidu.com/item/%E6%96%B0%E6%97%B6%E4%BB%A3%E4%BA%A4%E9%80%9A%E5%BC%BA%E5%9B%BD%E9%93%81%E8%B7%AF%E5%85%88%E8%A1%8C%E8%A7%84%E5%88%92%E7%BA%B2%

E8%A6%81/53234186?fr=aladdin.

[7] 国家发展和改革委员会，交通运输部，中国铁路总公司. 中长期铁路网规划(2016—2025) [Z/OL]. （2016-07-13）[2020-09-03]. https://www.ndrc.gov.cn/xxgk/zcfb/ghwb/201607/t20160720_962188_ext.html.

[8] 中华人民共和国国务院. "十三五"现代综合交通运输体系发展规划[Z/OL]. （2017-02-28）[2020-09-07]. http://www.gov.cn/zhengce/content/2017-02/28/content_5171345.htm?gs_ws=tsina_636239828998735315.

[9] OU-YANG L，REN Y. The Development of Wind-Solar Energy Systems in China[C]. 2009 International Conference on Energy and Environment Technology, 2009: 626-627.

[10] 闫云飞，张智恩，张力. 太阳能利用技术及其应用[J]. 太阳能学报，2012（S1）：47-56.

[11] HACHIM B，DAHLIOUI D，BARHDADI A. Electrification of Rural and Arid Areas by Solar Energy Applications[C]. 2018 6th International Renewable and Sustainable Energy Conference (IRSEC), 2018: 1-4.

[12] 秦剑. 风能发电系统关键技术研究[D]. 合肥：合肥工业大学，2014.

[13] 王炅鑫. 浅谈风能的利用现状与应用前景[J]. 科技展望，2016（29）：311.

[14] MININ V A，FURTAEV A I. Prospects for the Development of Wind Energy Resources in the Western Sector of the Arctic Zone of Russia[C]. 2018 International Multi-Conference on Industrial Engineering and Modern Technologies (FarEastCon), 2018: 1-4.

[15] TIOMO D，WAMKEUE R. Dynamic Modeling and Analysis of a Micro-Hydro Power Plant for Microgrid Applications[C]. 2019 IEEE

Canadian Conference of Electrical and Computer Engineering (CCECE), 2019: 1-6.

[16] DAKIĆ D, PAPRIKA M, ĐUROVIĆ D, et al. Potential of utilizing agricultural biomass for energy purposes within public-private partnerships[C]. 2016 4th International Symposium on Environmental Friendly Energies and Applications (EFEA), 2016: 1-4.

[17] LIAO H, HUANG Y, ZHAO D. An Optimal Strategic Portfolio of Biomass-Based Integrated Energy System[C]. 2019 IEEE PES Asia-Pacific Power and Energy Engineering Conference (APPEEC), 2019: 1-6.

[18] 郭海霞，左月明，张虎. 生物质能利用技术的研究进展[J]. 农机化研究，2011（6）：178-185.

[19] 马硕. 氢能源与燃料电池汽车的发展应用[J]. 时代汽车，2017（12）：23-24.

[20] 毛宗强. 氢能及其近期应用前景[J]. 科技导报，2005（02）：34-38.

[21] MOHAMMED H J, SAHAN K M, MAHMOOD R S, et al. Preparation and study of spectral analyses and optical properties of nanopole sensitive to light of hydrogen fuel production[C]. 2013 1st International Conference & Exhibition on the Applications of Information Technology to Renewable Energy Processes and Systems, 2013: 26-30.

[22] NIGIM K, MCQUEEN J, PERSOHN-COSTA M. Operational modes of hydrogen energy storage in a micro grid system[C]. 2015 IEEE Electrical Power and Energy Conference (EPEC), 2015: 473-477.

[23] K I, Y T. Alternating Hydrogen Supply System with Multiple Metal Hydride Hydrogen Tanks for Small Fuel Cell Vehicle[C]. 2018 18th International Conference on Control, Automation and Systems

(ICCAS), 2018: 307-312.

[24] 胡利华. 燃料电池发电系统应用分析[D]. 重庆：重庆大学，2005.

[25] 李冰，李辉，马建新. 质子交换膜燃料电池的现状以及在电动车应用上的挑战（英文）[J]. 汽车安全与节能学报，2010（4）：260-269.

[26] 蔡文钊. 燃料电池电动机车经济可行性分析[D]. 成都：西南交通大学，2010.

[27] 曾祥坤，王小红，杨晓莉. 国外铁路燃料电池机车车辆的研究进展[J]. 中国铁路，2011（11）：72-75.

[28] 苏明. 加拿大太平洋铁路试验内燃机车在寒冷气候条件下使用生物柴油[J]. 国外内燃机车，2010（6）：48.

[29] 周新军. 铁路利用新能源和可再生能源潜力分析[J]. 中外能源，2016（5）：29-34.

[30] 雒焕骥，李伟宏，李向庆. XQG45-600P 新能源燃料电池轻轨车[J]. 铁道机车车辆，2011（3）：53-54，100.

[31] 陈维荣，钱清泉，李奇. 燃料电池混合动力列车的研究现状与发展趋势[J]. 西南交通大学学报，2009（1）：1-6.

[32] 陈维荣，张国瑞，孟翔. 燃料电池混合动力有轨电车动力性分析与设计[J]. 西南交通大学学报，2017（1）：1-8.

[33] 陈骏亚. 有轨电车用燃料电池混合动力系统设计[D]. 成都：西南交通大学，2016.

[34] 吴金鹏，范晓云. 超级电容器在储能式有轨电车中的应用情况及改进建议[J]. 电力机车与城轨车辆，2016（3）：88-90.

[35] 李密. 新型油电动力系统设计浅析[J]. 才智，2013（5）：272.

[36] 蔡顶春，杨士敏，姚泽光. 油电混合动力在工程机械中的应用[J]. 建设机械技术与管理，2012（12）：149-152.

[37] 赵升吨，杨雪松，王泽阳. 油电混合动力汽车及其关键技术探讨[J]. 汽车实用技术，2016（7）：20-22.

[38] 何文辉. 轨道交通列车车载动力电池储能系统关键技术研究[D].

北京：北京交通大学，2014.

[39] 王栋. 储能式城市电车运行仿真系统的开发与应用[D]. 成都：西南交通大学，2016.

[40] 孙帮成，李明高，李明. 现代有轨电车混合动力技术[M]. 北京：机械工业出版社，2016.

[41] 秦国栋，苗彦英，张素燕. 有轨电车的发展历程与思考[J]. 城市交通，2013（4）：6-12.

[42] 薛美根，杨立峰，程杰. 现代有轨电车主要特征与国内外发展研究[J]. 城市交通，2008（6）：88-91，96.

[43] LIAO P，LI Y，RUAN C，et al. Research on the influence and measurement of harmonic in power supply system for super capacitor tram[C]. 2018 Annual IEEE International Systems Conference (SysCon), 2018: 1-5.

[44] YI W，YUYU G，ZHONGPING Y，et al. Parameter Optimization of Modern Tram Wireless Power Transfer Power Supply System[C]. 2019 IEEE PELS Workshop on Emerging Technologies: Wireless Power Transfer (WoW), 2019: 49-52.

[45] 周庆瑞，施翃. 新型有轨电车及其创新的供电制式[J]. 都市快轨交通，2008（6）：95-97.

[46] 袁波，孙兆义，裴晓峰. 现代有轨电车技术方案研究[J]. 辽宁经济，2015（6）：68-69.

[47] 王旭峰. 燃料电池混合动力机车建模及能量管理策略研究[D]. 成都：西南交通大学，2012.

[48] 彭飞. 基于 PEMFC 的现代有轨电车混合动力系统关键技术研究[D]. 成都：西南交通大学，2014.

[49] 朱一迪. 世界首列商用型燃料电池/超级电容混合动力有轨电车下线[J]. 机车电传动，2016（3）：105.

[50] 李克雷. 世界首列氢能源有轨电车在南车四方股份下线[J]. 铁路

采购与物流，2015（3）：66.

[51] KALEYBAR H J, KOJABADI H M, BRENNA M, et al. An intelligent strategy for regenerative braking energy harvesting in AC electrical railway substation[C]. 2017 5th IEEE International Conference on Models and Technologies for Intelligent Transportation Systems (MT-ITS), 2017: 391-396.

[52] NASRI M，BÜRGER I，MICHAEL S, et al. Waste heat recovery for fuel cell electric vehicle with thermochemical energy storage[C]. 2016 Eleventh International Conference on Ecological Vehicles and Renewable Energies (EVER), 2016: 1-6.

[53] BUCHROITHNER A, ANDRAŠEC I, BADER M. Optimal system design and ideal application of flywheel energy storage systems for vehicles[C]. 2012 IEEE International Energy Conference and Exhibition (ENERGYCON), 2012: 991-996.

[54] WANG S. Research on a New Lithium Battery Applied in Onboard Energy Storage Device of Light Rail Vehicle[C]. 2018 2nd IEEE Advanced Information Management, Communicates, Electronic and Automation Control Conference (IMCEC), 2018: 1-1584.

[55] DRABEK P, STREIT L. The energy storage system with supercapacitor for public transport[C]. 2009 IEEE Vehicle Power and Propulsion Conference, 2009: 1826-1830.

[56] 王俭朴，任成龙. 城市轨道交通车辆储能技术研究[J]. 城市轨道交通研究，2017（1）：124-127.

[57] 张维煜，朱熀秋. 飞轮储能关键技术及其发展现状[J]. 电工技术学报，2011（7）：141-146.

[58] TANG W, XIAO L, SHI L, et al. Research on the Principle and Structure of a New Energy Storage Technology Named Vacuum Pipeline Maglev Energy Storage[J]. IEEE Access, 2020, 8:

89351-89366.

[59] BARCELLONA S, BRENNA M, FOIADELLI F, et al. Battery lifetime for different driving cycles of EVs[C]. 2015 IEEE 1st International Forum on Research and Technologies for Society and Industry Leveraging a better tomorrow (RTSI), 2015: 446-450.

[60] SHEN J, DUSMEZ S, KHALIGH A. Optimization of Sizing and Battery Cycle Life in Battery/Ultracapacitor Hybrid Energy Storage Systems for Electric Vehicle Applications[J]. IEEE Transactions on Industrial Informatics, 2014, 10(4): 2112-2121.

[61] 查广军，叶顶康，朱延东. 大功率双燃料机车技术研究[J]. 铁道机车与动车，2015（9）：1-7.

[62] 曹惠红. 广州海珠区现代有轨电车发展思考[J]. 智能城市，2016（8）：290-291.

[63] 李敏娟. 广州海珠有轨电车车辆主要技术特征分析[J]. 现代城市轨道交通，2014（3）：24-26.

[64] 颜常青. 首列淮安储能式有轨电车在中国南车株机公司下线[J]. 电力机车与城轨车辆，2015（2）：82.

[65] 世界首条新能源空铁在成都试跑[J]. 农业装备与车辆工程，2016（12）：76.

[66] 首条氢能源现代有轨电车线落地佛山[J]. 驾驶园，2017（4）：7.

[67] 新华. 中车四方公司签下我国氢能源有轨电车首单[J]. 军民两用技术与产品，2017（7）：20.

[68] 蓝兰. 2020年全国轨道交通运营里程将超8000公里[J]. 交通建设与管理，2016（9）：64-73.

[69] 王庆云. 我国轨道交通发展的战略思考[J]. 交通运输系统工程与信息，2010（2）：12-16.

[70] 杨永平，赵东，边颜东. 中国区域轨道交通发展的宏观政策思考[J]. 城市交通，2017（1）：7-11.

[71] 陈维荣，李奇. 质子交换膜燃料电池系统发电技术及其应用[M]. 北京：科学出版社，2016.

[72] 葛轶，王力. 质子交换膜燃料电池技术[J]. 水雷战与舰船防护，2012，20（2）：64-67.

[73] M AI-BAGHDADI. PEM Fuel Cell Engines: Principles，Design，Modelling，and Analysis[M]. International Energy and Environment Foundation (IEEF)，2018.

[74] 陈维荣，刘嘉蔚，李奇，等. 质子交换膜燃料电池故障诊断方法综述及展望[J]. 中国电机工程学报，2017，37（16）：4712-4721.

[75] 李奇，刘嘉蔚，陈维荣. 质子交换膜燃料电池剩余使用寿命预测方法综述及展望[J]. 中国电机工程学报，2019，39(8)：2365-2375.

[76] 付洋，戴朝华，张玉瑾，等. 便携式燃料电池电源系统的设计与控制研究[J]. 太阳能学报，2020，41（1）：311-317.

[77] 李艳昆. 质子交换膜燃料电池电堆电压均衡性及其控制策略研究[D]. 成都：西南交通大学，2015.

[78] S AUTHAYANUN, V HACKER. Energy and exergy analyses of a stand-alone HT-PEMFC based trigeneration system for residential applications[J]. Energy Conversion and Management，2018，160: 230-242.

[79] DENG H W，LI Q，LIU Z X，et al. Low Frequency Current Ripple Mitigation of Two Stage Three-phase PEMFC Generation Systems[J]. Journal of power Electronics，2016，16(6): 2243-2257.

[80] 王凡. 燃料电池进气系统控制[D]. 杭州：浙江大学，2016.

[81] 张丽彬，陈晓宁，吴文健，等. 质子交换膜燃料电池发展前景探讨[J]. 农业工程技术：新能源产业，2011（4）：15-19.

[82] 吴玉厚，陈士忠. 质子交换膜燃料电池的水管理研究[M]. 北京：科学出版社，2011.

[83] 王凤娥. 质子交换膜燃料电池的研究开发及应用新进展[J]. 电源

技术，2002，26（5）：383-387.

[84] 王晓丽. 质子交换膜燃料电池膜电极结构研究[D]. 合肥：中国科学院研究生院（大连化学物理研究所），2006.

[85] LUNA J，USAI E，HUSAR A，et al. Enhancing the Efficiency and Lifetime of a Proton Exchange Membrane Fuel Cell Using Nonlinear Model-Predictive Control With Nonlinear Observation[J]. IEEE Transactions on Industrial Electronics，2017，64(8): 6649-6659.

[86] 张浩琛. 质子交换膜燃料电池供气系统控制策略研究[D]. 兰州：兰州理工大学，2013.

[87] 许志梅. 质子交换膜燃料电池的温度控制与设计[D]. 南京：南京理工大学，2010.

[88] 程珍，陈科，罗超. 基于模糊预测控制的燃料电池温度控制系统的研究[J]. 仪表技术，2012（8）：1-4.

[89] 游志宇. PEMFC 混合动力叉车能量管理策略及应用研究[D]. 成都：西南交通大学，2015.

[90] 胡鹏，曹广益，朱新坚. 质子交换膜燃料电池温度模型与模糊控制[J]. Control Theory & Applications，2011，28（10）.

[91] 尹良震，李奇，洪志湖，等. PEMFC 发电系统 FFRLS 在线辨识和实时最优温度广义预测控制方法[J]. 中国电机工程学报，2017，37（11）：3223-3235.

[92] 田玉冬，朱新坚，曹广益. 基于预测控制的燃料电池温度控制系统的建模[J]. 移动电源与车辆，2003（4）：25-27.

[93] 马冰心，王永富. PEMFC 系统过氧比的自适应高阶滑模控制[J]. 控制理论与应用，2020，37（2）：253-264.

[94] LI Q，YANG W Y，YIN L Z. Real-Time Implementation of Maximum Net Power Strategy Based on Sliding Mode Variable Structure Control for Proton-Exchange Membrane Fuel Cell System[J]. IEEE Transactions on Transportation Electrification，

2020，6(1)：288-297.

[95] 邓惠文，李奇，陈维荣. 适用于 PEMFC 系统过氧化估计的 HOSM 观测器研究[J]. 中国电机工程学报，2017，37（17）：5058-5068.

[96] EVANGELISTA C，PULESTON P，VALENCIAGA F, et al. Lyapunov-Designed Super-Twisting Sliding Mode Control for Wind Energy Conversion Optimization[J]. IEEE Transactions on Industrial Electronics, 2013, 60(2): 538-545.

[97] PUKRUSHPAN J T，ANNA G S，HUEI P. Control of Fuel Cell Power Systems: Principle, Modeling, Analysis and Feedback Design[M]. Berlin, Germany: Springer-Verlag，2004.

[98] 杨敏，裴向前，郑建龙. 燃料电池叉车的研究与应用进展[J]. 物流技术，2013，10：41-46.

[99] 高远. 天空中的环保新宠：燃料电池飞机[J]. 交通与运输，2011，27（6）：45-45.

[100] 陈凤娥. 我国首次试飞 15 t 航空生物燃料成功交接[J]. 炼油技术与工程，2011，41（7）：25-25.

[101] 祝斌. 动力电池技术与应用[J]. 船电技术，2015，39（11）：2357.

[102] 罗魁. 城轨车辆蓄电池供电及常见故障分析[J]. 科技风，2020（9）：256-257.

[103] 邓泽平，李倩，王轶欧. 军用航空应急起动电源设计与实现[J]. 电源技术，2020，44（1）：129-131.

[104] 丁昂. 阀控式免维护铅酸蓄电池脉冲充电技术及其智能管理[D]. 杭州：浙江大学，2006.

[105] 曾新一，刘军. 动力电池技术：电动汽车核心技术[M]. 天津：天津大学出版社，2013.

[106] 胡信国. 动力电池技术与应用[M]. 北京：机械工业出版社，2009.

[107] 季迎旭，王明旺，孙威，等. 动力电池建模与应用综述[J]. 电源技术，2016，40（3）：740-742.

[108] JOHNSON V H. Battery performance models in ADVISOR[J]. Journal of Power Sources，2002，110(2): 321-329.

[109] 林成涛，仇斌，陈全世. 电动汽车电池功率输入等效电路模型的比较研究[J]. 汽车工程，2006（3）：229-234.

[110] 张宾，郭连兑，李宏义，等. 电动汽车用磷酸铁锂离子电池的PNGV模型分析[J]. 电源技术，2009（5）：417-421.

[111] 严涛. 三维镍/钴电极材料的构建及超级电容性能研究[D]. 无锡：江南大学，2017.

[112] AUGUSTYN V, SIMON P, DUNN B. Pseudocapacitive oxide materials for high-rate electrochemical energy storage[J]. Energy and Environmental Science, 2014，7(5): 1597-1614.

[113] BROUSSE T, BELANGER D, LONG J W. To Be or Not To Be Pseudocapacitive[J]. Journal of the Electrochemical Society, 2015, 162(5).

[114] 单金生，吴立锋，关永，等. 超级电容建模现状及展望[J]. 电子元件与材料，2013（8）：5-10.

[115] MILLER J M. Ultracapacitor applications[M]. The Institution of Engineering and Technology, 2011.

[116] 黄欣，张步涵. 基于EMTDC的超级电容器建模研究[J]. 湖北工业大学学报，2010（1）：9-14.

[117] 盖晓东，杨世彦，雷磊，等. 改进的超级电容建模方法及应用[J]. 北京航空航天大学学报，2010（2）：172-175.

[118] 林小峰，胡美聘，杨易旻. 基于RBF-ELM神经网络的超级电容建模方法[J]. 电源技术，2015（3）：546-549.

[119] 闫晓磊，钟志华，李志强，等. HEV超级电容自适应模糊神经网络建模研究[J]. 湖南大学学报（自然科学版），2008（4）：33-36.

[120] 鲁文凡，吕帅帅，倪红军，等. 动力电池组均衡控制系统的研究进展[J]. 电源技术，2017（1）：161-164.

[121] 闫改珍，徐朝胜，李进，等. 电动汽车电池均衡技术综述[J]. 重庆科技学院学报（自然科学版），2014（1）：130-133.

[122] 佚名. 锂离子电池的均衡控制综述[J]. 通信电源技术，2012（S1）：104-106.

[123] 张金龙. 动力电池组 SOC 估算及均衡控制方法研究[D]. 天津：天津大学，2012.

[124] 卢居霄，林成涛，陈全世，等. 三类常用电动汽车电池模型的比较研究[J]. 电源技术，2006（7）：535-538.

[125] 张持健，陈航. 锂电池 SOC 预测方法综述[J]. 电源技术，2016（6）：1318-1320.

[126] PLETT G L. Extended Kalman filtering for battery management systems of LiPB-based HEV battery packs Part 2. Modeling and identification[J]. Journal of Power Sources, 2004, 134(2): 262-276.

[127] 王云甘，王忠锋，于海斌，等. 基于 MIMO 模糊控制的锂离子电池参数自适应等效电路模型及 SOC 估计[J]. 信息与控制，2015（03）：263-269.

[128] 赵秀春，郭戈. 混合动力电动汽车能量管理策略研究综述[J]. 自动化学报，2016（3）：321-334.

[129] 陈维荣，时方力，戴朝华，等. 基于动态混合度的储能式有轨电车能量管理策略[J]. 西南交通大学学报，2020，55（2）：409-416.

[130] ELBERT P, NUESCH T, RITTER A, et al. Engine On/Off Control for the Energy Management of a Serial Hybrid Electric Bus via Convex Optimization[J]. IEEE Transactions On Vehicular Technology，2014，63（8）：3549-3559.

[131] MURGOVSKI N, JOHANNESSON L, HELLGREN J, et al. Convex Optimization of Charging Infrastructure Design and Component Sizing of a Plug-In Series HEV Powertrain[J]. 2011.

[132] 马宇辉，刘念. 用户侧微电网的能量管理方法综述[J]. 电力系统

保护与控制，2017（23）：158-168.

[133] 朱厚军，郎俊山. 水下装备用锂离子动力电池研究进展[J]. 船电技术，2012（S1）：96-99.

[134] 陈维荣，钱清泉，李奇. 燃料电池混合动力列车的研究现状与发展趋势[J]. 西南交通大学学报，2009，44（1）：1-6.

[135] 朱明皓. 城市交通拥堵的社会经济影响分析[D]. 北京：北京交通大学，2013.

[136] 李奇. 质子交换膜燃料电池系统建模及其控制方法研究[D]. 成都：西南交通大学，2011.

[137] A DICKS, J LARAMINE, A DICKS, et al. Fuel Cell Systems Explained[M]. Chichster, England: John Wiley & Sons, 2003.

[138] LIJUN GAO, ROGER A DOUGAL, SHENGYI LIU. Power enhancement of an actively controlled battery/ultracapacitor hybrid[J]. Power Electronics, IEEE Transactions on. 2005, 20(1): 236-243.

[139] 衣宝廉. 燃料电池的原理、技术状态与展望[J]. 电池工业，2003，1：16-22.

[140] 彭飞. 基于 PEMFC 的现代有轨电车混合动力系统关键技术研究[D]. 成都：西南交通大学，2014.

[141] A R MILLER, K S HESS, D L BARNES, et al. System design of a large fuel cell hybrid locomotive[J]. Journal of Power Sources, 2007, 173(2): 935-942.

[142] 王斌锐，金英连，褚磊民，等. 空冷燃料电池最佳温度及模糊增量 PID 控制[J]. 中国电机工程学报，2009（8）：109-114.

[143] 罗天资，陈卫兵，邹豪杰，等. 直线电机模糊增量 PID 控制算法的研究[J]. 测控技术，2011，2：56-59.

[144] 毛宗强. 氢能知识系列讲座（3）——如何把氢储存起来？[J]. 太阳能，2007，3：008.

[145] 高世葵，王雪飞，赵丽丽. 中美能源发展现状与能源关系研究[J]. 资源与产业，2011，13（1）：26-31.

[146] 朱文燕. 车载抬头显示技术的发展[J]. 商情，2014（24）：303-303.

[147] 林仁波. 新型金属氨基络合物基储氢材料的性能研究[D]. 杭州：浙江大学，2008.

[148] 孙大林. 车载储氢技术的发展与挑战[J]. 自然杂志，2011，33（1）：13-18.

[149] 阎滨. 2012 中国防务报告[J]. 军工文化，2013（2）：40-44.

[150] 吴文瀚. 上海氢燃料电池汽车产业发展环境分析[J]. 上海汽车，2014，9：29-33.

[151] 陈长聘，王新华，陈立新. 燃料电池车车载储氢系统的技术发展与应用现状[J]. 太阳能学报，2005（3）：141-148.

[152] 石俊杰，于淼，刘楠. 燃料电池有轨电车车载氢系统设计[J]. 铁道机车车辆，2016，36（5）：110-114.

[153] 王梅. 我国现代有轨电车发展的现状、趋势与思考[J]. 交通与港航，2017，4（1）：14.

[154] 杜爽. 双能量源纯电动汽车能量管理关键技术的研究[D]. 长春：吉林大学，2015.

[155] HERRERA V, MILO A, GAZTAÑAGA H, et al. Adaptive energy management strategy and optimal sizing applied on a battery-supercapacitor based tramway[J]. Applied Energy, 2016, 169: 831-845.

[156] 张帝，姜久春，张维戈，等. 基于遗传算法的电动汽车换电站经济运行[J]. 电网技术，2013，37（8）：2101-2107.

[157] 杨颖，陈中杰. 储能式电力牵引轻轨交通的研发[J]. 电力机车与城轨车辆，2012，35（5）：5-10.

[158] ZHANG D, WU S, LUO X, et al. Study on the Vehicle Controller of Hybrid Electric Vehicle based on fuzzy logic[C]. 2010.

[159] 何治新. 现代有轨电车牵引供电方式选择[J]. 城市轨道交通研究, 2013, 16(7): 105-108.

[160] 开文. 美国夏洛特将开行新型节能 100%低地板有轨电车[J]. 现代城市轨道交通, 2011(6): 120.

[161] 熊伟威, 舒杰, 张勇, 等. 一种混联式混合动力客车动力系统参数匹配[J]. 上海交通大学学报, 2008(8): 1324-1328.

[162] 陈裕楠. 基于超级电容的现代有轨电车充电装置的设计[D]. 北京: 中国舰船研究院, 2016.

[163] 邹鹏, 车伟兴. 现代有轨电车受电方式研究[J]. 技术与市场, 2018, 25(1): 26-31.

[164] 陈维荣, 钱清泉, 李奇. 燃料电池混合动力列车的研究现状与发展趋势[J]. 西南交通大学学报, 2009, 44(1): 1-6.

[165] 游志宇. PEMFC 混合动力叉车能量管理策略及应用研究[D]. 成都: 西南交通大学, 2015.

[166] 刘彬娜. 燃料电池混合动力汽车多能源系统仿真分析与控制[D]. 长春: 吉林大学, 2007.

[167] 王金龙. 车用质子交换膜燃料电池及其混合动力系统性能研究[D]. 长春: 吉林大学, 2007.

[168] HAN Y, LI Q, WANG T, et al. Multisource Coordination Energy Management Strategy Based on SOC Consensus for a PEMFC-Battery-Supercapacitor Hybrid Tramway[J]. IEEE Transactions On Vehicular Technology, 2018, 67(1): 296-305.

[169] 陈维荣, 燕雨, 李奇. 基于状态机的燃料电池混合动力系统控制策略[J]. 西南交通大学学报, 2019, 54(4): 663-670.

[170] 孟翔, 李奇, 陈维荣, 等. 基于庞特里亚金极小值原理满意优化的燃料电池混合动力系统分层能量管理方法[J]. 中国电机工程学报, 2019, 39(3): 782-792.

[171] 张国瑞, 李奇, 韩莹, 等. 基于运行模式和动态混合度的燃料电

池混合动力有轨电车等效氢耗最小化能量管理方法研究[J]. 中国电机工程学报，2018，38（23）：6905-6914.

[172] 李奇，刘嘉蔚，陈维荣. 质子交换膜燃料电池剩余使用寿命预测方法综述及展望[J]. 中国电机工程学报，2019，39（8）：2365-2375.

[173] 王天宏，李奇，韩莹，等. 燃料电池混合发电系统等效氢耗瞬时优化能量管理方法[J]. 中国电机工程学报，2018，38（14）：4173-4182.

[174] 刘梦，李奇，王天宏，等. 考虑电堆运行性能的多堆燃料电池发电系统功率自适应分配方法[J]. 中国电机工程学报，2019，39（22）.

[175] 国家铁路局.中长期铁路网规划（2017版）[Z/OL].（2016-07-21）[2020-09-10].http://www.nra.gov.cn/jgzf/flfg/gfxwj/zt/other/201607/t20160721_26055.shtml.中华人民共和国国务院.中国的能源政策(2012) [Z/OL]. (2012-10-24)[2020-08-02]. http://www.gov.cn/zwgk/2012-10/24/content_2250617.htm.

[176] 李树雷. 区域多能源体框架下电力系统低碳调度模型研究[D]. 北京：华北电力大学（北京），2016.

[177] 周新军. 铁路节能现状及技术改进路径[J]. 铁道工程学报，2008（11）：1-5.

[178] 周新军. 国外铁路节能减排发展新趋势[J]. 铁路节能环保与安全卫生，2016，6（2）：90-94.

[179] 周新军. 节能技术示范现状与推广应用政策[J]. 铁路节能环保与安全卫生，2014，4（2）：63-67.

[180] 杨全亮. 新能源和可再生能源在铁路应用现状及展望[J]. 铁路节能环保与安全卫生，2015，5（3）：106-108.

[181] 刘皓文. 基于 pv/t 热电联供系统的 cpc 结构设计与性能优化[D]. 北京：华北电力大学（北京），2019.

[182] 黄湘. 国际太阳能资源及太阳能热发电趋势[J]. 华电技术. 2009,

31（12）：1-3.

[183] 胡志辉. 政策工具视角下我国光伏产业发展政策研究[D]. 广州：华南理工大学，2018.

[184] JAFFERY S H I, KHAN M，ALI L, et al. The potential of solar powered transportation and the case for solar powered railway in Pakistan[J]. Renewable and Sustainable Energy Reviews, 2014, 39: 270-276.

[185] 韩国鹏，李明，张秋敏. 太阳能光伏发电在新能源城轨车辆上应用现状研究[J]. 新材料产业，2018（9）：50-55.

[186] ROHOLLAHI E, ABDOLZADEH M，Mehrabian M A. Prediction of the power generated by photovoltaic cells fixed on the roof of a moving passenger coach: A case study[J]. Proceedings of the Institution of Mechanical Engineers Part F Journal of Rail & Rapid Transit, 2015, 229(7): 830-837.

[187] VASISHT M S, VASHISTA G A, SRINIVASAN J, et al. Rail coaches with rooftop solar photovoltaic systems: A feasibility study[J]. Energy，2017.

[188] 章海灿，杨松，罗易，等. 光伏电站发电量计算方法研究[J]. 太阳能，2016（8）：42-45.

[189] XIONG Y, QIAN S, XU J. Research on Constant Voltage with Incremental Conductance MPPT Method[C]. Asia-pacific Power & Energy Engineering Conference. 2012.

[190] KOBAYASHI K，TAKANO I，SAWADA Y. A study of a two stage maximum power point tracking control of a photovoltaic system under partially shaded insolation conditions[J]. Electrical Engineering in Japan, 2005, 153(4): 39-49.